ELEMENTE DER MATHEMATIK

GYMNASIUM HESSEN

6. Schuljahr
Lösungen

Herausgegeben von

Heinz Griesel

Helmut Postel

Friedrich Suhr

Schroedel

ELEMENTE DER MATHEMATIK
Gymnasium Hessen
6. Schuljahr
Lösungen

Herausgegeben von
Prof. Dr. Heinz Griesel, Prof. Helmut Postel, Friedrich Suhr

Bearbeitet von
Christine Fiedler, Reinhard Kind, Werner Ladenthin, Prof. Dr. Matthias Ludwig, Prof. Helmut Postel, Heinz Klaus Strick, Friedrich Suhr

Für Hessen bearbeitet von
Eugen Ancke, Prof. Dr. Regina Bruder, Anke Horn, Nicole Roth-Sonnen

Druck A [1] / Jahr 2006

Alle Drucke der Serie A sind im Unterricht parallel verwendbar.
Die letzte Zahl bezeichnet das Jahr des Druckes.

Redaktion: Claus Peter Witt
Herstellung: Udo Sauter
Umschlagsfoto: Getty-Images, München
Zeichnungen: Günter Schlierf
Satz: Christina Gundlach
Druck: pva, Druck und Medien-Dienstleistungen GmbH, Landau

ISBN 978-3-507-87256-1
alt: 3-507-87256-0

Inhaltsverzeichnis

1. Brüche und Dezimalbrüche – Addieren und Subtrahieren

2. Bewegen von Figuren – Symmetrien

3. Multiplizieren und Dividieren von Bruchzahlen

1. Brüche und Dezimalbrüche – Addieren und Subtrahieren

1.1 Einführung der Brüche

1.1.1 Anteile an einem Ganzen – Stammbrüche

9 **2.** 500 g; 250 g; 125 g

3. **a)** $\frac{1}{16}$ **b)** (1) $\frac{1}{8}$ (2) $\frac{1}{10}$ (3) $\frac{1}{12}$ (4) $\frac{1}{14}$ (5) $\frac{1}{20}$

4. **a)** (1) $\frac{1}{4}$ (2) $\frac{1}{2}$ (3) $\frac{1}{2}$ (4) $\frac{1}{4}$
b) -

10 **5.** **a)** $\frac{1}{4}$ **b)** $\frac{1}{10}$ **c)** $\frac{1}{4}$ **d)** $\frac{1}{6}$ **e)** $\frac{1}{3}$ **f)** $\frac{1}{5}$ **g)** $\frac{1}{2}$ **h)** $\frac{1}{8}$

6. -

7. $\frac{7}{7}$; $\frac{8}{8}$; $\frac{9}{9}$; $\frac{10}{10}$; $\frac{100}{100}$; $\frac{1\,000}{1\,000}$

8. **a)** (1) 4 Teile; $\frac{1}{4}$ (2) 4 Teile; $\frac{1}{4}$
b) (1) Falsch, denn die vier Teile sind nicht alle gleich groß.
(2) und (3) sind richtig.

9. **a)** 6 Karos **c)** 3 Karos **e)** 1 Karo
b) 4 Karos **d)** 2 Karos

10. **a)** 2 Teile; $\frac{1}{2}$ **b)** 3 Teile; $\frac{1}{3}$ **c)** 4 Teile; $\frac{1}{4}$ **d)** 6 Teile; $\frac{1}{6}$

11. Bilder verkleinert.

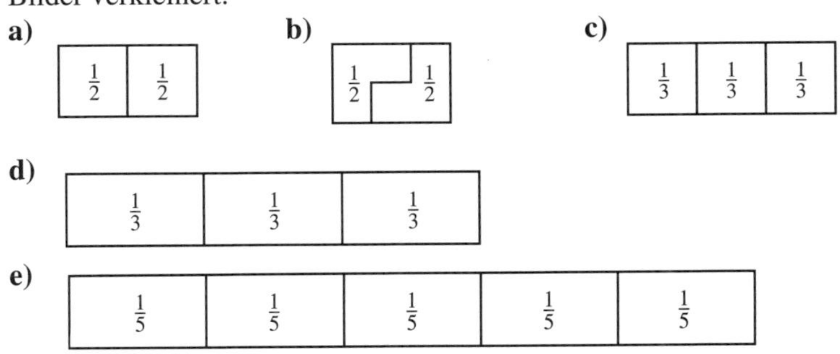

10 **12.** -

11 **13.** **a)** 1 Halbes, da $\frac{3}{3}$ und $\frac{2}{2}$ jeweils ein Ganzes sind.

b) 1 Drittel, da $\frac{3}{3}$ und $\frac{4}{4}$ jeweils ein Ganzes sind.

c) 1 Drittel, da $\frac{3}{3}$ und $\frac{5}{5}$ jeweils ein Ganzes sind.

14. **a)** 200 g; 100 g; 50 g; 10 g; 1 g
b) 500 kg; 250 kg; 125 kg; 100 kg; 40 kg; 20 kg

15. **a)** 50 cm; 25 cm; 10 cm; 1 cm **c)** 5 mm; 2 mm; 1 mm
b) 500 m; 250 m; 125 m

16. **a)** (1) 30 min; $\frac{1}{2}$ h
(2) 15 min; $\frac{1}{4}$ h
(3) 20 min; $\frac{1}{3}$ h

b) (1) 10 min; 12 min; 5 min; 3 min; 1 min
(2) 30 s; 20 s; 12 s; 10 s; 1 s
(3) 8 h; 3 h; 6 h; 4 h; 2 h
(4) 3 Monate; 4 Monate; 1 Monat; 2 Monate

17. **a)** (1) 50 cm^2 (2) 25 cm^2 (3) 20 cm^2 (4) 10 cm^2 (5) 1 cm^2
b) (1) 50 mm^2; 20 mm^2; 25 mm^2; 1 mm^2 (2) 20 ha; 0,1 ha; 25 ha; 1 ha

18. **a)** 500 ml; 125 ml; 200 ml; 250 ml; 100 ml; 10 ml; 1 ml
b) 250 dm^3; 200 dm^3; 500 dm^3; 125 dm^3; 1 dm^3
c) 125 cm^3; 500 cm^3; 200 cm^3; 100 cm^3; 1 cm^3

19. **a)** $\frac{1}{2}$ m **b)** $\frac{1}{3}$ ℓ **c)** $\frac{1}{2}$kg **d)** $\frac{1}{5}$ h

20. **a)** $\frac{1}{2}$ m; $\frac{1}{10}$ m; $\frac{1}{100}$ m; $\frac{1}{5}$ m **b)** $\frac{1}{10}$ km; $\frac{1}{2}$ km; $\frac{1}{4}$ km; $\frac{1}{1\,000}$ km

21. **a)** $\frac{1}{1000}$ ℓ; $\frac{1}{3}$ h; $\frac{1}{4}$ kg; $\frac{1}{4}$ a **b)** $\frac{1}{8}$ ℓ; $\frac{1}{4}$ h; $\frac{1}{4}$ t; $\frac{1}{3}$ h; $\frac{1}{5}$ cm

1.1.2 Anteile an einem Ganzen – Vielfache von Stammbrüchen – Echte Brüche

12 **2.** 750 g; 625 g

13

3. a) (1) $\frac{2}{3}$ Das Ganze in 3 gleich große Teile und davon 2 Teile.
(2) $\frac{7}{8}$ Das Ganze in 8 gleich große Teile und davon 7 Teile.
(3) $\frac{4}{6}$ Das Ganze in 6 gleich große Teile und davon 4 Teile.
(4) $\frac{3}{5}$ Das Ganze in 5 gleich große Teile und davon 3 Teile.
(5) $\frac{2}{4}$ Das Ganze in 4 gleich große Teile und davon 2 Teile.
(6) $\frac{5}{8}$ Das Ganze in 8 gleich große Teile und davon 5 Teile.
(7) $\frac{8}{16}$ Das Ganze in 16 gleich große Teile und davon 8 Teile.
(8) $\frac{4}{10}$ Das Ganze in 10 gleich große Teile und davon 4 Teile.

b) (1) $\frac{3}{4}$ Das Ganze in 4 gleich große Teile und davon 3 Teile.
(2) $\frac{2}{3}$ Das Ganze in 3 gleich große Teile und davon 2 Teile.
(3) $\frac{7}{12}$ Das Ganze in 12 gleich große Teile und davon 7 Teile.
(4) $\frac{5}{6}$ Das Ganze in 6 gleich große Teile und davon 5 Teile.
(5) $\frac{3}{6}$ Das Ganze in 6 gleich große Teile und davon 3 Teile.
(6) $\frac{2}{9}$ Das Ganze in 9 gleich große Teile und davon 2 Teile.
(7) $\frac{5}{8}$ Das Ganze in 8 gleich große Teile und davon 5 Teile.
(8) $\frac{4}{12}$ Das Ganze in 12 gleich große Teile und davon 4 Teile.

4. a) rot: $\frac{1}{6}$; gelb: $\frac{5}{6}$ **c)** rot: $\frac{3}{8}$; gelb: $\frac{5}{8}$ **e)** rot: $\frac{3}{9}$; gelb: $\frac{6}{9}$
b) rot: $\frac{1}{4}$; gelb: $\frac{3}{4}$ **d)** rot: $\frac{3}{6}$; gelb: $\frac{3}{6}$ **f)** rot: $\frac{13}{20}$; gelb: $\frac{7}{20}$

14

5. (1) $\frac{3}{8}$ (2) richtig (3) $\frac{1}{2}$

6. -

7. -

8. -

9. -

10. a) $\frac{2}{3}$ **b)** $\frac{3}{4}$ **c)** $\frac{3}{8}$ **d)** $\frac{2}{6}$

11. a) $\frac{12}{12}$ **b)** $\frac{4}{12}$; $\left[\frac{5}{12}; \frac{11}{12}; \frac{1}{24}\right]$

14

12. **a)** (1) $\frac{1}{2}$ (4) $\frac{3}{8}$ (7) $\frac{2}{3}$ (10) $\frac{1}{6}$ (13) $\frac{7}{10}$ (16) $\frac{42}{100}$
(2) $\frac{1}{4}$ (5) $\frac{7}{8}$ (8) $\frac{1}{3}$ (11) $\frac{4}{5}$ (14) $\frac{3}{10}$
(3) $\frac{3}{4}$ (6) $\frac{1}{8}$ (9) $\frac{4}{6}$ (12) $\frac{2}{5}$ (15) $\frac{67}{100}$

b) Die Differenz zwischen Nenner und Zähler ist der Zähler, der Nenner bleibt erhalten.

15

13. -

14. **a)** $\frac{6}{8}$ **b)** $\frac{2}{5}$ **c)** $\frac{6}{10}$ **d)** $\frac{2}{5}$ **e)** $\frac{3}{10}$ **f)** $\frac{4}{12}$

15. Melis trinkt in 3 Tagen $\frac{3}{4}\ \ell$ und in einer Woche $\frac{7}{4}\ \ell$ also $1\frac{3}{4}\ \ell$ Milch.

16. **a)** 30 cm **c)** 40 cm **e)** 750 m **g)** 375 m
b) 50 cm **d)** 75 cm **f)** 700 m **h)** 600 m

17. **a)** 80 cm; 60 cm; 30 cm; 75 cm; 7 cm
b) 4 mm; 6 mm; 7 mm; 8 mm; 9 mm
c) 125 g; 375 g; 625 g; 200 g; 600 g
d) 250 kg; 750 kg; 700 kg; 30 kg; 11 kg

18. (1) $\frac{7}{8}$ m; $\frac{1}{8}$ m fehlt (2) $\frac{2}{3}$ m; $\frac{1}{3}$ m fehlt (3) $\frac{7}{10}$ m; $\frac{3}{10}$ m fehlen

19. **a)** Brühe: (2) Rotwein: (4)
b) (1) $= \frac{3}{8}\ \ell$ (3) $= \frac{2}{4}\ \ell$ (5) $= \frac{7}{8}\ \ell$ (6) $= \frac{1}{4}\ \ell$
c) (1) $= \frac{5}{8}\ \ell$ (2) $= \frac{1}{4}\ \ell$ (3) $= \frac{2}{4}\ \ell$ (4) $= \frac{7}{8}\ \ell$ (5) $= \frac{1}{8}\ \ell$ (6) $= \frac{3}{4}\ \ell$

20. **a)** 400 ml; 625 ml; 750 ml; 800 ml; 900 ml; 875 ml; 375 ml; 300 ml
b) 150 ml; 350 ml; 280 ml; 700 ml; 7 ml; 450 ml

16

21. **a)** (1) 30 min; $\frac{1}{2}$ h (3) 40 min; $\frac{2}{3}$ h (5) 25 min; $\frac{5}{12}$ h
(2) 15 min; $\frac{1}{4}$ h (4) 45 min; $\frac{3}{4}$ h (6) 50 min; $\frac{5}{6}$ h
b) (1) $\frac{1}{2}$ (2) $\frac{3}{4}$ (3) $\frac{1}{3}$ (4) $\frac{1}{4}$ (5) $\frac{7}{12}$ (6) $\frac{1}{6}$

22. **a)** 45 min; 36 min; 72 min; 58 min; 9 min; 44 min
b) 40 s; 45 s; 36 s; 51 s
c) 20 h; 18 h; 15 h; 22 h; 3 h
d) 8 Monate; 10 Monate; 9 Monate; 5 Monate; 7 Monate

23. (1) $\frac{2}{3}$ m²; (2) $\frac{3}{6}$ m²; (3) $\frac{4}{5}$ m²; (4) $\frac{7}{10}$ m²; (5) $\frac{3}{8}$ m²; (6) $\frac{5}{12}$ m²
$\frac{1}{3}$ m² $\frac{3}{6}$ m² $\frac{1}{5}$ m² $\frac{3}{10}$ m² $\frac{5}{8}$ m² $\frac{7}{12}$ m²

16 **24.** **a)** 40 cm² **c)** 70 cm² **e)** 80 cm²
b) 30 cm² **d)** 75 cm² **f)** 13 cm²

25. **a)** 75 mm²; 60 mm²; 50 mm²; 51 mm²
b) 75 ha; 30 ha; 16 ha; 38 ha
c) 750 dm³; 400 dm³; 700 dm³; 170 dm³
d) 625 cm³; 800 cm³; 300 cm³; 570 cm³

1.1.3 Beliebige Vielfache von Stammbrüchen – Unechte Brüche – Gemischte Schreibweise

17 **3.** $2\frac{1}{4}$ kg = 2250 g
$1\frac{3}{4}$ kg = 1750 g

18 **4.** Kiwitorte: $2\frac{3}{4}$; $\frac{11}{4}$ Pfirsichtorte: $1\frac{5}{12}$; $\frac{17}{12}$ Kirschtorte: $3\frac{9}{14}$; $\frac{51}{14}$

5. **a)** $1\frac{2}{3} = \frac{5}{3}$ **b)** $2 = \frac{12}{6}$ **c)** $1\frac{3}{8} = \frac{11}{8}$ **d)** $1\frac{4}{9} = \frac{13}{9}$ **e)** $1\frac{2}{3} = \frac{5}{3}$

6. -

7. **a)**
$2 = \frac{4}{2} = \frac{8}{4} = \frac{16}{8}$
$3 = \frac{6}{2} = \frac{12}{4} = \frac{24}{8}$
$5 = \frac{10}{2} = \frac{20}{4} = \frac{40}{8}$
$7 = \frac{14}{2} = \frac{28}{4} = \frac{56}{8}$
$9 = \frac{18}{2} = \frac{36}{4} = \frac{72}{8}$
$10 = \frac{20}{2} = \frac{40}{4} = \frac{80}{8}$

b)
$2 = \frac{6}{3} = \frac{12}{6} = \frac{24}{12}$
$3 = \frac{9}{3} = \frac{18}{6} = \frac{36}{12}$
$4 = \frac{12}{3} = \frac{24}{6} = \frac{48}{12}$
$5 = \frac{15}{3} = \frac{30}{6} = \frac{60}{12}$
$10 = \frac{30}{3} = \frac{60}{6} = \frac{120}{12}$

c)
$4 = \frac{20}{5} = \frac{40}{10} = \frac{80}{20}$
$9 = \frac{45}{5} = \frac{90}{10} = \frac{180}{20}$
$10 = \frac{50}{5} = \frac{100}{10} = \frac{200}{20}$
$12 = \frac{60}{5} = \frac{120}{10} = \frac{240}{20}$
$20 = \frac{100}{5} = \frac{200}{10} = \frac{400}{20}$
$50 = \frac{250}{5} = \frac{500}{10} = \frac{1\,000}{20}$

8. **a)** 3; 5; 6; 9; 3; 7 **c)** 4; 9; 3; 8; 2; 5
b) 4; 9; 3; 7; 2; 5 **d)** 5; 7; 6; 5; 15; 8

9. -

19 **10.** **a)** $1\frac{1}{2} = \frac{3}{2}$ **c)** $1\frac{1}{3} = \frac{4}{3}$ **e)** $\frac{11}{100}$ **g)** $1\frac{30}{50} = \frac{80}{50}$
b) $\frac{1}{4}$ **d)** $\frac{5}{8}$ **f)** $\frac{30}{100}$

19

11. a) (1) $\frac{1}{2}$ (3) $\frac{2}{6}$ (5) $\frac{1}{2}$ (7) $\frac{7}{12}$

(2) $\frac{5}{8}$ (4) $\frac{2}{5}$ (6) $\frac{6}{8}$ (8) $\frac{14}{20}$

b) Wenn man den Bruch in gemischter Schreibweise schreibt und die Ganzen weglässt, dann ist die Differenz zwischen Nenner und Zähler der Zähler, der Nenner bleibt erhalten.

12. a) $\frac{2}{3} < 1 < \frac{3}{2}$ **c)** $\frac{3}{4} < 1 < \frac{4}{3}$ **e)** $\frac{25}{27} < 1 < \frac{27}{25}$

b) $\frac{5}{7} < 1 < \frac{7}{5}$ **d)** $\frac{10}{12} < 1 < \frac{12}{10}$

13. a) $\frac{9}{2}$; $\frac{14}{4}$; $\frac{31}{4}$; $\frac{33}{4}$; $\frac{47}{8}$; $\frac{51}{8}$; $\frac{77}{8}$ **c)** $\frac{54}{10}$; $\frac{624}{100}$; $\frac{821}{100}$; $\frac{5\,119}{1\,000}$; $\frac{4\,345}{1\,000}$

b) $\frac{16}{3}$; $\frac{26}{3}$; $\frac{55}{6}$; $\frac{17}{6}$; $\frac{22}{6}$; $\frac{19}{12}$; $\frac{53}{12}$ **d)** $\frac{62}{11}$; $\frac{77}{12}$; $\frac{148}{15}$; $\frac{39}{5}$; $\frac{61}{10}$; $\frac{79}{8}$

14. a) $5\frac{1}{2}$; $9\frac{1}{2}$; $4\frac{1}{4}$; $7\frac{3}{4}$; $3\frac{7}{8}$; $6\frac{5}{8}$ **d)** $4\frac{1}{2}$; $8\frac{3}{4}$; $4\frac{3}{8}$; $8\frac{1}{3}$; $7\frac{4}{6}$; $3\frac{3}{12}$; $7\frac{2}{5}$

b) $6\frac{1}{3}$; $9\frac{2}{3}$; $8\frac{1}{3}$; $6\frac{5}{6}$; $3\frac{2}{6}$; $5\frac{7}{12}$ **e)** $8\frac{1}{2}$; $6\frac{2}{4}$; $6\frac{2}{3}$; $6\frac{3}{6}$; $6\frac{3}{5}$; $6\frac{9}{10}$

c) $7\frac{2}{5}$; $8\frac{1}{5}$; $9\frac{4}{5}$; $3\frac{6}{10}$; $8\frac{3}{10}$; $3\frac{15}{20}$ **f)** $3\frac{4}{10}$; $2\frac{34}{100}$; $5\frac{86}{100}$; $3\frac{81}{100}$; $3\frac{215}{1\,000}$

15. (1) Z. B.: $\frac{17}{5} = 3\frac{2}{5}$; $\frac{15}{4} = 3\frac{3}{4}$; $\frac{11}{7} = 1\frac{4}{7}$; $\frac{28}{9} = 3\frac{1}{9}$

(2) Z. B.: $\frac{15}{3} = 5$; $\frac{20}{4} = 5$; $\frac{28}{7} = 4$; $\frac{45}{9} = 5$

Wenn ein Bruch in einen Bruch in gemischter Schreibweise angegeben werden soll muss der Zähler größer als der Nenner sein. Wenn der Zähler sich genau durch den Nenner ohne Rest teilen lässt, erhält man eine natürliche Zahl.

16. a) 1500g; 1375 kg; 2750 mg; 2250 kg; 5250 g; 1375 mg

b) 575 cm; 1625 m; 25 mm; 1400 m; 540 cm

c) 100 min; 44 Monate; 290 s; 136 h; 275 min

d) 3750 ml; 2625 ml; 4500 dm³; 3800 dm³; 7375 dm³; 5900 dm³

17. a) $3\frac{3}{4}$ kg = 3750 g; $3\frac{3}{8}$ t = 3375 kg; $1\frac{5}{8}$ kg = 1625 g;

$4\frac{3}{10}$ t = 4300 kg; $2\frac{19}{100}$ t = 2190 kg; $3\frac{25}{50}$ kg = $3\frac{1}{2}$ kg = 3500 g

b) $1\frac{3}{4}$ m = 1750 cm; $1\frac{4}{5}$ km = 1800 m; $7\frac{1}{2}$ cm = 75 mm;

$3\frac{1}{4}$ m = 325 cm; $5\frac{3}{10}$ km = 5300 m; $4\frac{7}{20}$ m = 435 cm

18. a) $3\frac{1}{2}$ cm² = 350 mm² **c)** $4\frac{1}{4}$ cm² = 425 mm² **e)** $1\frac{1}{2}$ dm² = 150 cm²

b) $5\frac{3}{4}$ cm² = 575 mm² **d)** $6\frac{2}{4}$ cm² = 650 mm²

19 **19.** -

20. -

1.1.4 Bruch als Quotient natürlicher Zahlen

20 **2.** **a)** $3\frac{2}{7}$ **c)** $14\frac{1}{3}$ **e)** $11\frac{11}{12}$ **g)** $3\frac{31}{34}$

b) $3\frac{5}{8}$ **d)** $14\frac{1}{7}$ **f)** $11\frac{3}{17}$ **h)** $11\frac{38}{43}$

3. **a)** $\frac{3}{5}$ cm = 6 mm

$\frac{3}{10}$ m = 3 dm

$\frac{4}{5}$ km = 800 m

$\frac{5}{20}$ m = 25 cm

b) $\frac{3}{4}$ kg = 750 g

$\frac{3}{5}$ t = 600 kg

$\frac{9}{10}$ g = 900 mg

$\frac{7}{8}$ kg = 875 g

c) $\frac{3}{4}$ h = 45 min

$\frac{4}{15}$ h = 16 min

$\frac{7}{8}$ Tag= 21 h

$\frac{3}{8}$ min = $\frac{1}{6}$ min = 10 s

d) $\frac{4}{5}$ cm = 8 mm

$\frac{5}{2}$ kg = 2500 g

$\frac{9}{5}$ h = 108 min

$\frac{3}{15}$ min = 12 s

21 **4.** **a)** $\frac{3}{4}$ **b)** $\frac{4}{3}$ **c)** $\frac{15}{6}$ **d)** $\frac{2}{14} = \frac{1}{7}$

5. **a)** $3 : 4 = \frac{3}{4}$ **b)** $2 : 5 = \frac{2}{5}$

6. **a)** (1) Von einem Ganzen 4 Fünftel.
(2) Von vier Ganzen je ein Fünftel.
b) (1) Von einem Ganzen 3 Siebtel.
(2) Von drei Ganzen je ein Siebtel.
c) (1) Von einem Ganzen 5 Sechstel.
(2) Von fünf Ganzen je ein Sechstel.
d) (1) Von einem Ganzen 5 Achtel.
(2) Von fünf Ganzen je ein Achtel.

7. **a)** $\frac{5}{8}$; $\frac{8}{5} = 1\frac{3}{5}$ **c)** $\frac{20}{3} = 6\frac{2}{3}$; $\frac{3}{20}$ **e)** $\frac{0}{7}$; $\frac{0}{1}$

b) $\frac{2}{6}$; $\frac{6}{2} = 3$ **d)** $\frac{9}{1} = 9$; $\frac{1}{9}$ **f)** $\frac{1}{7}$; $\frac{7}{1} = 7$

8. **a)** $13\frac{2}{5}$ **c)** 16 **e)** $11\frac{11}{12}$ **g)** 73

b) $16\frac{4}{6}$ **d)** $13\frac{2}{7}$ **f)** $15\frac{12}{25}$ **h)** $120\frac{75}{77}$

21 **9.** **a)** $4\frac{1}{7}$ **c)** $5\frac{4}{9}$ **e)** $25\frac{1}{10}$ **g)** $9\frac{16}{18}$

b) $7\frac{1}{6}$ **d)** $11\frac{5}{8}$ **f)** $16\frac{4}{5}$ **h)** $9\frac{5}{12}$

10. **a)** 0,75 kg **b)** 0,6 kg **c)** 0,3 kg

11. **a)** 0,625 ℓ = 625 ml **b)** 0,35 ℓ = 350 ml

12. **a)** $\frac{3}{4}$ = 0,75 ℓ = 750 ml **d)** $\frac{7}{8}$ = 0,875 ℓ = 875 ml

b) $\frac{3}{8}$ = 0,375 ℓ = 375 ml **e)** $\frac{7}{20}$ = 0,35 ℓ = 350 ml

c) $\frac{11}{25}$ = 0,44 ℓ = 440 ml

13. **a)** $\frac{3}{4}$ = 0,75 m² = 75 dm² **b)** $\frac{7}{8}$ = 0,875 m² = 87,5 dm²

$\frac{2}{5}$ = 0,4 km² = 40 ha $\frac{6}{40}$ = 0,15 dm² = 15 cm²

$\frac{7}{10}$ = 0,7 cm² = 70 mm² $\frac{11}{125}$ = 0,088 m² = 8,8 dm²

1.2 Anteile bei beliebigen Größen – Drei Grundaufgaben

1.2.1 Bestimmen eines Teils von einer Größe

23 **2.** **a)** -

b) (1) 24 km; [18 km] (3) 8 €; [6 €]

(2) 20 min; [15 min] (4) 12 kg; [9 kg]

3. 144 €

4. **a)**

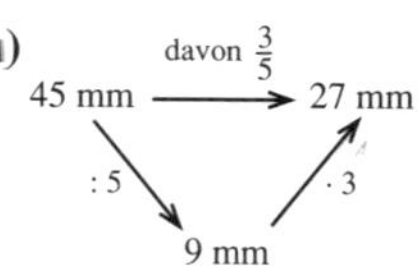

b)

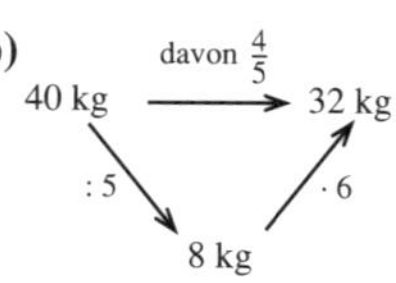

c)

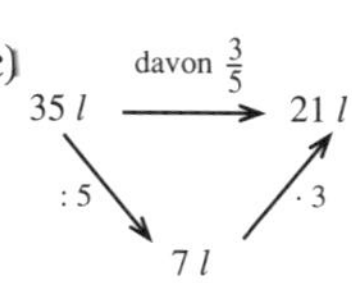

d)

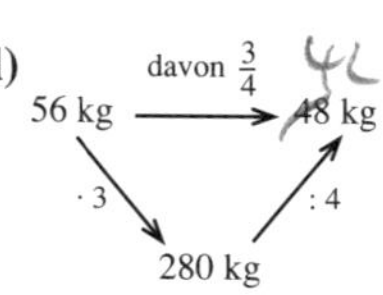

23

5. **a)** 18 m **b)** 18 cm **c)** 10 ℓ **d)** 1,875 kg

6. **a)** (1) 20 cm (2) 40 cm **c)** (1) 10 cm; 20 cm (2) 66 cm
b) (1) 6 cm (2) 12 cm **d)** (1) 4 cm (2) 8 cm

7. **a)** $32\,\ell \xrightarrow{\text{davon } \frac{7}{8}} 28\,\ell$ **c)** $120\text{ m} \xrightarrow{\text{davon } \frac{3}{5}} 72\text{ m}$

b) $64\text{ kg} \xrightarrow{\text{davon } \frac{3}{8}} 24\text{ kg}$ **d)** $51\text{ €} \xrightarrow{\text{davon } \frac{2}{3}} 34\text{ €}$

8. (1) $120\text{ cm} \xrightarrow{\text{davon } \frac{5}{8}} 75\text{ cm}$ (3) $24\text{ h} \xrightarrow{\text{davon } \frac{2}{3}} 16\text{ h}$

(2) $24\text{ kg} \xrightarrow{\text{davon } \frac{7}{12}} 14\text{ kg}$ (4) $25\text{ km} \xrightarrow{\text{davon } \frac{4}{5}} 20\text{ km}$

9. **a)** 6,75 €; Nesims hat durch 3 dividiert und mit 4 multipliziert.
b) richtig
c) 25 ℓ; Nesims hat die Einheit ℓ vergessen.

10. **a)** 40 Cent **b)** 625 m **c)** 45 min **d)** 5 Monate

11. 12 Murmeln

12. Janusz muss 87 € sparen. Seine Eltern geben 58 € dazu.

13. 168 Mädchen

1.2.2 Bestimmen des Ganzen

24

2. 48 m

3. **a)**

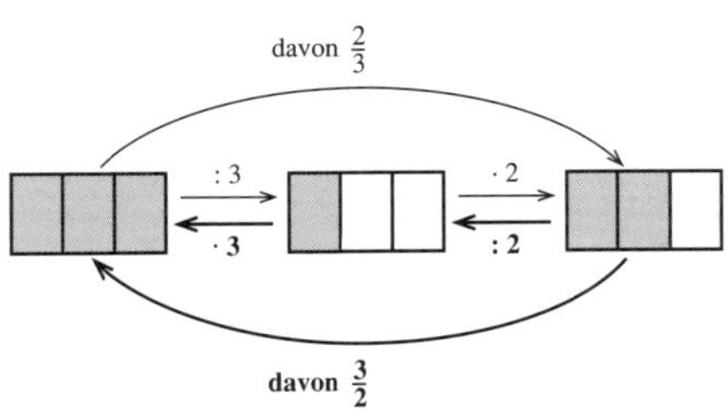

b)

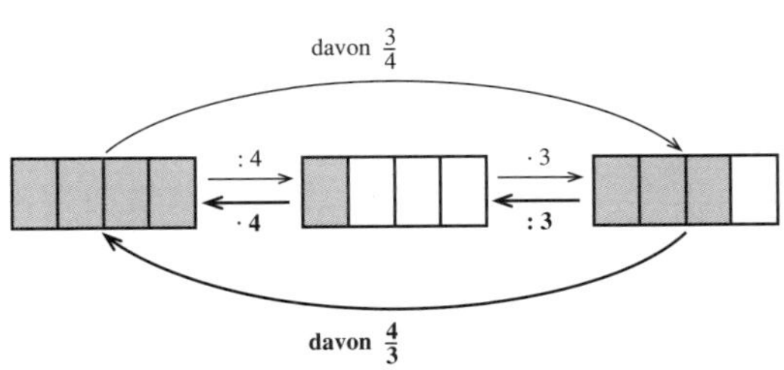

24

4. **a)** 45 min **b)** 84 kg **c)** 28 ℓ **d)** 55 dm^2 **e)** 600 g **f)** 105 kg **g)** 60 s **h)** 21,6 h **i)** 24 kg

25

5. **a)** 65 kg; 84 ℓ **b)** 130 m; 124 g **c)** 200 ℓ; 528 h

6. **a)** 12 kg; 56 km; 15 kg **b)** 12 kg; 64 km; 15 km **c)** 35 ℓ; 27 min; 50 m^3

7. 9 Spielmarken

8. 28 Stimmen

9. **a)** 1 ℓ Buttermilch: 0,86 €; 1 ℓ Sahne: 2,76 €; 1 ℓ Orangensaft: 0,60 €; 1 ℓ Apfelsaft: 1,10 €; 1 kg Wurst: 6,40 €; 1 kg Brot: 2,76 €

b) Z. B.: Wie viel Euro kostet $1\frac{1}{2}$ ℓ Buttermilch; $\frac{1}{2}$ ℓ Sahne; $\frac{2}{5}$ ℓ Orangensaft; $\frac{5}{10}$ ℓ Apfelsaft; $\frac{7}{8}$ kg Wurst und $1\frac{1}{4}$ kg Brot zusammen?

Rechnung: 1,29 + 1,38 + 0,24 + 0,55 + 5,60 + 3,45 = 12,51

Antwort: Alles zusammen kostet 12,51 €.

1.2.3 Bestimmen des Anteils

26

2. $\frac{8}{24}$ Schüler

3. $\frac{5}{12}$ km

4. **a)** davon $\frac{5}{8}$ **b)** davon $\frac{3}{2}$ **c)** davon $\frac{7}{8}$

5. **a)** $20\text{ €} \xrightarrow{:20} 1\text{ €} \xrightarrow{\cdot 7} 7\text{ €}$; $20\text{ €} \xrightarrow[\cdot \frac{7}{20}]{} 7\text{ €}$

b) $8\text{ g} \xrightarrow{:8} 1\text{ g} \xrightarrow{\cdot 5} 5\text{ g}$; $8\text{ g} \xrightarrow[\cdot \frac{5}{8}]{} 5\text{ g}$

c) $18\text{ m} \xrightarrow{:3} 6\text{ m} \xrightarrow{\cdot 2} 12\text{ m}$; $18\text{ m} \xrightarrow[\cdot \frac{2}{3}]{} 12\text{ m}$

6. **a)** $40\text{ cm} \xrightarrow{:40} 1\text{ cm} \xrightarrow{\cdot 24} 24\text{ cm}$; $40\text{ cm} \xrightarrow[\cdot \frac{24}{40}]{} 24\text{ cm}$

$40\text{ cm} \xrightarrow{:5} 8\text{ cm} \xrightarrow{\cdot 3} 24\text{ cm}$; $40\text{ cm} \xrightarrow[\cdot \frac{3}{5}]{} 24\text{ cm}$

b) $160\text{ g} \xrightarrow{:160} 1\text{ g} \xrightarrow{\cdot 120} 120\text{ g}$; $160\text{ g} \xrightarrow[\cdot \frac{120}{160}]{} 120\text{ g}$

$160\text{ g} \xrightarrow{:16} 10\text{ g} \xrightarrow{\cdot 12} 120\text{ g}$; $160\text{ g} \xrightarrow[\cdot \frac{12}{16}]{} 120\text{ g}$

26

6. c) $120\,\ell \xrightarrow{:120} 1\,\ell \xrightarrow{\cdot 9} 9\,\ell$, insgesamt $\cdot \frac{9}{120}$ $120\,\ell \xrightarrow{:40} 3\,\ell \xrightarrow{\cdot 3} 9\,\ell$, insgesamt $\cdot \frac{3}{40}$

Der Wert des mal zu nehmenden Bruches ist jeweils gleich.

7. a) $\frac{7}{9}$ b) $\frac{25}{40}$ c) $\frac{40}{60}$ d) $\frac{11}{20}$

8. a) $\frac{2}{3}$ b) $\frac{5}{7}$ c) $\frac{3}{4}$

9. a) $\frac{7}{15}$ b) $\frac{3}{6}$ c) $\frac{3}{4}$ d) $\frac{8}{9}$

10. zu Fuß: $\frac{7}{26}$ Fahrrad: $\frac{5}{26}$ Bus: $\frac{14}{26} = \frac{7}{13}$

11. $\frac{1}{4}$ voll; $\frac{1}{2}$ voll; $\frac{1}{1}$ voll

12. $\frac{4}{30} = \frac{2}{15}$

1.2.4 Vermischte Übungen

27

1. a) 27 ℓ c) 30 m e) 174 cm
   b) $\frac{2}{3}$ d) $\frac{100}{150} = \frac{10}{15}$ f) 920 m

2. 10 km

3. 24 Schüler

4. $\frac{24}{30} = \frac{12}{15}$

5. $\frac{1}{4}$

6. 64 kg

7. 1 200 €

8. 51 km

9. Julia: $\frac{4}{12}$ Lena: $\frac{5}{12}$ Michael: $\frac{3}{12}$

10. a) 116 kg b) 230 kg c) 314 kg

28 **11.** $\frac{3}{13}$

12. **a)** 15 Mädchen
b) 8 Auswärtige
c) 22 Schüler(innen)
d) 21 Jungen; $\frac{21}{36} = \frac{7}{12}$

13. Julia: 10 800 € Laura: 2 700 € Daniel: 5 400 €

14. **a)** Hartmanns: 7 000 ℓ
Kruses: 3 500 ℓ
b) Hartmanns: 2 450 €
Kruses: 1 225 €

15. **a)** 108 €
b)

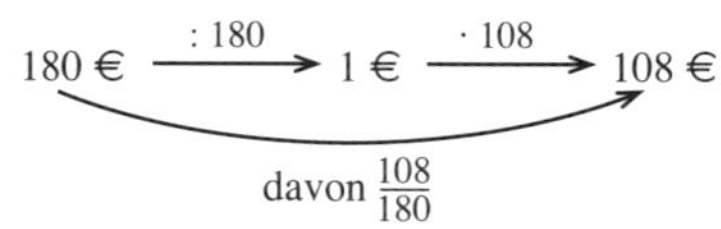

Es sind $\frac{108}{180}$ des ursprünglichen Betrages, also $\frac{3}{5}$ des ursprünglichen Betrages.
c) 150 €

16. 1. Bauabschnitt: 20 km; 2. Bauabschnitt: 40 km; 3. Bauabschnitt: 30 km

17. **a)** Z. B.: Wie viele Fahrräder hatten keine Mängel?
Antwort: 85 Fahrräder
b) Z.B.: Aus wie viel kg Wasser bestehen die 2,5 kg Kartoffeln?
Antwort: Aus 2 kg Wasser.
c) Z. B.: Wie hoch ist der Anteil der Schüler in einem Sportverein?
Antwort: $\frac{3}{7}$
d) Z. B.: Wie viel kosten die Inline-Skates nach dem Preisnachlass?
Antwort: 119 €
e) Z. B.: Wie hoch ist der Anteil an Haferflocken?
Antwort: $\frac{3}{10}$
f) Z. B.: Wie viel km legen Markus und Tim insgesamt während der 3-tägigen Radtour zurück?
Antwort: 135 km

1.3 Brüche mit gleichem Wert – Erweitern und Kürzen

1.3.1 Brüche mit gleichem Wert – Erweitern eines Bruches

30 **2.** **a)** $\frac{12}{16} = \frac{3}{4}$ **b)** $\frac{16}{24} = \frac{2}{3}$

30

3. a) (1) $\frac{2}{3} = \frac{4}{6} = \frac{12}{18}$ (2) $\frac{4}{6} = \frac{8}{12} = \frac{24}{36}$ (3) $\frac{8}{12} = \frac{16}{24} = \frac{48}{72}$

b) (1) $\frac{3}{5} = \frac{6}{10} = \frac{18}{30}$ (2) $\frac{6}{10} = \frac{12}{20} = \frac{36}{60}$ (3) $\frac{12}{20} = \frac{24}{40} = \frac{72}{120}$

4. a) grün: $\frac{12}{16} = \frac{3}{4}$ **b)** grün: $\frac{8}{12} = \frac{2}{3}$ **c)** grün: $\frac{8}{20} = \frac{2}{5}$ **d)** grün: $\frac{4}{8} = \frac{1}{2}$

gelb: $\frac{4}{16} = \frac{1}{4}$ gelb: $\frac{4}{12} = \frac{1}{3}$ gelb: $\frac{12}{20} = \frac{3}{5}$ gelb: $\frac{4}{8} = \frac{1}{2}$

5. a) (1) $\frac{1}{3}; \frac{2}{6}; \frac{4}{12}; \ldots$ (2) $\frac{2}{3}; \frac{4}{6}; \frac{8}{12}; \ldots$

b) (1) $\frac{1}{3}; \frac{2}{6}; \frac{4}{12}; \ldots$ (2) $\frac{2}{3}; \frac{4}{6}; \frac{8}{12}; \ldots$

c) (1) $\frac{2}{6}; \frac{4}{12}; \frac{8}{24}; \ldots$ (2) $\frac{4}{6}; \frac{8}{12}; \frac{16}{24}; \ldots$

d) (1) $\frac{1}{4}; \frac{2}{8}; \frac{4}{16}; \ldots$ (2) $\frac{3}{4}; \frac{6}{8}; \frac{12}{16}; \ldots$

31

6. a) (1) $\frac{24}{32}$ (2) $\frac{8}{32}$ **b)** 20 Teile

7. a) (1) $\frac{4}{6}$ (2) $\frac{2}{8}$ (3) $\frac{4}{10}$ **b)** (1) $\frac{6}{12}$ (2) $\frac{3}{9}$ (3) $\frac{15}{18}$

8. $\frac{1}{2} \overset{2}{=} \frac{2}{4} \overset{2}{=} \frac{4}{8} \overset{2}{=} \frac{8}{16}$

9. a) $\frac{3}{7} = \frac{12}{28}; \frac{3}{7} = \frac{15}{35}; \frac{3}{7} = \frac{18}{42}; \frac{3}{7} = \frac{21}{49}; \frac{3}{7} = \frac{24}{56}$

b) $\frac{9}{5} = \frac{36}{20}; \frac{9}{5} = \frac{45}{25}; \frac{9}{5} = \frac{54}{30}; \frac{9}{5} = \frac{63}{35}; \frac{9}{5} = \frac{72}{40}$

c) $\frac{11}{8} = \frac{44}{32}; \frac{11}{8} = \frac{55}{40}; \frac{11}{8} = \frac{66}{48}; \frac{11}{8} = \frac{77}{56}; \frac{11}{8} = \frac{88}{64}$

d) $\frac{10}{2} = \frac{40}{8}; \frac{10}{2} = \frac{50}{10}; \frac{10}{2} = \frac{60}{12}; \frac{10}{2} = \frac{70}{14}; \frac{10}{2} = \frac{80}{16}$

10. a) $\frac{2}{3} = \frac{4}{6}; \frac{6}{9}; \frac{10}{15}; \frac{20}{30}; \frac{22}{33}; \frac{24}{36}; \frac{48}{72}; \frac{50}{75}$

b) $\frac{1}{8} = \frac{2}{16}; \frac{3}{24}; \frac{5}{40}; \frac{10}{80}; \frac{11}{88}; \frac{12}{96}; \frac{24}{192}; \frac{25}{200}$

c) $\frac{3}{5} = \frac{6}{10}; \frac{9}{15}; \frac{15}{25}; \frac{30}{50}; \frac{33}{55}; \frac{36}{60}; \frac{72}{120}; \frac{75}{125}$

d) $\frac{4}{7} = \frac{8}{14}; \frac{12}{21}; \frac{20}{35}; \frac{40}{70}; \frac{44}{77}; \frac{48}{84}; \frac{96}{168}; \frac{100}{175}$

e) $\frac{5}{12} = \frac{10}{24}; \frac{15}{36}; \frac{25}{60}; \frac{50}{120}; \frac{55}{132}; \frac{60}{144}; \frac{120}{288}; \frac{125}{300}$

f) $\frac{11}{1} = \frac{22}{2}; \frac{33}{3}; \frac{55}{5}; \frac{110}{10}; \frac{121}{11}; \frac{132}{12}; \frac{264}{24}; \frac{275}{25}$

g) $\frac{8}{15} = \frac{16}{30}; \frac{24}{45}; \frac{40}{75}; \frac{80}{150}; \frac{88}{165}; \frac{96}{180}; \frac{192}{360}; \frac{200}{375}$

h) $\frac{7}{12} = \frac{14}{24}; \frac{21}{36}; \frac{35}{60}; \frac{70}{120}; \frac{77}{132}; \frac{84}{144}; \frac{168}{288}; \frac{175}{300}$

i) $\frac{18}{25} = \frac{36}{50}; \frac{54}{75}; \frac{90}{125}; \frac{180}{250}; \frac{198}{275}; \frac{216}{300}; \frac{432}{600}; \frac{450}{625}$

j) $\frac{24}{13} = \frac{48}{26}; \frac{72}{39}; \frac{120}{65}; \frac{240}{130}; \frac{264}{143}; \frac{288}{156}; \frac{576}{312}; \frac{600}{325}$

11. a) 7 **b)** 8 **c)** 5 **d)** 7 **e)** 9

31 **12.** -

13. $\frac{2}{5} = \frac{4}{10} = \frac{8}{20} = \frac{16}{40}$ ...

14. a) $\frac{15}{24}$; $\frac{16}{24}$; $\frac{14}{24}$; $\frac{30}{24}$; $\frac{16}{24}$; $\frac{9}{24}$; $\frac{120}{24}$

b) $\frac{18}{30}$; $\frac{20}{30}$; $\frac{18}{30}$; $\frac{2}{30}$; $\frac{180}{30}$; $\frac{75}{30}$; $\frac{25}{30}$

c) $\frac{30}{50}$; $\frac{30}{45}$; $\frac{30}{50}$; $\frac{30}{450}$; $\frac{30}{5}$; $\frac{30}{12}$; $\frac{30}{36}$

15. a) $\frac{11}{5} \overset{2}{=} \frac{22}{10}$; $\frac{5}{4} \overset{25}{=} \frac{125}{100}$

b) $\frac{9}{2} \overset{5}{=} \frac{45}{10}$; $\frac{3}{25} \overset{4}{=} \frac{12}{100}$

c) $\frac{9}{20} \overset{5}{=} \frac{45}{100}$; $\frac{7}{25} \overset{4}{=} \frac{28}{100}$

d) $\frac{13}{40} \overset{25}{=} \frac{325}{1\,000}$; $\frac{39}{200} \overset{5}{=} \frac{195}{1\,000}$

e) $\frac{21}{250} \overset{4}{=} \frac{84}{1\,000}$; $\frac{52}{125} \overset{8}{=} \frac{416}{1\,000}$

f) $\frac{5}{8} \overset{125}{=} \frac{625}{1\,000}$; $\frac{131}{200} \overset{5}{=} \frac{655}{1\,000}$

16. $\frac{6}{5} \overset{2}{=} \frac{12}{20}$; $\frac{18}{25} \overset{4}{=} \frac{72}{100}$; $\frac{5}{8} \overset{125}{=} \frac{625}{1000}$; $\frac{9}{20} \overset{5}{=} \frac{375}{100}$; $\frac{3}{50} \overset{2}{=} \frac{6}{100}$; $\frac{3}{125} \overset{8}{=} \frac{24}{1000}$; $\frac{9}{40} \overset{25}{=} \frac{225}{1000}$

17. a) $\frac{5}{8} \overset{7}{=} \frac{35}{56}$

b) $\frac{4}{11} \overset{9}{=} \frac{36}{99}$

c) $\frac{12}{7} \overset{4}{=} \frac{48}{28}$

d) $\frac{11}{9} = \frac{110}{99}$ falsch; $\frac{11}{9} \overset{10}{=} \frac{110}{90}$ richtig

e) $\frac{17}{23} = \frac{51}{96}$ falsch; $\frac{17}{23} \overset{3}{=} \frac{51}{69}$ richtig

f) $\frac{16}{15} = \frac{256}{225}$ falsch; $\frac{16}{15} \overset{16}{=} \frac{256}{240}$ richtig

1.3.2 Kürzen eines Bruches

32 **2.** $\frac{1}{5}$

33 **3. a)** $\frac{24}{36} \underset{4}{=} \frac{6}{9} \underset{3}{=} \frac{2}{3}$; $\frac{75}{100} \underset{5}{=} \frac{15}{20} \underset{5}{=} \frac{3}{4}$; $\frac{42}{70} \underset{7}{=} \frac{6}{10} \underset{2}{=} \frac{3}{5}$

b) Z. B.: $\frac{9}{17}$; $\frac{13}{5}$; $\frac{23}{6}$; $\frac{10}{7}$; $\frac{19}{10}$

4. $\frac{16}{32}$; $\frac{32}{64}$; $\frac{64}{128}$; ...

5. a) $\frac{6}{15}$; $\frac{9}{12}$; $\frac{12}{3}$; $\frac{24}{30}$; $\frac{54}{72}$

b) $\frac{4}{10}$; $\frac{6}{8}$; $\frac{8}{2}$; $\frac{16}{20}$; $\frac{36}{48}$

c) $\frac{2}{5}$; $\frac{3}{4}$; $\frac{4}{1}$; $\frac{8}{10}$; $\frac{18}{24}$

6. a) $\frac{9}{8}$; $\frac{9}{12}$; $\frac{45}{20}$; $\frac{18}{12}$; $\frac{18}{16}$; $\frac{27}{36}$

b) (1) $\frac{18}{16}$; $\frac{12}{16}$; $\frac{36}{16}$; $\frac{24}{16}$; $\frac{18}{16}$; $\frac{12}{16}$ (2) $\frac{9}{8}$; $\frac{9}{12}$; $\frac{9}{4}$; $\frac{9}{6}$; $\frac{9}{8}$; $\frac{9}{12}$

33 **7.** **a)** $\frac{30}{40}\underset{5}{=}\frac{6}{8}$; $\frac{30}{40}\underset{10}{=}\frac{3}{4}$; $\frac{30}{40}\underset{2}{=}\frac{15}{20}$

b) $\frac{20}{16}\underset{2}{=}\frac{10}{8}$; $\frac{20}{16}\underset{4}{=}\frac{5}{4}$

c) $\frac{18}{12}\underset{2}{=}\frac{9}{6}$; $\frac{18}{12}\underset{3}{=}\frac{6}{4}$; $\frac{18}{12}\underset{6}{=}\frac{3}{2}$

d) $\frac{45}{30}\underset{3}{=}\frac{15}{10}$; $\frac{45}{30}\underset{5}{=}\frac{9}{6}$; $\frac{45}{30}\underset{15}{=}\frac{3}{2}$

e) $\frac{34}{36}\underset{2}{=}\frac{17}{18}$

f) $\frac{16}{40}\underset{2}{=}\frac{8}{20}$; $\frac{16}{40}\underset{4}{=}\frac{4}{10}$; $\frac{16}{40}\underset{8}{=}\frac{2}{5}$

g) $\frac{40}{60}\underset{2}{=}\frac{20}{30}$; $\frac{40}{60}\underset{4}{=}\frac{10}{15}$; $\frac{40}{60}\underset{5}{=}\frac{8}{12}$; $\frac{40}{60}\underset{10}{=}\frac{4}{6}$; $\frac{40}{60}\underset{20}{=}\frac{2}{3}$

h) $\frac{20}{10}\underset{2}{=}\frac{10}{5}$; $\frac{20}{10}\underset{5}{=}\frac{4}{2}$; $\frac{20}{10}\underset{10}{=}\frac{2}{1}$

i) $\frac{80}{120}\underset{2}{=}\frac{40}{60}$; $\frac{80}{120}\underset{4}{=}\frac{20}{30}$; $\frac{80}{120}\underset{5}{=}\frac{16}{24}$; $\frac{80}{120}\underset{8}{=}\frac{10}{15}$; $\frac{80}{120}\underset{10}{=}\frac{8}{12}$; $\frac{80}{120}\underset{20}{=}\frac{4}{6}$; $\frac{80}{120}\underset{40}{=}\frac{2}{3}$

j) $\frac{144}{60}\underset{2}{=}\frac{72}{30}$; $\frac{144}{60}\underset{3}{=}\frac{48}{20}$; $\frac{144}{60}\underset{4}{=}\frac{36}{15}$; $\frac{144}{60}\underset{6}{=}\frac{24}{10}$; $\frac{144}{60}\underset{12}{=}\frac{12}{5}$

8. **a)** (1) $\frac{30}{45}\underset{3}{=}\frac{10}{15}\underset{5}{=}\frac{2}{3}$ (3) $\frac{60}{100}\underset{10}{=}\frac{6}{10}\underset{2}{=}\frac{3}{5}$ (5) $\frac{120}{24}\underset{2}{=}\frac{60}{12}\underset{3}{=}\frac{20}{4}\underset{4}{=}\frac{5}{1}=5$

(2) $\frac{18}{24}\underset{3}{=}\frac{6}{8}\underset{2}{=}\frac{3}{4}$ (4) $\frac{150}{90}\underset{30}{=}\frac{5}{3}$

b) (1) mit 15 (2) mit 6 (3) mit 20 (4) mit 30 (5) mit 24

9. Z. B.: $\frac{1}{24}$; $\frac{5}{24}$; $\frac{7}{24}$; $\frac{18}{24}$

Zähler und Nenner haben keine gemeinsamen Teiler, daher können die Brüche nicht weiter gekürzt werden.

10. **a)** $\frac{36}{40}\underset{4}{=}\frac{9}{10}$ **c)** $\frac{49}{63}\underset{7}{=}\frac{7}{9}$ **e)** $\frac{165}{180}\underset{15}{=}\frac{11}{12}$

$\frac{56}{32}\underset{8}{=}\frac{7}{4}$ $\frac{33}{77}\underset{11}{=}\frac{3}{7}$ $\frac{64}{400}\underset{16}{=}\frac{4}{25}$

b) $\frac{63}{45}\underset{9}{=}\frac{7}{5}$ **d)** $\frac{48}{64}\underset{16}{=}\frac{3}{4}$ **f)** $\frac{78}{169}\underset{13}{=}\frac{6}{13}$

$\frac{35}{65}\underset{5}{=}\frac{7}{13}$ $\frac{45}{33}\underset{3}{=}\frac{15}{11}$ $\frac{108}{144}\underset{12}{=}\frac{9}{12}$

11. **a)** $\frac{7}{12}$; $\frac{3}{5}$; $\frac{8}{13}$ **b)** $\frac{3}{5}$; $\frac{9}{11}$; $\frac{3}{5}$ **c)** $\frac{8}{5}$; $\frac{3}{2}$; $\frac{3}{5}$ **d)** $\frac{7}{8}$; $\frac{4}{5}$; $\frac{6}{7}$

33

12. **a)** $\frac{8}{12}\underset{2}{=}\frac{4}{6}$; $\frac{8}{12}\underset{4}{=}\frac{2}{3}$

$\frac{15}{30}\underset{5}{=}\frac{3}{6}$; $\frac{15}{30}\underset{3}{=}\frac{5}{10}$

$\frac{30}{18}\underset{3}{=}\frac{10}{6}$; $\frac{30}{18}\underset{6}{=}\frac{5}{3}$

$\frac{30}{12}\underset{3}{=}\frac{10}{4}$; $\frac{30}{12}\underset{6}{=}\frac{5}{2}$

$\frac{16}{4}\underset{2}{=}\frac{8}{2}$; $\frac{16}{4}\underset{4}{=}\frac{4}{1}$

$\frac{25}{50}\underset{25}{=}\frac{1}{2}$; $\frac{25}{50}\underset{5}{=}\frac{5}{10}$

b) $\frac{8}{20}\underset{2}{=}\frac{4}{10}$; $\frac{8}{20}\underset{4}{=}\frac{2}{5}$

$\frac{36}{48}\underset{2}{=}\frac{18}{24}$; $\frac{36}{48}\underset{12}{=}\frac{3}{4}$

$\frac{18}{6}\underset{2}{=}\frac{9}{3}$; $\frac{18}{6}\underset{6}{=}\frac{3}{1}$

$\frac{10}{20}\underset{2}{=}\frac{5}{10}$; $\frac{10}{20}\underset{5}{=}\frac{2}{4}$

$\frac{18}{30}\underset{3}{=}\frac{6}{10}$; $\frac{18}{30}\underset{6}{=}\frac{3}{5}$

$\frac{40}{60}\underset{2}{=}\frac{20}{30}$; $\frac{40}{60}\underset{10}{=}\frac{4}{6}$

$\frac{40}{100}\underset{10}{=}\frac{4}{10}$; $\frac{40}{100}\underset{20}{=}\frac{2}{5}$

34

13. **a)** $\frac{24}{16}\underset{2}{=}\frac{18}{12}$; $\frac{24}{16}\underset{4}{=}\frac{6}{4}$; $\frac{24}{16}\underset{8}{=}\frac{3}{2}$

b) $\frac{18}{24}\underset{2}{=}\frac{9}{12}$; $\frac{18}{24}\underset{3}{=}\frac{6}{8}$; $\frac{18}{24}\underset{6}{=}\frac{3}{4}$

c) $\frac{40}{48}\underset{2}{=}\frac{20}{24}$; $\frac{40}{48}\underset{4}{=}\frac{10}{12}$; $\frac{40}{48}\underset{8}{=}\frac{5}{6}$

d) $\frac{36}{54}\underset{2}{=}\frac{18}{27}$; $\frac{36}{54}\underset{6}{=}\frac{6}{9}$; $\frac{36}{54}\underset{3}{=}\frac{12}{18}$; $\frac{36}{54}\underset{18}{=}\frac{2}{3}$; $\frac{36}{54}\underset{9}{=}\frac{4}{6}$

e) $\frac{80}{32}\underset{2}{=}\frac{40}{16}$; $\frac{80}{32}\underset{4}{=}\frac{20}{8}$; $\frac{80}{32}\underset{8}{=}\frac{10}{4}$; $\frac{80}{32}\underset{16}{=}\frac{5}{2}$

f) $\frac{96}{72}\underset{2}{=}\frac{48}{36}$; $\frac{96}{72}\underset{3}{=}\frac{32}{24}$; $\frac{96}{72}\underset{4}{=}\frac{24}{18}$; $\frac{96}{72}\underset{6}{=}\frac{16}{12}$; $\frac{96}{72}\underset{8}{=}\frac{12}{9}$; $\frac{96}{72}\underset{12}{=}\frac{8}{6}$; $\frac{96}{72}\underset{24}{=}\frac{4}{3}$

g) $\frac{105}{30}\underset{3}{=}\frac{35}{10}$; $\frac{105}{30}\underset{5}{=}\frac{21}{6}$; $\frac{105}{30}\underset{15}{=}\frac{7}{2}$

h) $\frac{72}{12}\underset{2}{=}\frac{36}{6}$; $\frac{72}{12}\underset{3}{=}\frac{24}{4}$; $\frac{72}{12}\underset{4}{=}\frac{18}{3}$; $\frac{72}{12}\underset{6}{=}\frac{12}{2}$; $\frac{72}{12}\underset{12}{=}\frac{6}{1}$

14. **a)** $\frac{3}{4}$; $\frac{4}{1}$; $\frac{2}{3}$ **d)** $\frac{3}{2}$; $\frac{5}{3}$; $\frac{2}{3}$ **g)** $\frac{7}{5}$; $\frac{2}{3}$; $\frac{9}{10}$

b) $\frac{4}{5}$; $\frac{7}{6}$; $\frac{2}{3}$ **e)** $\frac{7}{4}$; $\frac{5}{6}$; $\frac{7}{4}$ **h)** $\frac{5}{12}$; $\frac{3}{8}$; $\frac{1}{3}$

c) $\frac{2}{5}$; $\frac{3}{5}$; $\frac{5}{4}$ **f)** $\frac{2}{5}$; $\frac{4}{5}$; $\frac{4}{3}$

15. Milena:
$\frac{48}{72}\underset{2}{=}\frac{24}{36}\underset{2}{=}\frac{12}{18}\underset{6}{=}\frac{2}{3}$

Jan:
$\frac{48}{72}\underset{3}{=}\frac{16}{24}\underset{4}{=}\frac{4}{6}\underset{2}{=}\frac{2}{3}$

16. **a)** $\frac{2}{5}$; $\frac{5}{11}$; $\frac{1}{2}$; $\frac{7}{13}$; $\frac{4}{7}$; $\frac{3}{5}$; $\frac{5}{8}$; $\frac{11}{17}$

b) $\frac{8}{11}$; $\frac{17}{23}$; $\frac{3}{4}$; $\frac{19}{25}$; $\frac{10}{13}$; $\frac{7}{9}$; $\frac{11}{14}$; $\frac{23}{29}$

c) $\frac{20}{1}$; $\frac{13}{1}$; $\frac{19}{2}$; $\frac{37}{5}$; $\frac{6}{1}$; $\frac{5}{1}$; $\frac{17}{4}$; $\frac{11}{3}$

d) $\frac{8}{3}$; $\frac{33}{13}$; $\frac{17}{7}$; $\frac{7}{3}$; $\frac{9}{4}$; $\frac{37}{17}$; $\frac{19}{9}$; $\frac{39}{19}$

34

17. **a)** $\frac{150}{1\,000}$ kg $= \frac{3}{20}$ kg

$\frac{750}{1\,000}$ km $= \frac{3}{4}$ km

b) $\frac{350}{1\,000}\ \ell = \frac{7}{20}\ \ell$

$\frac{25}{60}$ h $= \frac{5}{12}$ h

c) $\frac{25}{100}$ m $= \frac{1}{4}$ m

$\frac{25}{1\,000}$ g $= \frac{1}{40}$ g

d) $\frac{30}{100}$ m $= \frac{3}{10}$ m

$\frac{30}{60}$ min $= \frac{1}{2}$ min

e) $\frac{25}{100}$ ha $= \frac{1}{4}$ ha

$\frac{400}{1\,000}$ kg $= \frac{2}{5}$ kg

18. (1) $\frac{2}{5}$ (2) $\frac{2}{5}$ (3) $\frac{3}{4}$ (4) $\frac{5}{8}$ (5) $\frac{2}{3}$ (6) $\frac{3}{4}$

19. **a)** (1) $\frac{15}{96} = \frac{5}{32}$ (2) $\frac{6}{27} = \frac{2}{9}$ (3) $\frac{20}{144} = \frac{5}{36}$

b) (1) $\frac{1}{4}$ (2) $\frac{1}{2}$ (3) $\frac{1}{10}$

20. Druckfehler in der 1. Auflage in Teilaufgabe c), 1. Zeile: $\frac{300}{216} = \frac{25}{19}$

a) wahr

wahr

b) falsch; $\frac{72}{126} = \frac{8}{14}$

wahr

c) falsch; $\frac{300}{216} = \frac{25}{18}$

falsch; $\frac{17}{41} = \frac{51}{123}$

d) wahr

falsch; $\frac{75}{45} = \frac{5}{3}$

e) wahr

falsch; $\frac{144}{900} = \frac{12}{75}$

21. $\frac{5}{6} \overset{4}{=} \frac{20}{24}$

22. Man kann Zähler und Nenner immer mit einer beliebigen Zahl multiplizieren, mit dieser Zahl erweitern.
Man kann aber z. B. einen Bruch mit dem Zähler 3 nicht mit 2 kürzen.

23. **a)** $\frac{12}{20} \underset{4}{=} \frac{3}{5}$

$\frac{4}{5} \overset{5}{=} \frac{20}{25}$

b) $\frac{3}{5} \underset{5}{=} \frac{15}{25}$

$\frac{16}{12} \underset{4}{=} \frac{4}{3}$

c) $\frac{3}{4} \overset{2}{=} \frac{6}{8}$

$\frac{15}{20} \underset{5}{=} \frac{3}{4}$

d) $\frac{10}{12} \underset{2}{=} \frac{5}{6}$

$\frac{2}{3} \overset{20}{=} \frac{40}{60}$

e) $\frac{72}{96} \underset{12}{=} \frac{6}{8}$

$\frac{15}{4} \overset{13}{=} \frac{195}{52}$

f) $\frac{5}{4} \overset{18}{=} \frac{90}{72}$

$\frac{88}{100} \underset{22}{=} \frac{4}{5}$

35

24. -

1.3.3 Angabe von Anteilen in Prozent

36

2. Z. B.: Wie viel Euro zahlen beide für die Fahrt (hin und zurück)?
Rechnung: Tanja: 28 € : 2 = 14 € · 2 = 28 €
Julian: 28 € : 2 = 14 € : 2 = 7 € · 2 = 14 €.
Antwort: Beide zusammen zahlen 42 €.

3. **a)** grün: 38% gelb: 62% **b)** grün: 88% gelb: 12% **c)** grün: 54% gelb: 46%

4. -

5. **a)** $\frac{2}{100}$; $\frac{16}{100}$; $\frac{28}{100}$; $\frac{35}{100}$; $\frac{54}{100}$; $\frac{89}{100}$; $\frac{100}{100}$ **b)** 7%; 22%; 34%; 76%; 82%; 94%

6. $5\% = \frac{5}{100} = \frac{1}{20}$; $15\% = \frac{15}{100} = \frac{3}{20}$; $20\% = \frac{20}{100} = \frac{1}{5}$; $25\% = \frac{25}{100} = \frac{1}{4}$;
$45\% = \frac{45}{100} = \frac{9}{20}$; $66\% = \frac{66}{100} = \frac{33}{50}$; $84\% = \frac{84}{100} = \frac{21}{25}$; $100\% = \frac{100}{100} = \frac{1}{1}$

7. **a)** 50%; $66\frac{2}{3}$ %; 25%; 75%; 20%; 40%; 60%; 80%; $83\frac{1}{3}$ %

b) 10%; 30%; 5%; 55%; 4%; 32%; 10%; $16\frac{2}{3}$ %

8. **a)** 20% **b)** 43% **c)** 42% **d)** 35%

9. **a)** (1) $\frac{1}{5}$ ... (2)... $\frac{1}{10}$ ... (3) $\frac{2}{5}$ ... (4) $\frac{7}{100}$ ... (5) $\frac{21}{100}$ ...
b) (1) 75% ... (2) ... 80% ... (3) ... 50% ... (4) 30% ...

10. -

1.4 Mischungs- und Teilverhältnisse

38

3. Z. B.: Wie viel ℓ Cool-Car-Frostschutz benötigt man um einen Frostschutz bis zu –20° zu sichern?
Antwort: Man benötigt 2 ℓ Cool-Car-Kühlerfrostschutz und 4 ℓ Wasser.
Z. B.: Wie viel ℓ Cool-Car-Frostschutz benötigt man um einen Frostschutz bis zu –27° zu sichern?
Antwort: Man benötigt 2,4 ℓ Cool-Car-Kühlerfrostschutz und 3,6 ℓ Wasser.
Z. B.: Wie viel ℓ Cool-Car-Frostschutz benötigt man um einen Frostschutz bis zu –40° zu sichern?
Antwort: Man benötigt 3 ℓ Cool-Car-Kühlerfrostschutz und 3 ℓ Wasser.

4. Frau Carolin Stamp erhält $\frac{7}{10}$ von 20 000 €, also 14 000 €. Herr Manuel Heine erhält $\frac{3}{10}$ von 20 000 €, also 6 000 €.

38 **5. a)** 1 : 1; $\frac{1}{2}$

1 : 2; $\frac{1}{3}$

2 : 1; $\frac{2}{3}$

2 : 3; $\frac{2}{5}$

3 : 5; $\frac{3}{8}$

b) 1 : 1; blau: 120 ml

1 : 2; blau: 80 ml

2 : 1; blau: 160 ml

2 : 3; blau: 96 ml

3 : 5; blau: 90 ml

6. 225 € bzw. 300 €

7. a) 7 : 1
b) (1) 175 ml und 25 ml (2) 3,5 ℓ und 0,5 ℓ (3) 1,4 ℓ und 0,2 ℓ

1.5 Zahlenstrahl – Bruchzahlen

39 **2.** -

40 **3.** -

4. -

5. Die Skalen sind nicht immer geradlinig wie beim Zahlenstrahl.

6. a) $F = \frac{1}{24}$; $C = \frac{1}{12}$; $A = \frac{1}{8}$; $B = \frac{3}{8}$; $E = \frac{7}{12}$; $D = \frac{11}{12}$

b) $C = \frac{1}{12}$; $E = \frac{7}{12}$; $F = 1\frac{1}{24}$; $D = 1\frac{1}{4}$; $A = 1\frac{2}{3}$; $B = 1\frac{5}{6}$

7. a) $A = \frac{1}{4}$; $B = \frac{1}{3}$; $C = \frac{5}{12}$; $D = \frac{1}{2}$; $E = \frac{2}{3}$; $F = \frac{3}{4}$; $G = 1\frac{1}{12}$; $H = 1\frac{1}{3}$

b) -

c) $A = \frac{2}{8}$; $\frac{4}{16}$; $B = \frac{2}{6}$; $\frac{4}{12}$; $C = \frac{10}{24}$; $\frac{20}{48}$; $D = \frac{2}{4}$; $\frac{4}{8}$; $E = \frac{4}{6}$; $\frac{8}{12}$;

$F = \frac{6}{8}$; $\frac{12}{16}$; $G = 1\frac{2}{24}$; $1\frac{4}{48}$; $H = 1\frac{2}{6}$; $1\frac{4}{12}$

8. -

9. a) (2) $\frac{4}{6}$ (3) $\frac{6}{9}$

b) Z. B.: $\frac{12}{8}$ oder $\frac{24}{36}$ ...

10. $\frac{1}{4}$, $\frac{2}{8}$ und $\frac{3}{12}$ $\frac{10}{6}$ und $\frac{5}{3}$; $\frac{8}{12}$, $\frac{4}{6}$ und $\frac{2}{3}$

11. $\frac{12}{6} = 2$; $\frac{0}{12} = 0$; $\frac{13}{1} = 13$; $\frac{14}{2} = 7$; $\frac{15}{3} = 5$; $\frac{16}{4} = 4$; $\frac{18}{6} = 3$

40 **12.** **a)** $\frac{9}{2} = 4\frac{1}{2}$ **c)** $3\frac{3}{4}$ **e)** $3\frac{8}{9}$ **g)** $\frac{9}{7}$ **i)** $2\frac{3}{8}$

b) $2\frac{3}{4}$ **d)** 4 **f)** $3\frac{6}{9}$ **h)** $\frac{5}{10}$ **j)** $2\frac{5}{12}$

1.6 Ordnen von Bruchzahlen nach der Größe

41 **2.** $\frac{3}{8} < \frac{5}{8} < \frac{7}{8} < \frac{11}{8} < \frac{15}{8}$

3. $\frac{16}{20}$; $\frac{18}{20}$ $\frac{80}{100}$; $\frac{90}{100}$ $\frac{8\,008}{10\,010}$; $\frac{9\,009}{10\,010}$

42 **4.** Am meisten von der Milch und am wenigsten vom Wasser.

5. **a)** Rot ist größer. **b)** Rot ist größer. **c)** Rot ist größer.

6. **a)** $\frac{3}{4}$ h ist länger. **b)** $\frac{9}{10}$ h ist länger.

7. **a)** $\frac{5}{8} \overset{2}{=} \frac{10}{24}$ **b)** $\frac{7}{20} \overset{3}{=} \frac{21}{60}$ **c)** $\frac{3}{4} \overset{15}{=} \frac{45}{60}$ **d)** $\frac{3}{10} \overset{6}{=} \frac{18}{60}$

$\frac{11}{12} \overset{2}{=} \frac{22}{24}$ $\frac{5}{12} \overset{5}{=} \frac{25}{60}$ $\frac{2}{5} \overset{10}{=} \frac{20}{50}$ $\frac{1}{6} \overset{10}{=} \frac{10}{60}$

$\frac{6}{25} \overset{2}{=} \frac{12}{50}$ $\frac{5}{12} \overset{5}{=} \frac{25}{60}$

8. **a)** $\frac{3}{5} > \frac{2}{5}$; $\frac{3}{7} < \frac{5}{7}$; $\frac{11}{8} > \frac{9}{8}$; $\frac{15}{4} < \frac{17}{4}$ **b)** $\frac{3}{4} > \frac{1}{4}$; $\frac{3}{5} < \frac{7}{5}$; $\frac{3}{7} < \frac{5}{7}$; $\frac{14}{3} > \frac{11}{3}$

9. **a)** $\frac{3}{5} < \frac{6}{5} < \frac{12}{5} < \frac{17}{5}$

$\frac{17}{5} > \frac{12}{5} > \frac{6}{5} > \frac{3}{5}$

b) $\frac{1}{6} < \frac{5}{6} < \frac{11}{6} < \frac{21}{6}$

$\frac{21}{6} > \frac{11}{6} > \frac{5}{6} > \frac{1}{6}$

c) $2\frac{1}{10} < 2\frac{3}{10} < 2\frac{7}{10} < 2\frac{9}{10}$

$2\frac{9}{10} > 2\frac{7}{10} > 2\frac{3}{10} > 2\frac{1}{10}$

10. **a)** $\frac{7}{8} > \frac{7}{12}$ Von der Himbeertorte bleibt weniger übrig.

b) (1) $\frac{1}{9} < \frac{1}{5} < \frac{1}{4} < \frac{1}{3}$ (2) $\frac{7}{10} < \frac{7}{8} < \frac{7}{5}$

43 **11.** (1) $\frac{1}{8} < \frac{3}{5}$; $\frac{3}{8} < \frac{3}{5}$; $\frac{1}{100} < \frac{1}{10}$

(2) $\frac{7}{10} < \frac{7}{9}$; $\frac{10}{7} > \frac{10}{9}$; $\frac{7}{4} > \frac{7}{8}$

(3) $3\frac{4}{5} > 1\frac{5}{6}$; $4\frac{2}{3} < 4\frac{4}{5}$

43

12. **a)** $\frac{9}{15} > \frac{8}{15}$; $\frac{1}{24} < \frac{15}{24}$; $\frac{14}{21} > \frac{12}{21}$; $\frac{54}{66} < \frac{55}{66}$

b) $\frac{14}{20} > \frac{11}{20}$; $\frac{10}{15} = \frac{10}{15}$; $\frac{25}{30} > \frac{21}{30}$; $\frac{22}{12} > \frac{21}{12}$

c) $\frac{9}{12} < \frac{10}{12}$; $\frac{21}{30} < \frac{22}{30}$; $\frac{14}{24} < \frac{15}{24}$; $\frac{45}{60} = \frac{45}{60}$

d) $\frac{54}{100} < \frac{55}{100}$; $\frac{28}{60} > \frac{27}{60}$; $\frac{14}{40} < \frac{25}{40}$; $\frac{44}{24} < \frac{63}{24}$

13. **a)** $\frac{7}{12} = \frac{7}{12}$ $\quad \frac{5}{6} = \frac{10}{12}$ $\quad \frac{3}{4} = \frac{9}{12}$ $\quad \frac{7}{12} < \frac{3}{4} < \frac{5}{6}$

b) $\frac{13}{20} = \frac{13}{20}$ $\quad \frac{4}{5} = \frac{16}{20}$ $\quad \frac{7}{10} = \frac{14}{20}$ $\quad \frac{13}{20} < \frac{7}{10} < \frac{4}{5}$

c) $\frac{7}{8} = \frac{21}{24}$ $\quad \frac{3}{4} = \frac{18}{24}$ $\quad \frac{5}{6} = \frac{20}{24}$ $\quad \frac{3}{4} < \frac{5}{6} < \frac{7}{8}$

d) $\frac{3}{10} = \frac{18}{60}$ $\quad \frac{7}{15} = \frac{21}{60}$ $\quad \frac{5}{12} = \frac{25}{60}$ $\quad \frac{3}{10} < \frac{7}{15} < \frac{5}{12}$

e) $\frac{5}{9} = \frac{100}{180}$ $\quad \frac{7}{12} = \frac{105}{180}$ $\quad \frac{8}{15} = \frac{96}{180}$ $\quad \frac{8}{15} < \frac{5}{9} < \frac{7}{12}$

f) $\frac{6}{7} = \frac{36}{42}$ $\quad \frac{13}{14} = \frac{39}{42}$ $\quad \frac{2}{3} = \frac{28}{42}$ $\quad \frac{2}{3} < \frac{6}{7} < \frac{13}{14}$

14. Tim: $\frac{20}{7} = 2\frac{6}{7}$ $\quad \frac{53}{13} = 4\frac{1}{13}$ $\qquad$ Maria: $\frac{20}{7} = \frac{260}{91}$ $\quad \frac{53}{13} = \frac{371}{91}$

Tims Lösungsweg ist einfacher.

15. **a)** $4 < 4\frac{1}{4}$ $\quad$ **c)** $4\frac{1}{2} > 1\frac{2}{5}$ $\quad$ **e)** $9\frac{5}{7} < 10\frac{2}{5} < 11\frac{1}{4}$

b) $6\frac{1}{3} > 4\frac{3}{5}$ $\quad$ **d)** $6\frac{3}{8} > 5\frac{7}{9}$ $\quad$ **f)** $8\frac{6}{7} < 8\frac{7}{8} < 8\frac{9}{10}$

16. **a)** $4\frac{1}{2} > 3$ $\quad$ **c)** $5\frac{1}{8} > 4\frac{9}{10}$ $\quad$ **e)** $6\frac{3}{7} < 6\frac{4}{5}$

b) $4\frac{2}{7} < 5$ $\quad$ **d)** $6\frac{3}{12} > 5\frac{21}{30}$

17. **a)** (1) $\frac{6}{20} < \frac{7}{20} < \frac{8}{20}$ $\quad$ (2) $\frac{7}{21} < \frac{7}{20} < \frac{7}{19}$

b) (1) $\frac{12}{40} < \frac{13}{40} < \frac{14}{40}$ $\quad$ (2) $\frac{13}{41} < \frac{13}{40} < \frac{13}{39}$

c) (1) $\frac{2}{4} < \frac{3}{4} < \frac{4}{4}$ $\quad$ (2) $\frac{3}{5} < \frac{3}{4} < \frac{3}{3}$

d) (1) $\frac{16}{8} < \frac{17}{8} < \frac{18}{8}$ $\quad$ (2) $\frac{17}{9} < \frac{17}{8} < \frac{17}{7}$

18. **a)** $\frac{5}{8}$ $\quad$ **b)** $\frac{3}{9}$ $\quad$ **c)** $\frac{1}{4}$ $\quad$ **d)** $\frac{2}{10}$

19. **a)** $\frac{7}{4}$; $\frac{12}{5}$; $\frac{7}{5}$; $\frac{9}{8}$; $\frac{11}{9}$; $\frac{13}{8}$; $\frac{5}{3}$ $\quad$ **c)** $\frac{3}{7}$; $\frac{5}{12}$; $\frac{7}{20}$; $\frac{7}{15}$; $\frac{4}{9}$

b) $\frac{5}{8}$; $\frac{3}{7}$; $\frac{5}{9}$; $\frac{5}{12}$; $\frac{7}{20}$; $\frac{7}{15}$; $\frac{4}{9}$ $\quad$ **d)** $\frac{7}{4}$; $\frac{12}{5}$; $\frac{13}{8}$; $\frac{5}{3}$

43

20. **a)** $\frac{1}{3} > \frac{1}{4} > \frac{1}{5}$

b) $\frac{4}{3} > \frac{5}{4} > \frac{6}{5}$

c) $\frac{2}{3} < \frac{3}{4} < \frac{4}{5}$

d) $\frac{3}{8} < \frac{7}{5} < \frac{9}{4}$

e) $\frac{2}{9} < \frac{7}{10} < \frac{10}{7}$

f) $\frac{7}{5} < \frac{11}{4} < \frac{25}{8}$

g) $\frac{5}{4} > \frac{6}{5} > \frac{7}{6} > \frac{8}{7}$

h) $\frac{10}{9} > \frac{15}{14} > \frac{14}{15} > \frac{9}{10}$

i) $\frac{9}{4} > \frac{13}{10} > \frac{19}{20} > \frac{12}{25}$

j) $\frac{71}{45} > \frac{41}{35} > \frac{13}{24} > \frac{17}{36}$

21. -

22. Tanja: $\frac{7}{20}$; Tim: $\frac{11}{30}$; Maria: $\frac{17}{40}$
Die beste Trefferquote hat Maria, die schlechteste Tanja.

Im Blickpunkt: Gangschaltung beim Fahrrad

44

1. α – a, α – b, α – c, α – d, α – e, α – f, α – g,
β – a, β – b, β – c, β – d, β – e, β – f, β – g,
γ – a, γ – b, γ – c, γ – d, γ – e, γ – f, γ – g
21 Kombinationen

45

2. **a)**

	a	b	c	d	e	f	g
α	2	$\frac{12}{7}$	$\frac{3}{2}$	$\frac{4}{3}$	$\frac{8}{7}$	1	$\frac{6}{7}$
β	3	$\frac{18}{7}$	$\frac{9}{4}$	2	$\frac{12}{7}$	$\frac{3}{2}$	$\frac{9}{7}$
γ	4	$\frac{24}{7}$	3	$\frac{8}{3}$	$\frac{16}{7}$	2	$\frac{12}{7}$

b) Es bleiben 15 verschiedene Gänge übrig.

3. **a)** $\frac{72}{84}$; $\frac{84}{84}$; $\frac{96}{84}$; $\frac{108}{84}$; $\frac{112}{84}$; $\frac{126}{84}$; $\frac{144}{84}$; $\frac{168}{84}$; $\frac{189}{84}$; $\frac{192}{84}$; $\frac{216}{84}$; $\frac{224}{84}$; $\frac{252}{84}$; $\frac{288}{84}$; $\frac{336}{84}$

b) geringer Unterschied: $\frac{108}{84}$ und $\frac{112}{84}$, $\frac{189}{84}$ und $\frac{192}{84}$
Es bleiben 13 Gänge übrig.

4.

β – d
- β – c $\rightarrow \frac{9}{4} = \frac{189}{84}$
- β – e $\rightarrow \frac{12}{7} = \frac{144}{89}$
- α – d $\rightarrow \frac{4}{3} = \frac{112}{84}$
- γ – d $\rightarrow \frac{8}{3} = \frac{224}{84}$

45 **5.** Gangabwicklung (Es wurden die „Gänge“ aus Nr. 3 a) benutzt.)

1. Gang:	1 929 mm ≈ 1,93 m	9. Gang:	5 063 mm ≈ 5,06 m
2. Gang:	2 250 mm ≈ 2,25 m	10. Gang:	5 143 mm ≈ 5,14 m
3. Gang:	2 571 mm ≈ 2,59 m	11. Gang:	5 786 mm ≈ 5,79 m
4. Gang:	2 893 mm ≈ 2,89 m	12. Gang:	6 000 mm = 6,00 m
5. Gang:	3 000 mm = 3,00 m	13. Gang:	6 857 mm ≈ 6,86 m
6. Gang:	3 375 mm ≈ 3,38 m	14. Gang:	7 714 mm ≈ 7,71 m
7. Gang:	3 857 mm ≈ 3,86 m	15. Gang:	9 000 mm = 9,00 m
8. Gang:	4 500 mm = 4,50 m		

1.7 Addieren und Subtrahieren von Bruchzahlen

49 **3.** -

4. a) (1) $\frac{13}{15}$

(2) $\frac{11}{14}$

(3) $\frac{5}{24}$

b) (1) $\frac{12}{17}-\frac{5}{17}=\frac{7}{17}$; $\frac{7}{17}+\frac{5}{17}=\frac{12}{17}$

(2) $\frac{11}{12}-\frac{1}{3}=\frac{11}{12}-\frac{4}{12}=\frac{7}{12}$; $\frac{7}{12}+\frac{4}{12}=\frac{11}{12}$

(3) $\frac{2}{3}-\frac{1}{2}=\frac{4}{6}-\frac{3}{6}=\frac{1}{6}$; $\frac{1}{6}+\frac{3}{6}=\frac{4}{6}$

5. a) Stand 1: $\frac{5}{12}+\frac{2}{12}=\frac{7}{12}$ Stand 2: $\frac{4}{9}+\frac{7}{18}=\frac{8}{18}+\frac{7}{18}=\frac{15}{18}=\frac{5}{6}$

Stand 3: $\frac{3}{8}+\frac{5}{12}=\frac{9}{24}+\frac{10}{24}=\frac{19}{24}$

b) $\frac{7}{12}=\frac{14}{24}$; $\frac{5}{6}=\frac{20}{24}$; $\frac{14}{24}<\frac{19}{24}<\frac{20}{24}$, also $\frac{7}{12}<\frac{19}{24}<\frac{5}{6}$

Stand 1 hat am wenigsten und Stand 2 hat am meisten übrig.

c) An Stand 1 ist $\frac{5}{24}$ mehr als an Stand 3 und $\frac{6}{24}=\frac{1}{4}$ mehr als an Stand 2 verkauft worden.

50 **6. a)** $\frac{7}{12}+\frac{2}{12}=\frac{9}{12}=\frac{3}{4}$ **b)** $\frac{2}{5}+\frac{1}{5}=\frac{3}{5}$ **c)** $\frac{4}{10}+\frac{3}{10}=\frac{7}{10}$ **d)** $\frac{3}{8}+\frac{2}{8}=\frac{5}{8}$

7. a) $\frac{1}{4}+\frac{3}{8}=\frac{2}{8}+\frac{3}{8}=\frac{5}{8}$ **c)** $\frac{3}{5}+\frac{1}{8}=\frac{24}{40}+\frac{5}{40}=\frac{29}{40}$

b) $\frac{4}{8}+\frac{2}{8}=\frac{6}{8}=\frac{3}{4}$ **d)** $\frac{5}{12}+\frac{1}{5}=\frac{25}{60}+\frac{12}{60}=\frac{37}{60}$

8. a) $\frac{3}{8}+\frac{3}{8}=\frac{6}{8}=\frac{3}{4}$ **b)** $\frac{6}{10}+\frac{3}{10}=\frac{9}{10}$ **c)** $\frac{2}{6}+\frac{5}{24}=\frac{8}{24}+\frac{5}{24}=\frac{13}{24}$

9. a) $\frac{5}{6}-\frac{3}{6}=\frac{2}{6}$ **b)** $\frac{5}{8}-\frac{1}{8}=\frac{4}{8}$ **c)** $\frac{8}{12}-\frac{2}{12}=\frac{6}{12}$ **d)** $\frac{4}{5}-\frac{2}{5}=\frac{2}{5}$

10. a) $\frac{5}{9}-\frac{4}{9}=\frac{1}{9}$ **b)** $\frac{7}{10}-\frac{2}{10}=\frac{5}{10}=\frac{1}{2}$ **c)** $\frac{5}{8}-\frac{3}{8}=\frac{2}{8}=\frac{1}{4}$

51

11. **a)** $\frac{9}{10}$, $\frac{5}{12}$ **b)** $\frac{21}{25}$, $\frac{23}{40}$ **c)** $\frac{20}{17}$, $\frac{2}{15}$ **d)** $\frac{13}{20}$, 0 **e)** $\frac{4}{5}$, $\frac{31}{90}$

12. **a)** $\frac{7}{8}$, $\frac{1}{15}$ **b)** $\frac{27}{40}$, $\frac{14}{21}=\frac{2}{3}$ **c)** $\frac{22}{33}=\frac{2}{3}$, $\frac{37}{42}$ **d)** $\frac{5}{6}$, $\frac{5}{6}$ **e)** $\frac{1}{4}$, $\frac{13}{15}$

13. **a)** $\frac{7}{15}$, $\frac{67}{70}$ **b)** $\frac{43}{78}$, $\frac{7}{33}$ **c)** $\frac{50}{63}$, $\frac{12}{105}=\frac{4}{35}$ **d)** $\frac{23}{20}=1\frac{3}{20}$, $\frac{23}{18}=1\frac{5}{18}$ **e)** $\frac{5}{24}$, $\frac{7}{24}$

14. **a)** $\frac{2}{5}+\frac{1}{2}=\frac{9}{10}$ **b)** $\frac{5}{6}-\frac{3}{4}=\frac{1}{12}$ **c)** $\frac{3}{8}-\frac{1}{3}=\frac{1}{24}$ **d)** $\frac{3}{8}+\frac{1}{2}=\frac{7}{8}$

15. Hier ohne Zeichnungen.
a) $\frac{3}{6}=\frac{1}{3}$ **b)** $\frac{5}{8}$ **c)** $\frac{3}{5}$ **d)** $\frac{3}{9}=\frac{1}{3}$ **e)** $\frac{3}{6}=\frac{1}{2}$ **f)** $\frac{3}{10}$

16. **a)** $\frac{19}{12}$, $\frac{53}{60}$ **b)** $\frac{5}{30}=\frac{1}{6}$, $\frac{36}{60}=\frac{3}{5}$ **c)** $\frac{139}{90}$, $\frac{363}{500}$ **d)** $\frac{5}{14}$, $\frac{32}{65}$ **e)** $\frac{193}{105}=1\frac{88}{105}$, $\frac{31}{63}$

17. **a)** $\frac{4}{5}+\frac{30}{20}>1$
b) $2\frac{1}{8}-1\frac{1}{2}=\frac{10}{16}$
c) $\frac{1}{5}+\frac{1}{9}<\frac{1}{3}$
d) $\frac{1}{4}-\frac{1}{5}>\frac{1}{40}+\frac{1}{50}$
e) $\frac{3}{8}+\frac{1}{6}=\frac{13}{24}$
f) $\frac{3}{8}-\frac{1}{6}>\frac{1}{6}$
g) $\frac{17}{19}-\frac{16}{21}>0$
h) $\frac{1}{12}-\frac{1}{13}<\frac{1}{12}+\frac{1}{13}$

18. $\frac{8}{10}=\frac{4}{5}$ Sekunden später

19. $\frac{5}{7}+\frac{3}{7}=\frac{8}{7}$
Das Testament enthält einen Fehler, da das Ergebnis mehr als ein Ganzes ergibt.

20. $\frac{13}{40}$ Liter Wasser müssen zugegossen werden

21. $\frac{13}{20}$ kg wiegt die Füllung.

22. **a)** Der erste Teil dauert $\frac{1}{6}$ min = 10 s länger.
b) $\frac{2}{3}$ min = 40 s dauert die gesamte Werbesendung.

52 **23.** **a)** $1\frac{3}{4}+1\frac{1}{3}=1\frac{9}{12}+1\frac{4}{12}=2\frac{13}{12}=3\frac{1}{12}$ Torten **b)** $3\frac{1}{12}-1\frac{1}{2}=1\frac{7}{12}$ Torte

24. **a)** $1\frac{5}{7}$; $2\frac{11}{15}$; $3\frac{1}{5}$
b) $3\frac{9}{10}$; $3\frac{4}{8}=3\frac{1}{2}$
c) $1\frac{9}{9}=2$; $4\frac{7}{7}=5$; 2
d) $12\frac{12}{12}=13$; $2\frac{4}{5}$; $4\frac{6}{9}=4\frac{2}{3}$
e) $6\frac{18}{12}=7\frac{6}{12}=7\frac{1}{2}$; $4\frac{12}{9}=5\frac{3}{9}=5\frac{1}{3}$; $1\frac{5}{7}$
f) $7\frac{12}{8}=8\frac{4}{8}=8\frac{1}{4}$; $2\frac{3}{5}$; $3\frac{23}{25}$

25. **a)** $3\frac{4}{5}$; $1\frac{7}{8}$
b) $5\frac{3}{4}$; $6\frac{5}{14}$
c) $6\frac{1}{5}$; $7\frac{4}{7}$
d) 10; 6
e) $2\frac{1}{3}$; $12\frac{6}{8}=12\frac{3}{4}$
f) $6\frac{5}{6}$; $19\frac{3}{9}=19\frac{1}{3}$

26. **a)** $5\frac{2}{3}$; $2\frac{3}{8}$
b) $8\frac{2}{9}$; $5\frac{3}{4}$
c) $2\frac{3}{4}$; $4\frac{5}{8}$
d) $2\frac{2}{5}$; $6\frac{1}{8}$
e) $10\frac{55}{96}$; $4\frac{7}{45}$
f) $1\frac{41}{54}$; $7\frac{11}{78}$

27. **a)** $1\frac{9}{14}$; $6\frac{5}{72}$; $6\frac{41}{56}$
b) $5\frac{7}{20}$; $10\frac{32}{33}$; $5\frac{59}{90}$
c) $\frac{22}{21}=1\frac{1}{21}$; $4\frac{42}{55}$; 4
d) $3\frac{19}{78}$; $9\frac{41}{60}$; $12\frac{17}{75}$
e) $\frac{34}{63}$; $8\frac{88}{105}$; $1\frac{17}{18}$

28. $16\frac{7}{40}$ ha

29. $7\frac{2}{3}$ Pizzas

30. $8\frac{1}{3}+5\frac{2}{3}=14$; $4\frac{9}{11}+9\frac{13}{15}=14\frac{113}{165}$; $6\frac{8}{25}+8\frac{3}{20}=14\frac{47}{100}$; $10\frac{19}{21}+3\frac{11}{14}=14\frac{29}{42}$;
$5\frac{5}{12}+8\frac{1}{18}=13\frac{17}{36}$
$5\frac{2}{12}+8\frac{1}{18}<8\frac{1}{3}+5\frac{2}{3}<6\frac{8}{25}+8\frac{3}{20}<4\frac{9}{11}+9\frac{13}{15}<10\frac{19}{21}+3\frac{11}{14}$

31. $1\frac{1}{4}$ m

$4\frac{11}{60}$

32. $\frac{3}{4}\ell$

33. $\frac{11}{60}$ ha

$6\frac{15}{12}-2\frac{8}{12}=4\frac{35}{60}-\frac{24}{60}$

53 **34.** Z. B.: Wie viel kg Kartoffeln, Äpfel und Weintrauben kauft Herr Wagner mehr?
Antwort: $\frac{3}{4}$ kg Kartoffeln, $\frac{3}{4}$ kg Äpfel und $\frac{7}{8}$ kg Weintrauben.

35. $7\frac{3}{20}$ m

53 **36.** a) $\frac{3}{4}$ b) $\frac{3}{10}$ c) $\frac{7}{16}$ d) $\frac{3}{8}$

37. a) $7\frac{2}{5}$ c) $3\frac{7}{12}$ e) $2\frac{4}{5}$ g) $\frac{55}{24}$

b) $3\frac{1}{6}$ d) $2\frac{9}{10}$ f) $11\frac{1}{5}$ h) $\frac{73}{24}$

38. a)

$\frac{2}{5}$	$\frac{3}{20}$	$\frac{1}{5}$
$\frac{1}{20}$	$\frac{1}{4}$	$\frac{9}{20}$
$\frac{3}{10}$	$\frac{7}{20}$	$\frac{1}{10}$

b)

$\frac{1}{3}$	$\frac{1}{4}$	$\frac{2}{3}$
$\frac{3}{4}$	$\frac{5}{12}$	$\frac{1}{12}$
$\frac{1}{6}$	$\frac{7}{12}$	$\frac{1}{2}$

39. a) $7\frac{1}{2}$; $\frac{1}{2}$ fehlen noch an 8 c) $\frac{31}{32}$; $\frac{1}{32}$ fehlen noch an 1

b) $9\frac{9}{40}$; $\frac{31}{40}$ fehlen noch an 10

40. a) Z. B.: $\frac{5}{6}=\frac{1}{6}+\frac{4}{6}$; $\frac{5}{6}=\frac{1}{3}+\frac{1}{2}$; $\frac{5}{6}=\frac{2}{6}+\frac{3}{6}$

Z. B.: $\frac{2}{9}=\frac{1}{9}+\frac{1}{9}$; $\frac{2}{9}=\frac{1}{12}+\frac{5}{36}$; $\frac{2}{9}=\frac{1}{18}+\frac{1}{6}$

Z. B.: $\frac{1}{3}=\frac{1}{6}+\frac{1}{6}$; $\frac{1}{3}=\frac{1}{9}+\frac{2}{9}$; $\frac{1}{3}=\frac{1}{12}+\frac{1}{4}$

b) Z. B.: $\frac{4}{9}=\frac{7}{9}-\frac{3}{9}$; $\frac{4}{9}=\frac{8}{9}-\frac{4}{9}$; $\frac{4}{9}=\frac{5}{9}-\frac{1}{9}$

Z. B.: $\frac{9}{17}=\frac{20}{34}-\frac{2}{34}$; $\frac{9}{17}=\frac{13}{17}-\frac{4}{17}$; $\frac{9}{17}=\frac{15}{17}-\frac{6}{17}$

Z. B.: $\frac{2}{5}=\frac{6}{10}-\frac{2}{10}$; $\frac{2}{5}=\frac{4}{5}-\frac{2}{5}$; $\frac{2}{5}=\frac{3}{5}-\frac{1}{5}$

41. a) 2 b) 2 c) 1 d) 0

42. 36 Aufnahmen sind möglich.

43. a) $\frac{9}{10}$ b) $\frac{1}{10}$ c) Edelmetall = 162 g; Kupfer = 18 g

54 **44.** Nein, denn $\frac{1}{3}+\frac{1}{5}=\frac{8}{15}$, also mehr als die Hälfte.

45. a)

$\frac{2}{5}$	$\frac{1}{2}$	$\frac{1}{4}$	$1\frac{1}{2}$
$\frac{9}{10}$	$\frac{3}{4}$	$1\frac{3}{4}$	
$1\frac{13}{20}$	$2\frac{1}{2}$		
$4\frac{3}{20}$			

b)

$1\frac{3}{4}$	$\frac{1}{2}$	$\frac{1}{3}$	$\frac{1}{4}$
$2\frac{1}{4}$	$\frac{5}{6}$	$\frac{7}{12}$	
$3\frac{1}{12}$	$1\frac{5}{12}$		
$4\frac{1}{2}$			

54

46. **a)** $\frac{3}{5}+\frac{3}{8}=\frac{39}{40}$; $\frac{3}{5}-\frac{3}{8}=\frac{9}{40}$

b) $\frac{1}{2}+\frac{1}{9}=\frac{11}{18}$; $\frac{1}{2}-\frac{1}{9}=\frac{7}{18}$

c) $\frac{7}{15}+\frac{7}{20}=\frac{49}{60}$; $\frac{7}{15}-\frac{7}{20}=\frac{7}{60}$

d) $\frac{7}{8}+\frac{6}{7}=\frac{97}{56}=1\frac{41}{56}$; $\frac{7}{8}-\frac{6}{7}=\frac{1}{56}$

e) $\frac{4}{5}+\frac{3}{4}=\frac{31}{20}=1\frac{11}{20}$; $\frac{4}{5}-\frac{3}{4}=\frac{1}{20}$

47. **a)** $\frac{2}{3}+\frac{1}{10}=\frac{23}{30}$ **b)** $\frac{1}{2}+\frac{1}{6}=\frac{2}{3}$ **c)** $\frac{5}{6}+\frac{1}{8}=\frac{23}{24}$

48. **a)** $\frac{8}{9}-\frac{2}{3}=\frac{2}{9}$ **b)** $\frac{8}{9}-\frac{1}{2}=\frac{7}{18}$ **c)** $\frac{8}{9}-\frac{5}{6}=\frac{1}{18}$

49. **a)** $\frac{11}{18}$ **b)** $\frac{2}{5}$ **c)** $\frac{3}{20}$ **d)** $\frac{8}{3}$ **e)** $\frac{4}{21}$ **f)** $\frac{5}{6}$

50. **a)** um $1\frac{3}{4}$ **b)** $\frac{7}{3}$ **c)** $\frac{12}{5}=2\frac{2}{5}$

51. $\frac{1}{2}-\frac{1}{3}=\frac{1}{6}$; $\frac{1}{3}-\frac{1}{4}=\frac{1}{12}$; $\frac{1}{4}-\frac{1}{5}=\frac{1}{20}$; $\frac{1}{5}-\frac{1}{6}=\frac{1}{30}$; $\frac{1}{6}-\frac{1}{7}=\frac{1}{42}$; $\frac{1}{7}-\frac{1}{8}=\frac{1}{56}$
Man erhält einen Stammbruch mit einem Nenner, der das Produkt der einzelnen Nenner ist.

$\frac{1}{2}+\frac{1}{3}=\frac{5}{6}$; $\frac{1}{3}+\frac{1}{4}=\frac{7}{12}$; $\frac{1}{4}+\frac{1}{5}=\frac{9}{20}$; $\frac{1}{5}+\frac{1}{6}=\frac{11}{30}$; $\frac{1}{6}+\frac{1}{7}=\frac{13}{42}$; $\frac{1}{7}+\frac{1}{8}=\frac{15}{56}$
Der Zähler ist die Summe der einzelnen Nenner; der Nenner das Produkt der einzelnen Nenner.

52. 1. Schale: $3\frac{5}{6}\text{ kg}+3\frac{3}{4}\text{ kg}+4\frac{3}{8}\text{ kg}=\frac{287}{24}\text{ kg}=11\frac{23}{24}\text{ kg}$

2. Schale: $3\frac{7}{12}\text{ kg}+4\frac{1}{8}\text{ kg}+4\frac{1}{4}\text{ kg}=11\frac{23}{24}\text{ kg}$

1.8 Kommutativ- und Assoziativgesetz der Addition

56

1. **a)** $\frac{8}{7}$; $\frac{3}{4}$; $\frac{4}{5}$ **b)** $\frac{2}{3}$; $\frac{13}{15}$; $\frac{5}{7}$ **c)** $\frac{4}{7}$; $\frac{1}{3}$; $\frac{4}{3}$ **d)** 1; $\frac{53}{60}$; $\frac{8}{5}$

2. **a)** $\frac{14}{19}$ **b)** $\frac{7}{18}$ **c)** $\frac{1}{2}$ **d)** $\frac{3}{7}$ **e)** $\frac{3}{14}$ **f)** $\frac{5}{7}$

3. $\left(\frac{1}{2}-\frac{1}{4}\right)-\frac{1}{8}=\frac{1}{8}$ $\frac{1}{2}-\left(\frac{1}{4}-\frac{1}{8}\right)=\frac{3}{8}$

1.9 Dezimale Schreibweise für Bruchzahlen

1.9.1 Schreibweise und Aufbau von Dezimalbrüchen

59

2. a) -

b) (1) $0,6 = \frac{6}{10}$; $0,07 = \frac{7}{100}$; $0,004 = \frac{4}{1\,000}$; $0,0005 = \frac{5}{10\,000}$

(2) $0,16 = \frac{16}{100}$; $0,027 = \frac{27}{1\,000}$; $0,307 = \frac{307}{1\,000}$; $0,4087 = \frac{4\,087}{10\,000}$

(3) $5,7 = \frac{57}{10}$; $7,26 = \frac{726}{100}$; $4,038 = \frac{4\,038}{1\,000}$; $12,4704 = \frac{124\,704}{10\,000}$

(4) $3,1 = \frac{31}{10}$; $3,01 = \frac{301}{100}$; $3,001 = \frac{3\,001}{1\,000}$; $3,101 = \frac{3\,101}{1\,000}$

c) (1) 0,3; 0,05; 0,00001; 0,000006

(2) 0,15; 0,123; 0,0765; 0,201

(3) 1,5; 1,11; 2,504; 3,00001

(4) 2,5; 62,5; 1,02; 3,98; 9,375

Man erkennt an der Anzahl der Nullen im Nenner, wie viele Stellen der Dezimalbruch rechts vom Komma hat.

3. a) (1) $\frac{5}{10}$ und $\frac{5}{10}$ (2) $\frac{3}{10}$ und $\frac{3}{10}$ (3) $\frac{21}{10}$; $\frac{21}{10}$

b) (1) 0,80; 0,800; 0,8000; ...

(2) 0,020; 0,0200; 0,02000; ...

(3) 1,50; 1,500; 1,5000; ...

(4) 0,00200; 0,002000; 0,0020000; ...

Das Anhängen von ein, zwei, ... Nullen entspricht dem Erweitern eines gewöhnlichen Bruches mit 10, mit 100, ...

c) (1) 4,32 (2) 8,3 (3) 3,805 (4) 760,32 (5) 300,001

Das Weglassen von ein, zwei, ... Endnullen entspricht dem Kürzen eines gewöhnlichen Bruches durch 10, durch 100, ...

d) *Beispiele:* $0,4 = \frac{4}{10} = \frac{40}{100} = 0,40$; $0,35 = \frac{35}{100} = \frac{3\,500}{10\,000} = 0,3500$;

$0,300 = \frac{300}{1\,000} = \frac{3}{10} = 0,3$

4. a) 0,35 dm²; 3,59 dm²; 3,17 m²; 5,59 m²; 9,04 m²; 0,85 m²; 8,5 m²; 0,07 cm²

b) 0,751 dm³; 6,842 dm³; 3,725 dm³; 7,054 m³; 3,002 cm³; 0,097 m³

60

5. a) $12\text{ s} + \frac{2}{10}\text{ s} = 12\frac{2}{10}\text{ s}$

$48\text{ s} + \frac{4}{10}\text{ s} = 48\frac{4}{10}\text{ s}$

b) $10\text{ s} + \frac{7}{10}\text{ s} + \frac{5}{100}\text{ s} = 10\frac{75}{100}\text{ s}$

$41\text{ s} + \frac{9}{10}\text{ s} + \frac{5}{100}\text{ s} = 41\frac{95}{100}\text{ s}$

c) $42\text{ s} + \frac{9}{10}\text{ s} + \frac{5}{100}\text{ s} + \frac{3}{1\,000}\text{ s} = 42\frac{953}{1\,000}\text{ s}$

$43\text{ s} + \frac{1}{10}\text{ s} + \frac{2}{100}\text{ s} + \frac{9}{1\,000}\text{ s} = 43\frac{129}{1\,000}\text{ s}$

60

6. **a)** $12,345 = \frac{12\,345}{1\,000}$ **b)** $8,76543 = \frac{876\,543}{100\,000}$ **c)** $3,0201 = \frac{30\,201}{10\,000}$

$7,64 = \frac{764}{100}$ $0,6135 = \frac{6\,135}{10\,000}$ $60,4218 = \frac{604\,218}{10\,000}$

$3,08 = \frac{308}{100}$ $0,78 = \frac{78}{100}$ $38,00002 = \frac{3\,800\,002}{100\,000}$

$7,2 = \frac{72}{10}$ $0,03871 = \frac{3\,871}{100\,000}$ $0,2301 = \frac{2\,301}{10\,000}$

$13,303 = \frac{13\,303}{1\,000}$ $11,30052 = \frac{1\,130\,052}{100\,000}$ $23,04005 = \frac{2\,304\,005}{100\,000}$

7. (1) Einer (2) Zehntel (3) Zehntel (4) Tausendstel (5) Zehntausendstel

8. **a)** 32,15 **b)** 782,415 **c)** 4,3517 **d)** 0,135 **e)** 2 143,5

9. Merles Behauptung ist falsch. Die Tausendstel stehen rechts vor den Hundertsteln.
Patrick hat Recht.
Lea hat Recht.

10.

	E	z	h	t	zt	ht	mio	
0,005	0	0	0	5				$\frac{5}{1\,000} = \frac{1}{200}$
0,00002	0	0	0	0	0	2		$\frac{2}{100\,000} = \frac{1}{50\,000}$
0,000001	0	0	0	0	0	0	1	$\frac{1}{1\,000\,000}$
0,0005	0	0	0	0	5			$\frac{5}{10\,000} = \frac{1}{2\,000}$

61

11. **a)** $17 + \frac{8}{10} + \frac{5}{100} + \frac{6}{1\,000}$ **d)** $0 + \frac{8}{10} + \frac{4}{100} + \frac{7}{1\,000} + \frac{2}{10\,000}$

b) $6 + \frac{0}{10} + \frac{7}{100} + \frac{8}{1\,000}$ **e)** $13 + \frac{0}{10} + \frac{0}{100} + \frac{5}{1\,000}$

c) $0 + \frac{0}{10} + \frac{6}{100} + \frac{9}{1\,000}$ **f)** $7 + \frac{5}{10} + \frac{1}{100} + \frac{2}{1\,000} + \frac{0}{10\,000} + \frac{3}{100\,000}$

12. **a)** $\frac{75}{100} = \frac{3}{4}$; $\frac{25}{100} = \frac{1}{4}$ **d)** $\frac{125}{1000} = \frac{1}{8}$; $\frac{1\,701}{1\,000} = 1\frac{701}{1\,000}$

b) $\frac{6}{10} = \frac{3}{5}$; $\frac{488}{100} = \frac{122}{25} = 4\frac{22}{25}$ **e)** $\frac{505}{1\,000} = \frac{101}{200}$; $\frac{5\,005}{10\,000} = \frac{1\,001}{2\,000}$

c) $\frac{625}{1\,000} = \frac{5}{8}$; $\frac{10\,481}{10\,000} = 1\frac{481}{10\,000}$ **f)** $\frac{3}{10\,000}$; $\frac{38\,200}{10\,000} = \frac{328}{100} = \frac{191}{50} = 3\frac{41}{50}$

13.

	H	Z	E	z	h	t	zt	Dezimalzahl
a)			0	2				0,2
			0	1	9			0,19
			0	0	4			0,04
			0	0	4	9		0,049
			0	0	0	2	6	0,0026
			0	0	0	0	3	0,0003
b)			2	0	0	7		2,007
			5	2	5	0		5,250
			7	8	5	0		7,850
		1	0	0	4			10,04

61

14. **a)** $\frac{27}{10} = 2\frac{7}{10} = 2{,}7$
b) $5{,}41 = 5\frac{41}{100}$
c) $0{,}58 = \frac{58}{100}$
d) $7{,}20 = \frac{720}{100} = 7\frac{20}{100}$

15. **a)** 0,6; 0,25; 0,0302; 0,0002; 1,5
b) 2,005; 5,002001; 0,006; 4,0404
c) 0,3002; 30; 10,04; 2,2
d) 180,4; 70; 102 103; 0; 0,004

16. **a)** $3\frac{6}{10}$ cm; $3\frac{248}{1\,000}$ km; $3\frac{8}{10}$ kg; $3\frac{5}{10}$ g
b) $9\frac{82}{100}$ m²; $6\frac{4}{10}$ cm²; $9\frac{821}{1\,000}$ m³; $2\frac{5}{10}$ cm³
c) $3\frac{25}{100}$ s; $\frac{8}{10}$ km; $3\frac{450}{1\,000}$ m³; $13\frac{75}{100}$ m
d) $4\frac{375}{1\,000}$ kg; $4\frac{23}{100}$ cm³; $13\frac{5}{100}$ dm²; $3\frac{872}{1\,000}$ t

17. **a)** 9,842 km; 0,367 km; 1,55 m; 0,015 m
b) 3,505 kg; 0,790 kg; 0,475 g; 0,038 t
c) 47,15 m²; 0,3418 ha; 0,68 dm²; 5,14 km²
d) 2,110 m³; 0,415 m³; 0,316 ℓ; 0,045 cm³
e) 4,33 dm; 0,305 dm³; 0,085 kg; 0,85 cm²

18. **a)** Annaturm: 6,500 km = 6 500 m
Nordmannsturm: 2,200 km = 2 200 m
Kreuzbuche: 1,800 km = 1 800 m
b) 0,200 ℓ = 200 ml
0,330 ℓ = 330 ml
0,500 ℓ = 500 ml
c) 25,40 m² = 2 540 dm²
7,30 m² = 730 dm²
5,20 m² = 520 dm²
12,60 m² = 1 260 dm²

19. **a)** 2 km 300 m = 2 300 m
4 km 750 m = 4 750 m
0 km 400 m = 400 m
b) 6 t 80 kg = 6 080 kg
4 kg 850 g = 4 850 g
0 g 1 mg = 1 mg
c) 19 m² 30 dm² = 1 930 dm²
0 dm² 80 cm² = 80 cm²
0 ha 50 a = 50 a
d) 3 m³ 400 dm³ = 3 400 dm³
0 cm³ 800 mm³ = 800 mm³
0 m³ 400 dm³ = 400 dm³
e) 0 ℓ 800 ml = 800 ml
0 ℓ 330 ml = 330 ml
1 ℓ 50 ml = 1 050 ml
f) 0 h 30 min = 30 min
0 h 6 min = 6 min
2 h 30 min = 150 min

62

20. **a)** 2,5 Tsd. = 2,500 Tsd. = 2 500
b) 3,04 Mio. = 3,040000 Mio. = 3 040 000
c) 10,5 Mrd. = 10,500000000 Mrd. = 10 500 000 000
d) 0,6 Mrd. = 0,600000000 Mrd. = 600 000 000
e) $3\frac{1}{2}$ Mio. = 3,500000 Mio. = 3 500 000
f) $\frac{1}{2}$ Billion = 0,500000000000 Billion = 500 000 000 000

21. 12 230 000 Zuschauer; 10 700 000 000 €; 9 250 000 000 €; 222 400 000 Übernachtungen; 1 230 000 000 000 €

62 **22.** -

23. **a)** 0,06; 0,25; 0,8; 0,61; 1,5; 0,02; 0,79; 1,31; 10,0
b) 50%; 5%; 25%; 100%; 60%; 31%; 10%; 160%; 3%; 95%; 275%; 1060%

1.9.2 Umformen durch Erweitern oder Kürzen

63 **2.** $\frac{3}{8} = \frac{375}{1\,000} = 0{,}375\ \ell$ Nein, die Flasche reicht nicht.

3. **a)** $\frac{2}{5} = \frac{4}{10} = 0{,}4$; $\frac{3}{4} = \frac{75}{100} = 0{,}75$; $\frac{3}{8} = \frac{375}{1\,000} = 0{,}375$; $2\frac{1}{2} = 2\frac{5}{10} = 2{,}5$;
$3\frac{1}{8} = 3\frac{125}{1\,000} = 3{,}125$; $2\frac{3}{4} = 2\frac{75}{100} = 2{,}75$; $1\frac{1}{5} = 1\frac{2}{10} = 1{,}2$;
$\frac{7}{2} = 3\frac{1}{2} = 3\frac{5}{10} = 3{,}5$
b) $\frac{12}{40} = \frac{3}{10} = 0{,}3$; $\frac{12}{30} = \frac{4}{10} = 0{,}4$; $\frac{36}{60} = \frac{6}{10} = 0{,}6$; $\frac{49}{70} = \frac{7}{10} = 0{,}7$;
$\frac{36}{400} = \frac{9}{100} = 0{,}09$; $\frac{60}{300} = \frac{20}{100} = 0{,}2$; $\frac{8}{200} = \frac{4}{100} = 0{,}04$

4. 0,375 ℓ; 0,25 h; 0,5 kg; 4,5 km

5. **a)** $0{,}4 = \frac{2}{5}$; $0{,}25 = \frac{2}{8} = \frac{1}{4}$; $0{,}5 = \frac{4}{8} = \frac{1}{2}$
b) $\frac{1}{5} = \frac{3}{15} = 0{,}2 = \frac{7}{35}$; $0{,}5 = \frac{3}{6}$; $0{,}1 = \frac{10}{100}$
c) $\frac{6}{10} = 0{,}6 = \frac{3}{5}$; $0{,}3 = \frac{3}{10}$; $\frac{8}{10} = \frac{4}{5} = 0{,}8$
d) $0{,}10 = \frac{1}{10} = 0{,}1$; $0{,}05 = \frac{5}{100} = \frac{1}{20}$; $\frac{1}{5} = 0{,}20$

6. **a)** $\frac{5}{8} = \frac{625}{1\,000} = 0{,}625$; $\frac{13}{125} = \frac{104}{1\,000} = 0{,}104$; $\frac{2}{3}$ gelingt nicht;
$\frac{1}{6}$ gelingt nicht
$\frac{2}{3}$ und $\frac{1}{6}$ gelingen nicht, da 10, 100, 1 000, ... keine Vielfachen von 3 bzw. von 6 sind.
b) $\frac{3}{25} = \frac{12}{100} = 0{,}12$; $\frac{1}{40} = \frac{25}{1000} = 0{,}025$; $\frac{2}{3}$ gelingt nicht; $\frac{1}{9}$gelingt nicht.
$\frac{2}{3}$ und $\frac{1}{9}$ gelingen nicht, da 10, 100, 1 000, ... keine Vielfachen von 3 bzw. von 6 sind.
c) $\frac{3}{5} = \frac{6}{10} = 0{,}6$; $\frac{3}{15}$ gelingt nicht; $\frac{5}{15}$ gelingt nicht; $\frac{8}{12}$ gelingt nicht
$\frac{3}{15}$, $\frac{5}{15}$ und $\frac{8}{12}$ gelingen
10, 100, 1 000, ... keine Vielfachen von 15 bzw. 12 sind.

63 **6. d)** $3\frac{2}{5} = 3\frac{4}{10} = 3,4$; $5\frac{5}{6}$ gelingt nicht; $1\frac{11}{20} = 1\frac{55}{100} = 1,55$;
$7\frac{7}{8} = 7\frac{875}{1\,000} = 7,875$

$5\frac{5}{6}$ gelingt nicht, da 10, 100, 1 000, ... keine Vielfachen von 3 bzw. von 6 sind.

7. a) richtig
b) falsch; $4\frac{1}{5} = 4,2$
c) richtig
d) falsch; $\frac{8}{5} = 1,6$

8. a) 2 Stellen
b) 2 Stellen
c) 3 Stellen
d) 3 Stellen
e) 4 Stellen
f) 3 Stellen

9. -

1.10 Vergleichen von Dezimalbrüchen

64 **2. a)** A = 0,15; B = 0,3; C = 0,42; D = 0,57; E = 0,7; F = 0,99; G = 1,13
b) Der kleinere Dezimalbruch liegt immer links.

65 **3.**

Goldmedaille:	Catalina Ponor (Rumänien) mit 9,787
Silbermedaille:	Carly Patterson (USA) mit 9,775
Bronzemedaille:	Alexandra Eremia (Rumänien) mit 9,700
Platz 4:	Anna Pavlova (Russland) mit 9,587
Platz 5:	Courtney Kupets (USA) mit 9,375
Platz 6:	Zhang Nan (China) mit 9,237
Platz 7:	Li Ya (China) mit 9,050
Platz 8:	Allana Slater (Australien) mit 8,750

4. a) $1,63 > 1,36$
$0,645 < 0,654$
$0,989 < 0,998$
b) $3,756 < 3,765$
$0,457 < 0,547$
$0,787 > 0,778$
c) $0,7 < 0,75$
$0,66 > 0,6$
$0,14 > 0,104$
d) $1,007 < 1,07$
$7,55 > 7,545$
$1,335 > 1,3305$

5. a) $0,3 > 0,03$
$0,3 = 0,300$
$0,3 < 0,33$
b) $1,1 = 1,10$
$1,1 > 1,01$
$1,1 < 1,11$
c) $1,04 = 1,040$
$1,04 > 1,004$
$1,04 < 1,4$
d) $0,25 > 0,205$
$0,25 > 0,025$
$0,25 = 0,2500$

6. a) $0,35 > 0,278$ **b)** $3,43 > 3,234$ **c)** $0,4 > 0,04$ **d)** $0,9 = 0,90$

65

7. Stadt: $8{,}9\ \ell < 9{,}3\ \ell < 9{,}7\ \ell$

$90\,\frac{\text{km}}{\text{h}}$: $5{,}4\ \ell < 5{,}5\ \ell < 5{,}6\ \ell$

$120\,\frac{\text{km}}{\text{h}}$: $6{,}9\ \ell < 7{,}0\ \ell < 7{,}1\ \ell$

8. Nach dem Preis pro kg: 1,29 < 1,49 < 2,99
Nach dem Nettogewicht: 0,876 < 0,984 < 0,987
Nach dem Preis: 1,27 < 1,47 < 2,62

9.

Weitsprung:	1. Platz:	4,05 m (Felix)
	2. Platz:	3,95 m (Christian)
	3. Platz:	3,68 m (Philipp)
	4. Platz:	3,60 m (Florian)
	5. Platz:	3,45 m (Tim)
	6. Platz:	3,24 m (Andreas)
	7. Platz:	2,98 m (Michael)
100-m-Lauf:	1. Platz:	15,0 s (Florian)
	2. Platz:	15,1 s (Andreas)
	3. Platz:	15,6 s (Philipp)
	4. Platz:	15,7 s (Felix)
	5. Platz:	15,9 s (Christian)
	6. Platz:	16,4 s (Tim)
	7. Platz:	17,1 s (Michael)
Hochsprung:	1. Platz:	1,51 m (Florian)
	2. Platz:	1,45 m (Felix)
	3. Platz:	1,43 m (Tim)
	4. Platz:	1,20 m (Christian)
	5. Platz:	1,15 m (Andreas)
	6. Platz:	1,09 m (Philipp)
	7. Platz:	0,97 m (Michael)

Da Florian 2-mal den ersten Platz und Felix 1-mal den ersten Platz belegt hat, könnte man Florian als Gesamtsieger ermitteln.

66

10. **a)** $\frac{3}{4} = 0{,}75$ **c)** $\frac{1}{10} > 0{,}09$ **e)** $0{,}95 > \frac{9}{10}$ **g)** $\frac{1}{3} > 0{,}3$

b) $0{,}59 < \frac{3}{5}$ **d)** $3\frac{1}{2} > 3{,}45$ **f)** $2{,}6 < 2\frac{2}{3}$ **h)** $\frac{1}{6} > 0{,}16$

11. Ina: 39,7 °C Tom: 40,1 °C

12. **a)** $0{,}0 = \frac{0}{0}$; $1{,}4 = \frac{7}{5} = 1\frac{2}{5}$; $3{,}2 = \frac{16}{5} = 3\frac{1}{5}$; $5{,}0 = \frac{25}{5} = 5$; $6{,}5 = \frac{13}{2} = 6\frac{1}{2}$; $9{,}8 = \frac{49}{5} = 9\frac{4}{5}$; $10{,}0 = \frac{100}{10}$

b) $0{,}0 = \frac{0}{0}$; $0{,}1 = \frac{1}{10}$; $0{,}25 = \frac{1}{4}$; $0{,}5 = \frac{1}{2}$; $0{,}64 = \frac{64}{100}$; $0{,}9 = \frac{9}{10}$; $1{,}0 = \frac{1}{1}$

c) $0{,}0 = \frac{0}{0}$; $0{,}02 = \frac{1}{50}$; $0{,}032 = \frac{32}{1\,000}$; $0{,}05 = \frac{5}{100}$; $0{,}064 = \frac{64}{1\,000}$; $0{,}085 = \frac{85}{1\,000}$; $0{,}1 = \frac{1}{10}$

66

12. **d)** $0,3 = \frac{3}{10}$; $0,32 = \frac{32}{100}$; $0,035 = \frac{35}{1\,000}$; $0,0368 = \frac{368}{10\,000}$; $0,4 = \frac{4}{10}$;
$0,41 = \frac{41}{100}$; $0,488 = \frac{488}{1\,000}$; $0,5 = \frac{5}{10}$

13. -

14. **a)** 0,75; 0,85; 0,88; 0,9; 0,99; 1,02; 1,09; 1,15
b) Nach der Größe geordnet: 0,83; 0,93; 0,98; 1,01; 1,05; 1,1; 1,17

15. **a)** 5,1; 5,2; 5,3; 5,4; 5,5 — 5,5 liegt genau in der Mitte.
b) 1,61; 1,62; 1,63; 1,64; 1,65 — 1,65 liegt genau in der Mitte.
c) 3,811; 3,812; 3,813; 3,814; 3,815 — 3,815 liegt genau in der Mitte.
d) 0,091; 0,092; 0,093; 0,094; 0,0941 — 0,093 liegt genau in der Mitte.

16. **a)** (1) 0,7 ℓ = 700 cm³ (4) 0,35 ℓ = 350 cm³
(2) 0,4 ℓ = 400 cm³ (5) 0,55 ℓ = 550 cm³
(3) 0,85 ℓ = 850 cm³ (6) 0,15 ℓ = 150 cm³
b) -

17. **a)** $0,38 = \frac{38}{10} = \frac{19}{50}$ **b)** $0,038 = \frac{38}{1000} = \frac{19}{500}$ $1,24 = \frac{124}{100} = \frac{31}{25} = 1\frac{6}{25}$

1.11 Runden von Dezimalbrüchen – Säulendiagramme

68

3. $2,4 = 2\frac{4}{10} = 2\frac{2}{5}$; $2,40 = 2\frac{40}{100} = 2\frac{4}{10} = 2\frac{2}{5}$

a) Kleinster Wert: 2,35 m — Größter Wert: 2,449999... m
Kleinster Wert: 2,395 m — Größter Wert: 2,4049999... m

b) (1) Kleinster Wert: 3,85 km — Größter Wert: 3,949999... km
Kleinster Wert: 3,895 km — Größter Wert: 3,9049999... km
Kleinster Wert: 3,8995 km — Größter Wert: 3,90049999... km
(2) Kleinster Wert: 5,05 kg — Größter Wert: 5,149999... kg
Kleinster Wert: 5,095 kg — Größter Wert: 5,1049999... kg
Kleinster Wert: 5,0095 kg — Größter Wert: 5,10049999... kg
(3) Kleinster Wert: 6,5 m — Größter Wert: 7,49999... m
Kleinster Wert: 6,95 m — Größter Wert: 7,049999... m
Kleinster Wert: 6,995 m — Größter Wert: 7,0049999... m
Kleinster Wert: 6,9995 m — Größter Wert: 7,00049999... m
(4) Kleinster Wert: 2,65 m² — Größter Wert: 2,749999... m²
Kleinster Wert: 2,685 m² — Größter Wert: 2,7049999... m²
Kleinster Wert: 2,6995 m² — Größter Wert: 2,70049999... m²
(5) Kleinster Wert: 1,25 cm³ — Größter Wert: 1,349999... cm³
Kleinster Wert: 1,295 cm³ — Größter Wert: 1,3049999... cm³
Kleinster Wert: 1,2995 cm³ — Größter Wert: 1,30049999... cm³

4. **a)** 48 kg **b)** 60 kg **c)** 72 kg

69

5. **a)** (1) 10,15 (2) 12,85 (3) 9,97 (4) 2,44 (5) 4,30 (6) 0,78
b) (1) 10,1 (2) 12,8 (3) 10,0 (4) 2,4 (5) 4,3 (6) 0,8
c) (1) 10 (2) 13 (3) 10 (4) 2 (5) 4 (6) 1
d) (1) 10,147 (2) 12,848 (3) 9,968 (4) 2,435 (5) 4,300 (6) 0,778

6. **a)** 200; 40
b) 8; 80
c) 1 oder 0,9; 0,09 oder 0,1
d) 0,1; 0,09 oder 0,1
e) 0,01; 0,01

7. **a)** 4 €; 2 €; 19 €
b) 6 m; 3 m; 10 m
c) 5 kg; 1 kg; 14 kg
d) 35 m³; 99 m³; 7 m³

8. **a)** 6,451 km = 6 km 451 m
4,980 km = 4 km 980 m
b) 2,409 kg = 2 kg 409 g
7,068 kg = 7 kg 68 g
c) 13,061 t = 13 t 61 kg
9,685 t = 9 t 685 kg
d) 14,53 € = 14 € 53 Cent
1,09 € = 1 € 9 Cent
e) 17,1 cm = 17 cm 1 mm
28,2 cm = 28 cm 2 mm

9. **a)** Alle Zahlen von 13,5 bis 14,4999….
b) Alle Zahlen von 0,55 bis 0,64999….
c) Alle Zahlen von 7,125 bis 7,134999….

10.

Chicago:	7 104 000 ≈ 7 100 000 = 7,1 Mio.
Hamburg:	1 580 000 ≈ 1 600 000 = 1,6 Mio.
Kairo:	5 921 000 ≈ 5 900 000 = 5,9 Mio.
London:	6 755 000 ≈ 6 800 000 = 6,8 Mio.
Moskau:	8 642 000 ≈ 8 600 000 = 8,6 Mio.
New York:	9 120 000 ≈ 9 100 000 = 9,1 Mio.
Paris:	2 166 000 ≈ 2 200 000 = 2,2 Mio.
Peking:	9 450 000 ≈ 9 500 000 = 9,5 Mio.
Rom:	2 831 000 ≈ 2 800 000 = 2,8 Mio.
Sydney:	3 333 000 ≈ 3 300 000 = 3,3 Mio.
Tokio:	8 323 000 ≈ 8 300 000 = 8,3 Mio.
Wien:	1 516 000 ≈ 1 500 000 = 1,5 Mio.

11. Zum Beispiel 1 mm für 1 dm. Gerundete Werte:
4,83 m ≈ 4,8 m; 5,34 m ≈ 5,3 m; 5,49 m ≈ 5,5 m;
5,65 m ≈ 5,7 m; 5,72 m ≈ 5,7 m; 5,83 m ≈ 5,8 m; 6,14 m ≈ 6,1 m

12. 0,87 mg < 1,17 mg < 1,23 mg < 1,68 mg < 2,51 mg < 4,52 mg < 6,65 mg
Zum Beispiel 1 mm für 0,1 mg. Gerundete Werte:
6,65 mg ≈ 6,7 mg; 0,87 mg ≈ 0,9 mg; 1,68 mg ≈ 1,7 mg;
1,17 mg ≈ 1,2 mg; 1,23 mg ≈ 1,2 mg; 4,52 mg ≈ 4,5 mg;
2,51 mg ≈ 2,5 mg

69

13. **a)** Mindestens 2,65 m² und weniger als 2,75 m².
Mindestens 2,695 m² und weniger als 2,705 m².
Mindestens 2,6995 m² und weniger als 2,7005 m².
b) Mindestens 0,35 m und weniger als 0,45 m.
Mindestens 0,395 m und weniger als 0,405 m.
Mindestens 0,3995 m und weniger als 0,4005 m.
c) Mindestens 4,35 ℓ und weniger als 4,35 ℓ.
Mindestens 4,395 ℓ und weniger als 4,305 ℓ.
Mindestens 4,3995 ℓ und weniger als 4,3005 ℓ.

1.12 Addieren und Subtrahieren von Dezimalbrüchen

71

2. **a)** 15,95 € + 17,85 € + 19,90 € = 53,70 € **b)** 62,45 € – 53,70 € = 8,75 €

3. 0,2 + 0,9 + 0,3 = 2 Zehntel + 9 Zehntel + 3 Zehntel
= 14 Zehntel
= 1 Ganzes und 4 Zehntel
= 1,4

4.

a) 1,8 3,3 5,1	**c)** 8,71 0,81	**e)** 1,9 3,4	**g)** 2,8	**i)** 4,49
b) 5,1 5,49	**d)** 0,89 10,09	**f)** 8,3 6,6	**h)** 2,3	

5. **a)** 5,43 + 3,8 = 9,23 **c)** 12,59 + 2,8 = 15,39 **e)** 7,8 – 5 = 2,8
b) 0,4 + 3 = 3,4 **d)** 3,64 – 1,3 = 2,34 **f)** 9,58 – 1,4 = 8,18

6. **a)** 0,6; 0,7; 0,8; 0,9; 1,0; 1,1; 1,2
1,75; 1,85; 1,95; 2,05; 2,15; 2,25; 2,35
b) 0,95; 0,96; 0,97; 0,98; 0,99; 1,00; 1,01
2,957; 2,967; 2,977; 2,987; 2,997; 3,007; 3,017
c) 2,4; 2,3; 2,2; 2,1; 2,0; 1,9; 1,8
5,24; 5,14; 5,04; 4,94; 4,84; 4,74; 4,64
d) 1,05; 1,04; 1,03; 1,02; 1,01; 1,0; 0,09
3,022; 3,012; 3,002; 2,092; 2,082; 2,072; 2,062

7. **a)** 12 + 4 + 2 = 18; 17,6671 **d)** 18 – 1 = 17; 16,598
b) 16 – 10 = 6; 6,51 **e)** 157 + 46 + 29 = 232; 231,933
c) 37 + 60 + 8 = 105; 103,8914 **f)** 438 – 215 = 187; 187,2574

8.

a) 37,277	**d)** 6,6933	**g)** 152,995	**j)** 43,972
b) 15,649	**e)** 41,36	**h)** 1,16751	**k)** 16,415
c) 99,721	**f)** 4,5571	**i)** 44,766	**l)** 55,437

9.

a) 28,215	**c)** 8,005	**e)** 17,29	**g)** 0,37379
b) 6,304	**d)** 2,8552	**f)** 116,907	**h)** 5,8859

71 **10.** **a)** 3,3333 **b)** 1,2345 **c)** 10,8642 **d)** 65,6362 **e)** 2,2222 **f)** 1,2345 **g)** 9,8765 **h)** 61,6263

72 **11.** **a)** 339,171 **b)** 59,775 **c)** 59,335 **d)** 337,127

12. **a)** 174,22 **b)** 164,59 **c)** 57,447 **d)** 136,693 **e)** 26,594 **f)** 1,92075

13. 142,46 €

14. 2,71 t

15. **a)** Januar: 15,939 m³ Februar: 19,802 m³ März: 17,38 m³
b) 53,121 m³

16. Z. B.: Wie viel wiegen alle Bücher und die CD zusammen?
Antwort: 1,829 kg
Z. B.: Liegt das Gesamtgewicht (inkl. Verpackung) unter 2 kg?
Antwort: 1,956 kg
Die Sendung ist also noch ein Päckchen.

17. **a)**

3,54	4,8	9,2	1,4	16,46
8,34	14	10,6	17,86	
22,34	24,6	28,46		
46,94	53,06			
100				

b)

2,18	0,274	6,5	1,705	0,904
2,454	6,774	8,205	2,609	
9,228	14,979	10,814		
24,207	25,793			
50				

18. Im Feld rechts unten steht die Summe der drei Zahlen in der letzten Zeile und die Summe der drei Zahlen in der letzten Spalte. Das Ergebnis ist gleich groß.

a)

14,8	44,3	0,798	59,898
9,25	0,84	12,9	22,99
10,62	0,413	4,28	15,313
34,67	45,553	17,978	98,201

b)

24,15	0,196	0,461	24,807
9,8	42	15,07	66,87
1,965	0,3	0,97	3,235
35,915	42,496	16,501	94,912

73 **19.** **a)** 237,2 m **b)** 164,1 m **c)** 826,2 m **d)** 208,4 m

73 **20.** $32{,}95 - (22{,}4 + 3{,}2 + 4{,}85 + 1{,}1) = 1{,}4$
Es sind 1,4 ha Brachland.

21. $0{,}166 + 0{,}834 = 1$ $\quad$ $0{,}204 + 0{,}796 = 1$
$0{,}7583 + 0{,}2417 = 1$ $\quad$ $0{,}863 + 0{,}137 = 1$
$0{,}1784 + 0{,}8216 = 1$ $\quad$ $0{,}18047 + 0{,}81953 = 1$

22. **a)** $21{,}4 + 19{,}047 = 40{,}447$
b) $6{,}285 + 9{,}9005 = 16{,}1855$
c) $12{,}75 + 9{,}9005 = 22{,}6505$ $\quad$ $14{,}089 + 9{,}9005 = 23{,}9895$
$12{,}75 + 14{,}089 = 26{,}839$ $\quad$ $6{,}285 + 19{,}047 = 25{,}332$
$17{,}55 + 6{,}285 = 23{,}835$ $\quad$ $6{,}285 + 21{,}4 = 27{,}685$
$17{,}55 + 9{,}9005 = 27{,}4505$ $\quad$ $19{,}047 + 9{,}9005 = 28{,}9475$
$6{,}285 + 14{,}089 = 20{,}374$

23.

$51{,}6 - 27{,}44 = 24{,}16$	$100 - 5{,}806 = 94{,}194$	$7{,}39 + 3{,}805 = 11{,}195$
$6{,}045 + 0{,}58 = 6{,}625$	$33{,}05 + 13{,}96 = 47{,}01$	$70{,}02 - 58{,}9 = 11{,}12$
$12{,}806 + 11{,}95 = 24{,}756$	$50{,}9 - 31{,}25 = 19{,}65$	$5{,}008 + 0{,}996 = 6{,}004$
$0{,}968 + 0{,}083 = 1{,}051$	$1{,}68 + 34{,}09 = 35{,}77$	$4{,}17 + 0{,}856 = 5{,}026$
$46{,}14 - 2{,}49 = 43{,}65$	$78 - 59{,}66 = 18{,}34$	$10 - 8{,}677 = 1{,}323$
$4{,}06 + 22{,}38 = 26{,}44$	$5{,}38 - 4{,}611 = 0{,}769$	$12{,}5 + 6{,}088 = 18{,}588$
$10{,}5 - 1{,}048 = 9{,}452$	$180 - 31{,}05 = 148{,}95$	$6{,}013 - 0{,}847 = 5{,}166$
$993{,}1 - 822{,}85 = 170{,}25$	$12{,}4 + 41{,}68 = 54{,}08$	

MATHE SOLL HEUTE AUSFALLEN

24. **a)** $\begin{array}{r} 15{,}78 \\ \underline{+\ 4{,}36} \\ 20{,}14 \end{array}$ **b)** $\begin{array}{r} 156{,}705 \\ \underline{+\ 48{,}095} \\ 204{,}800 \end{array}$ **c)** $\begin{array}{r} 98{,}04 \\ \underline{+\ 24{,}93} \\ 122{,}97 \end{array}$

d) $\begin{array}{r} 156{,}786 \\ \underline{+\ 216{,}405} \\ 373{,}191 \end{array}$ **e)** $\begin{array}{r} 0{,}7486 \\ \underline{+\ 0{,}8045} \\ 1{,}5531 \end{array}$

1.13 Aufgaben zur Vertiefung

74 **1.** 24 CDs

2. **a)** $\frac{1}{4}$ **b)** $\frac{1}{6}$ **c)** $\frac{1}{12}$

3. 3 : 1 stimmt (3 Anteile blau, 1 Anteil rot);
1/48 $\left(= \frac{1}{48}\right)$ ebenfalls (48 blaue Quadrate passen in die blaue Fläche)

4. **a)** $\frac{1}{20}$ **b)** $\frac{3}{4}$

74

5. a) $\frac{2}{5}+\frac{1}{3}=\frac{6}{15}+\frac{5}{15}=\frac{11}{15}$ **b)** $\frac{4}{15}$

c) $\frac{4}{15}$ von $\square$ € = 80 000 €; $\frac{4}{15}\cdot\square$ € = 80 000 €;

$\frac{4}{15}\cdot 300\,000$ € = 80 000 €

Das gesamte Vermögen beträgt 300 000 €.

6. a) Violinenschlüssel:

$\frac{1}{4}+\frac{1}{2}$; $\frac{1}{4}+\frac{1}{2}$; $\frac{1}{4}+4\cdot\frac{1}{8}$; $\frac{1}{4}+2\cdot\frac{1}{8}+\frac{1}{4}$; $2\cdot\frac{1}{8}+4\cdot\frac{1}{16}+4\cdot\frac{1}{16}$

Bassschlüssel: jeweils $\frac{1}{4}+\frac{1}{4}+\frac{1}{4}$

b) $\frac{1}{2}-\frac{1}{4}=\frac{1}{4}$

c) $\frac{1}{2}-\frac{1}{16}=\frac{7}{16}$

2. Bewegen von Figuren – Symmetrien

2.1 Achsenspiegelungen und ihre Eigenschaften

2.1.1 Spiegeln an einer Geraden – Achsensymmetrie

79 **2. a)**

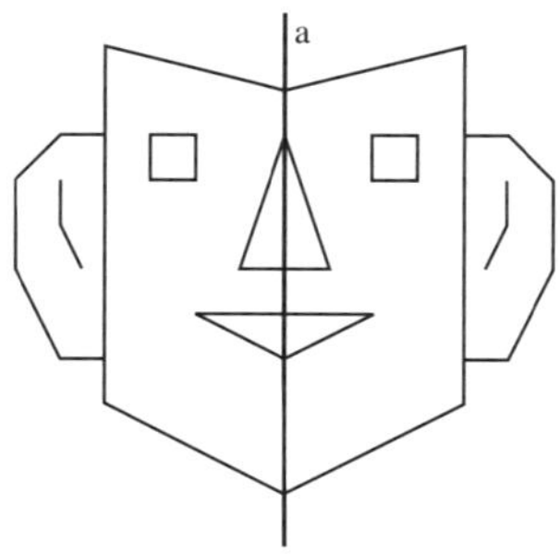

b) Die Figur wird auf sich abgebildet.

3. Die Flamme spiegelt sich im Glas. Die hintere Kerze muss von der Scheibe den gleichen Abstand haben wie die vordere Kerze.

80 **4.** -

5. Spiegelverkehrte Aufschrift; im Rückspiegel lesbar

6. -

7. a) Anhänger am Halsband fehlt links.
b) Die Schwanzfedern sind verschieden.
c) Die Flecken sowie das Auge sind verschieden.

8. a) Q' muss gleich Q sein; R' ist nicht korrekt gespiegelt.
b) C' ist A'. Spiegelpunkt von C fehlt.
c) Die Farben wurden nicht korrekt gespiegelt, die grüne Fahne ist seitenverkehrt.

9. a) A' (10 | 1); B' (8 | 9); C' (13 | 5)
b) A' (1 | 12); B' (6 | 16); C' (7 | 9)
c) A' (6 | 2); B' (13 | 6); C' (13 | 1)
Es entsteht jeweils keine zusammenhängende Figur.

81 **10.**

a) M' (10 | 2)	**b)** M' (5 | 5)	**c)** M' (2 | 4)
A' (12 | 2)	A' (5 | 7)	A' (0 | 4)
B' (0 | 10)	B' (7 | 5)	B' (2 | 6)

81 **11.**

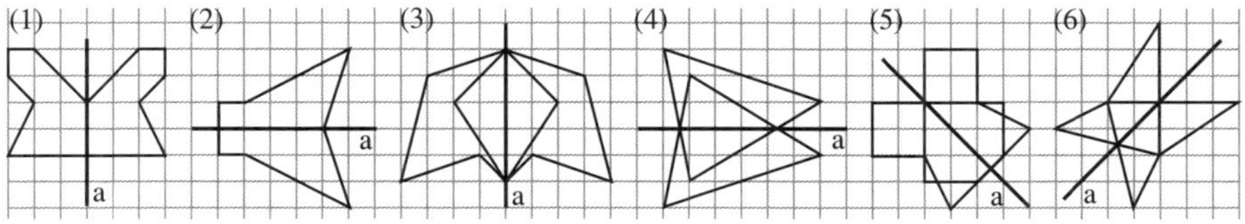

12. a) - **b)** 0; 8; 3 **c)** ~~8 0 3~~

13. a) Man erhält einen regelmäßigen Stern mit 6 Spitzen.
b) -

14. a) 5 Ecken **b)** *Beispiele:*

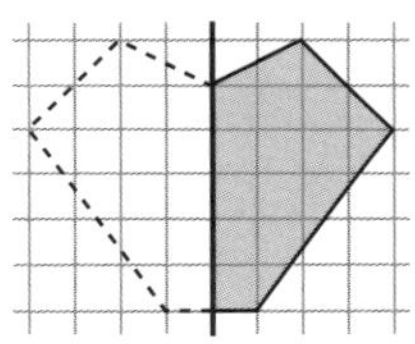

(1)

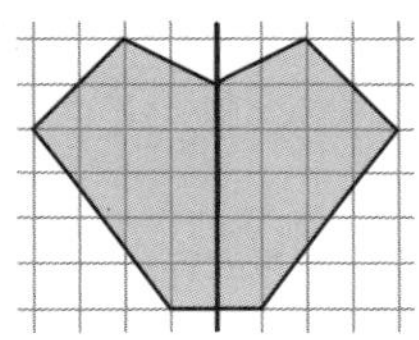

(2)

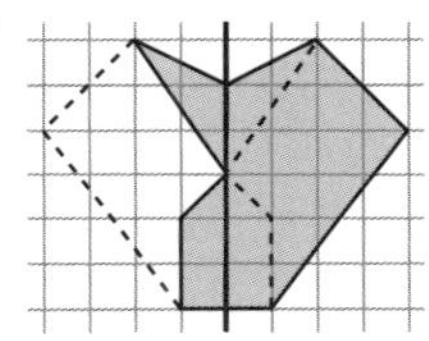

82 **15.** -

2.1.2 Eigenschaften der Achsenspiegelung

83 **2. a)** -
b) Die Spiegelachse ist orthogonal zur Strecke $\overline{PP'}$ und halbiert sie.

3. a)

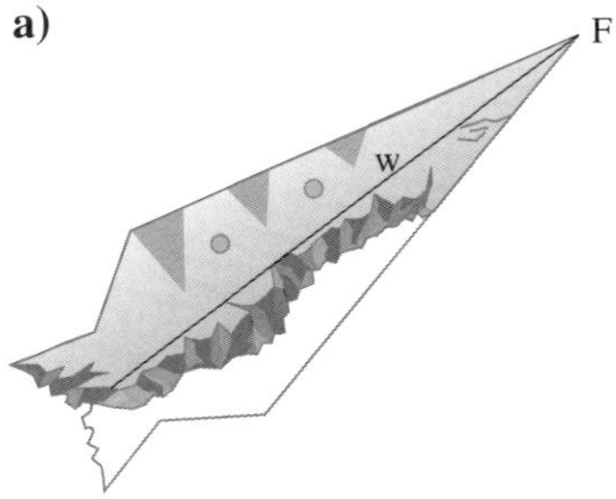

b) Man zeichnet die Winkelhalbierende.

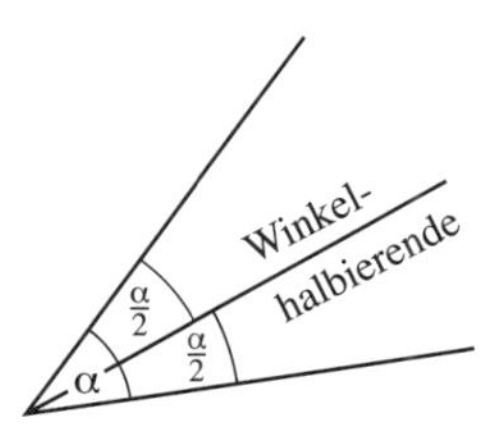

84 **4.** Tim: Figur und Bildfigur haben gleichen Umlaufsinn.
Marie: $\overline{A'B'}$ ist länger als $\overline{AB}$.

5. obere Uhr: 9.25 Uhr bzw. 21.25 Uhr
mittlere Uhr: 11.04 Uhr bzw. 23.04 Uhr
untere Uhr: 13.49 Uhr bzw. 1.49 Uhr
Zunächst wird die untere Uhr schlagen, dann die obere und schließlich die mittlere.

84

6. a) Die Seiten sind gleich lang.

b) Das Dreieck A'B'C' muss an der Geraden PQ gespiegelt werden.

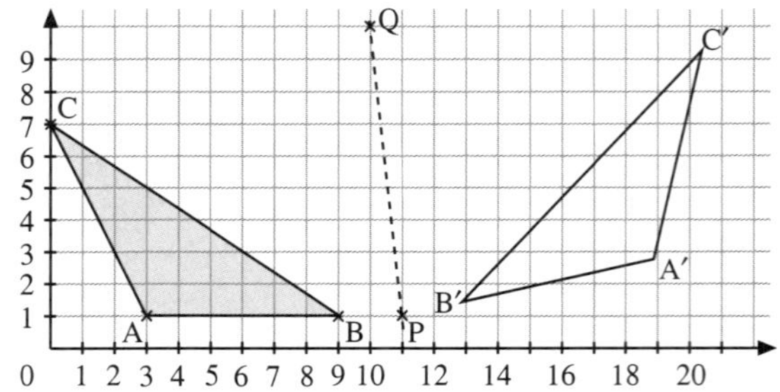

7. Strecke und Bildstrecke sind gleich lang, also gilt für den Radius: r' = r = 2,5 cm. Man muss also nur M' spiegeln.

a)

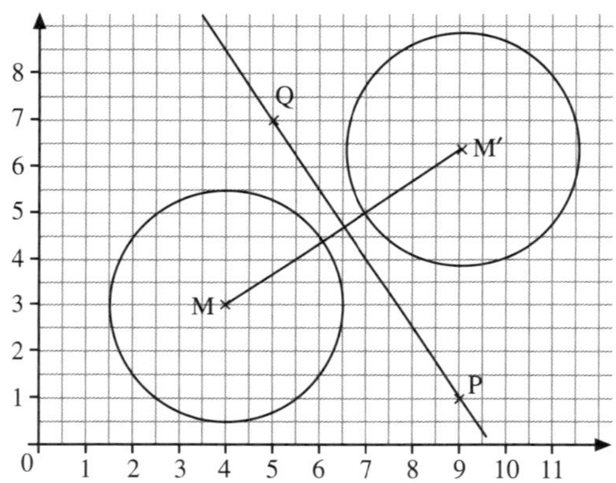

b)

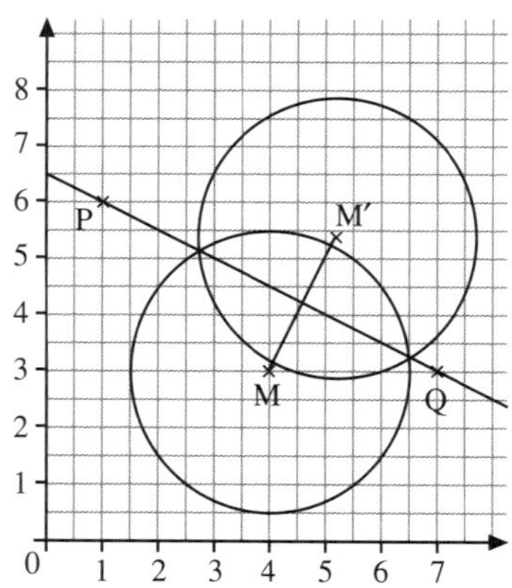

84

7. c)

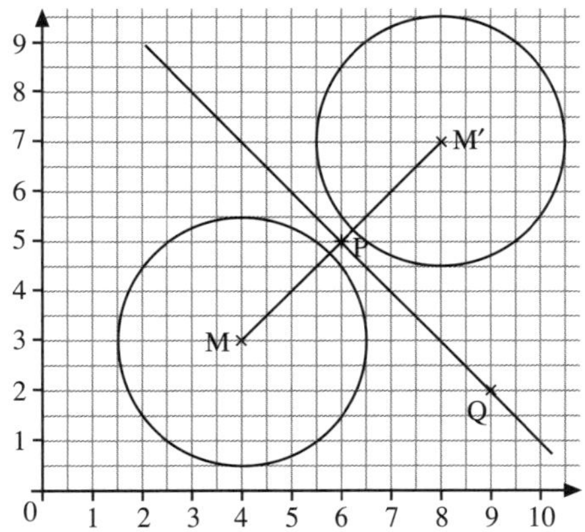

8. Osma hat nicht richtig gespiegelt, da der Schnittpunkt der Geraden g und g' nicht auf der Spiegelachse a liegt.

9.

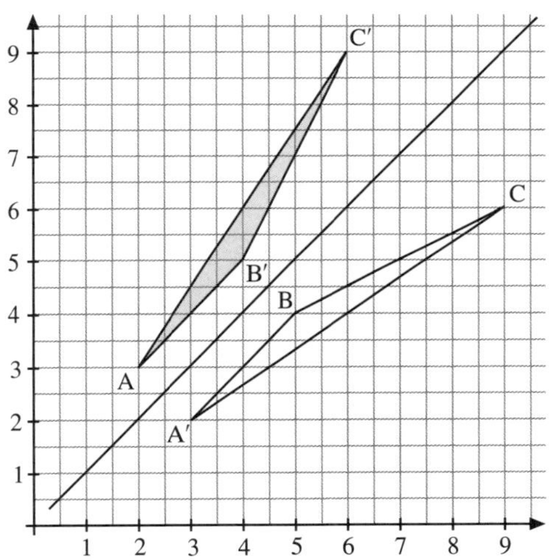

a) Z. B.: P_1 (3 | 3); P_2 (6 | 6)

b) Die Koordinaten der Rechtsachse und der Hochachse stimmen immer überein.

c) Indem man die Koordinaten der Rechtsachse und der Hochachse jeweils vertauscht. Z. B.: A (3 | 2); A'(2 | 3)

10. Die beiden Straßen bilden einen Winkel. Man zeichnet die Winkelhalbierende des Winkels. Die Winkelhalbierende kreuzt den Fluss in zwei Punkten auf beiden Seiten des Flusses. Diese sind die gesuchten Punkte.

Im Blickpunkt: Dynamische Geometrie-Systeme (DGS)

85 **1.** -

2. -

3. -

86 **4.** **a)** -
b) Der direkte Weg von A nach F ist 10,9 km lang. Das Schiff müsste 61° zur Nordrichtung fahren.

5. -

6. -

7. Nein.

2.2 Punktspiegelungen und ihre Eigenschaften – Punktsymmetrie

88 **2.** **a)**

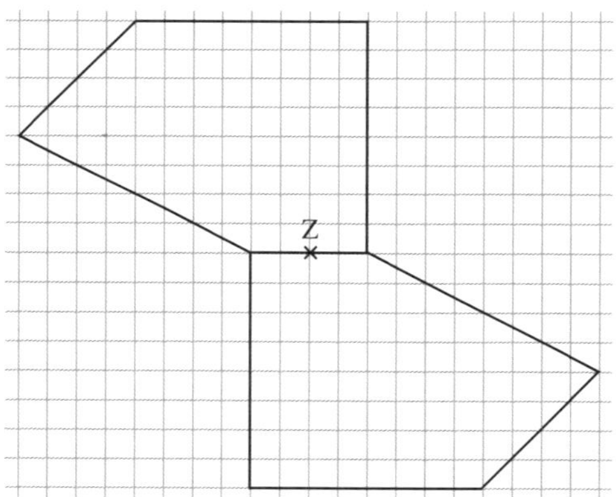

b) Die Figur wird auf sich abgebildet.

89 **3.** **a)** (1) Die Winkel haben nicht die gleiche Größe, daher keine Punktspiegelung.
(2) Die Strecken sind nicht gleich lang, daher keine Punktspiegelung.
(3) Punktspiegelung
b) Die Länge einer Strecke und die Größe eines Winkels ändern sich nicht, aber auch der Umlaufsinn bleibt erhalten.

89

4. a)

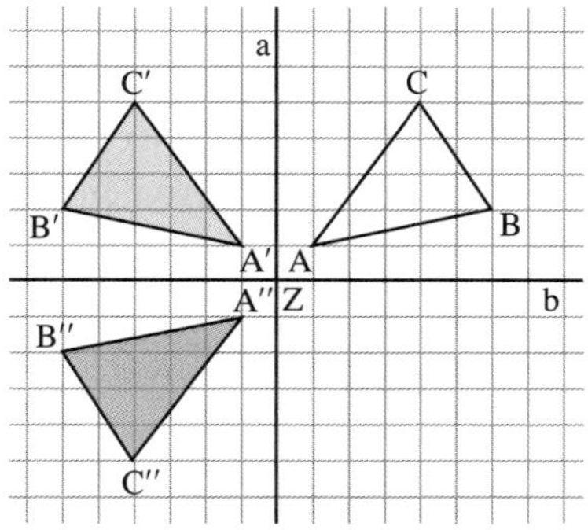

Durch eine Punktspiegelung an Z kann das Dreieck ABC direkt auf das Dreieck A''B''C'' abgebildet werden.

b) Die Lage von A''B''C'' ändert sich nicht.

90

5. Jede Figur mit zwei zueinander orthogonalen Symmetrieachsen ist punktsymmetrisch. Das Symmetriezentrum ist der Schnittpunkt der beiden Symmetrieachsen.

6. Frank legt den ersten Cent in die Mitte. Zu jedem Cent, den Janina nun hinlegt, kann Frank einen Cent hinlegen, der punktsymmetrisch zum ersten Cent liegt.
Der erste Cent ist punktsymmetrisch zur Mitte. Passt also Janinas Cent noch auf das Spielbrett, so passt auch noch Franks Cent darauf; d. h. nach jedem Zug von Janina kann Frank noch einen Zug ausführen.

7. Form und Größe des Vierecks bleiben bei der Abbildung erhalten. Figur und Bildfigur sind deckungsgleich.

8. a) (1), (2) keine Symmetrie; (3) Punktsymmetrie
b) -

9. Figur (1) ohne Farbe; Figur (2) ohne den Punkt; Figur (3); Figur (4) ohne Schrift und ohne Farbe

91

10. a)

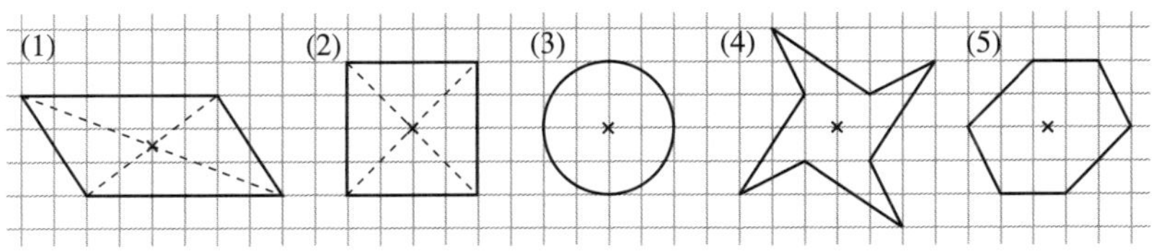

b) Achsensymmetrisch sind (2) und (3).
Punktsymmetrisch und achsensymmetrisch sind (2) und (3).

11. a) Achsensymmetrisch: Karo Ass; Karo 8; Herz 8
Punktsymmetrisch: Karo Ass; Karo 8; Kreuz Dame
b) Herz 8
c) Kreuz Dame
d) Pik 7; Kreuz 9

91

12. **a)** achsensymmetrisch: Limburg; Eschwege (ohne Blatt)
punktsymmetrisch: keine
Vernachlässigt man Kleinigkeiten, so ist Korbach achsensymmetrisch, ebenso Herborn. Kassel ist dann punktsymmetrisch.
b) Der halbe Stern bei Korbach ist z. B. achsensymmetrisch.

13. **a)** Das H ist punktsymmetrisch und besitzt zwei Spiegelachsen.
b) (1) z. B. OTTO (2) ONO (3) OHO

14. -

92

15. **a)** Der Kringel ist weiter eingerollt.
b) Der Bart ist unterschiedlich.
c) Der blaue Fleck ist links größer.

16. Quadrat: punktsymmetrisch; 4 Symmetrieachsen
Rechteck: punktsymmetrisch; 2 Symmetrieachsen
Raute: punktsymmetrisch; 2 Symmetrieachsen
Parallelogramm: punktsymmetrisch; 2 Symmetrieachsen

17. **a)** A' (6 | 6); B' (2 | 4); C' (5 | 0); D' (8 | 3)
b) A' (8 | 8); B' (4 | 6); C' (7 | 2); D' (10 | 5)
c) A' (10 | 4); B' (6 | 2); C' (9 | –2); D' (12 | 1) (Achtung C' negativ)
d) A' (10 | 10); B' (6 | 8); C' (9 | 4); D' (12 | 7)

18. **a)** M' (5 | 6) **b)** M' (3 | 0) **c)** M' (9 | 4) **d)** M' (5 | 4)

19. Spiegelt man die Gerade g am Punkt Z, so ist die gespiegelte Gerade g' parallel zu g. Dies ist hier nicht der Fall. Melanie hat also ungenau gespiegelt.

20. **a)** Z (6 | 3) **b)** Dreieck A'B'C' ist nicht das Bild des Dreiecks ABC.

21. Das zweite Bildviereck kann man direkt durch Punktspiegelung am Schnittpunkt der beiden zueinander orthogonalen Geraden erhalten.

22. Die beiden Spiegelachsen gehen durch den Punkt P und sind orthogonal zueinander.

2.3 Parallelverschiebungen und ihre Eigenschaften

95 **3. a)** (1) Die Größe des Winkels hat sich verändert, also keine Verschiebung.
(2) Die Länge des Kreisradius hat sich verändert, also keine Verschiebung.
(3) und (4) sind Verschiebungen, da Länge einer Strecke, Größe eines Winkels und Drehsinn erhalten bleiben.

b) Länge einer Strecke und Größe eines Winkels sowie der Drehsinn ändern sich bei einer Verschiebung nicht.

c) Strecke und Bildstrecke sind parallel zueinander.

96 **4.** Man verschiebt jede Grundfigur.

5. a) (1) 1,5 cm (2) 1,9 cm (3) 1,5 cm **b)** -

6. -

7. a)

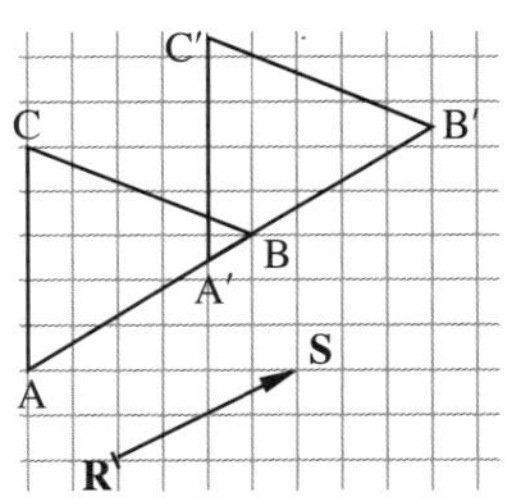

b)

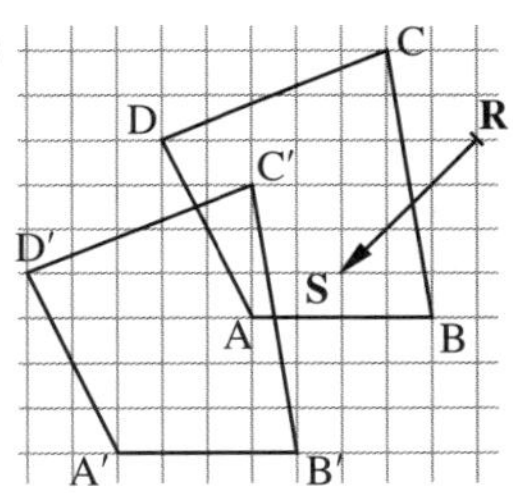

c)

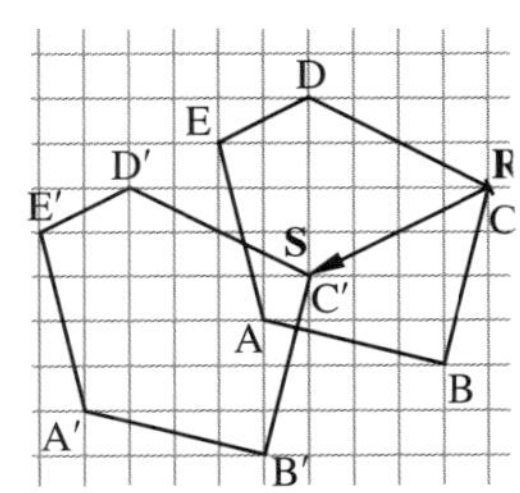

8. a)

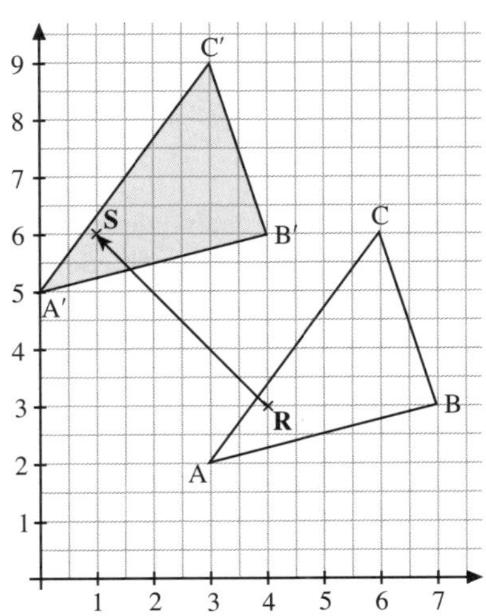

A' (0 | 5), B' (4 | 6), C' (3 | 9)

96

8. b)

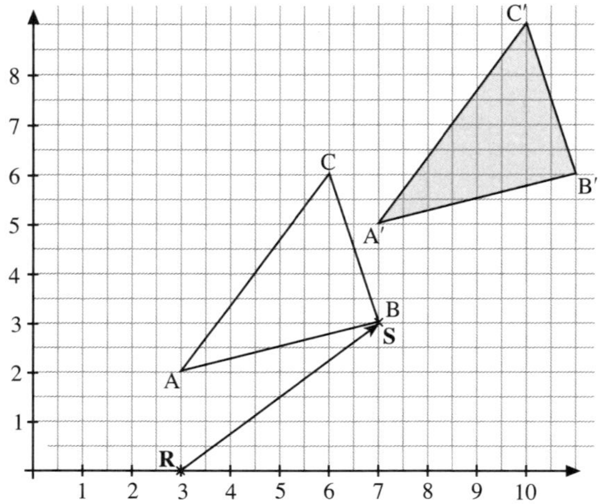

A' (7 | 5), B' (11 | 6), C' (10 | 9)

c)

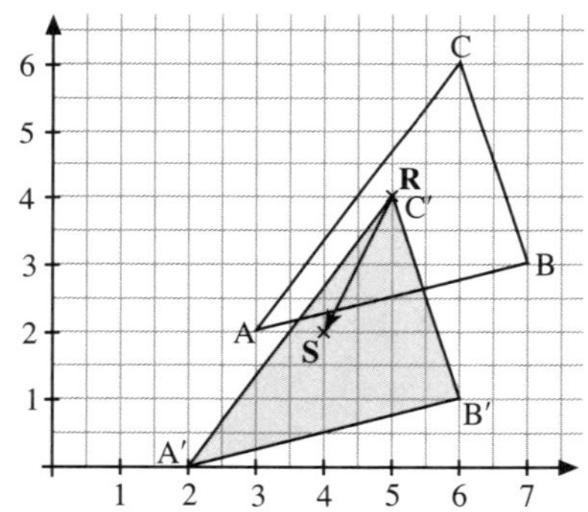

A' (2 | 0), B' (6 | 1), C' (5 | 4)

9. a) Verschiebung: 1 nach rechts, 4 nach unten
b) keine Verschiebung; Seitenlängen verschieden
c) Verschiebung: 2 nach links, 2 nach oben
d) keine Verschiebung; Drehsinn unterschiedlich

97

10. Figur und Bildfigur sind deckungsgleich.

97

11. a)

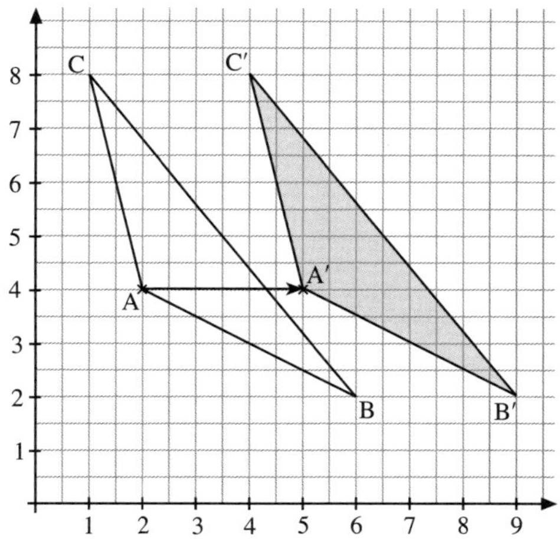

B' (9 | 2); C' (4 | 8)

b)

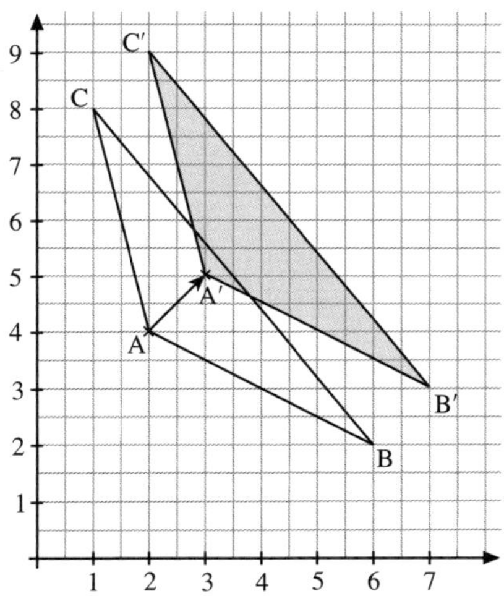

B' (7 | 3); C' (2 | 9)

c)

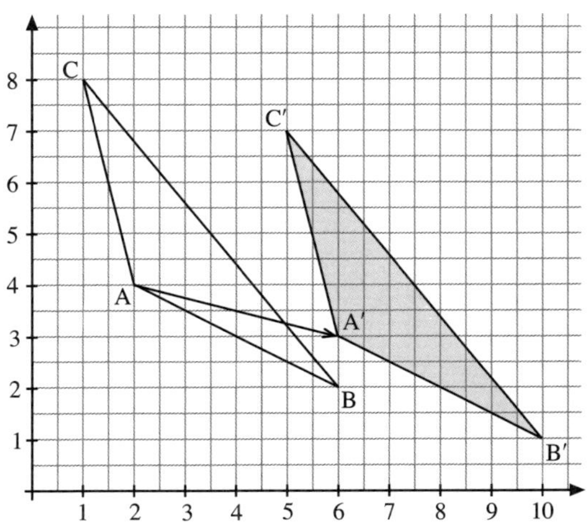

B' (10 | 1); C' (5 | 7)

97 **11. d)**

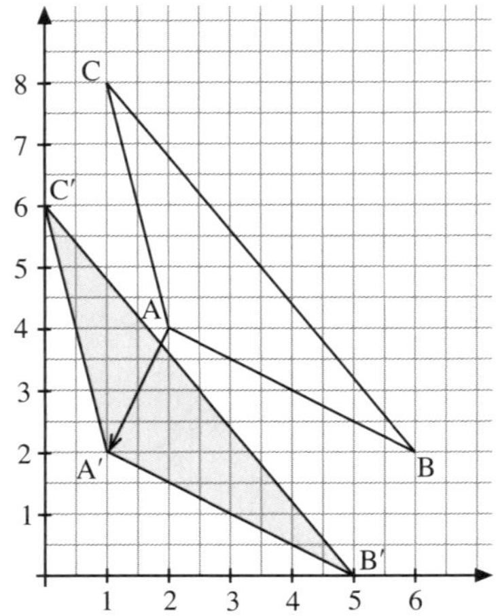

B' (5 | 0); C' (0 | 6)

12. a) A (0 | 4) A' (8 | 2) **b)** A (0 | 3) A' (2 | 2)

13. a) Ja; Verschiebung um 4 nach rechts und 1 nach oben.
b) Keine Verschiebung; C ist Fixpunkt.
Verschiebung von D: 2 nach rechts und 2 nach oben
c) Keine Verschiebung;
Verschiebung von B: 1 nach rechts
Verschiebung von D: 5 nach rechts
d) Keine Verschiebung;
Verschiebung von A: 2 nach oben
Verschiebung von C: 2 nach links

14. r' = r = 1,5 cm
a) M' (2 | 6) **b)** M' (9 | 9) **c)** M' (3 | 8)
Es wurde die Eigenschaft benutzt, dass der Radius erhalten bleibt.

97 **15.** (1) und (2)

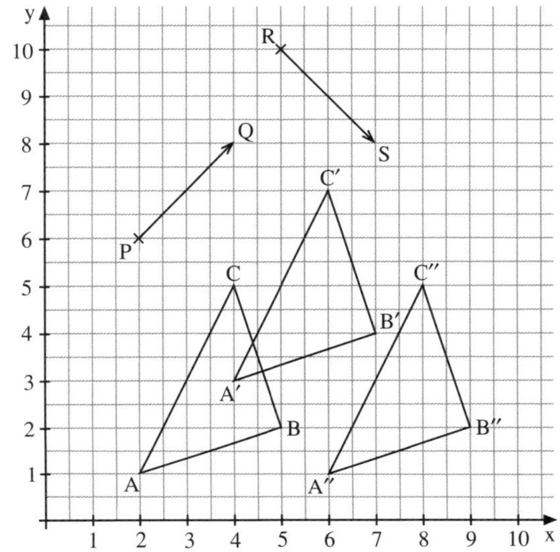

(3) Z. B.: Mit der Verschiebung A (2 | 1) und D (6 | 1)

16. -

2.4 Drehungen und ihre Eigenschaften – Drehsymmetrie

100 **3. a)** (1) Die Winkel sind nicht gleich groß, daher keine Drehung.
(2) Die Strecken sind nicht gleich lang, daher keine Drehung.
(3) Drehung
(4) Keine Drehung; Drehsinn hat sich geändert.

b) Die Länge einer Strecke und die Größe eines Winkels ändern sich nicht, aber auch der Umlaufsinn bleibt erhalten.

4. a) Bei Linksdrehungen um 120°, 240°, 360°.

b) Rechtsdrehung 120° entspricht Linksdrehung mit 240°; Rechtsdrehung um 240° entspricht Linksdrehung um 120°.

5. -

101 **6.** Figur und Bildfigur sind deckungsgleich.

101

7. a)

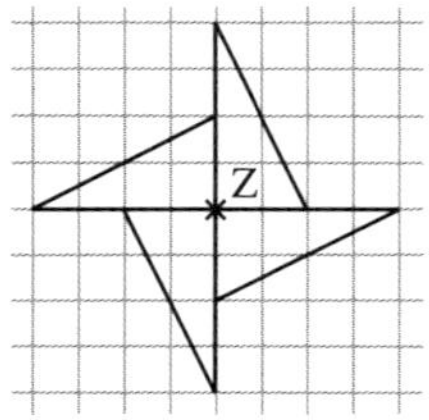

b)

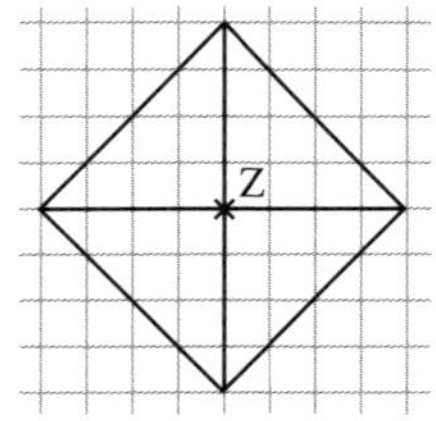

c)

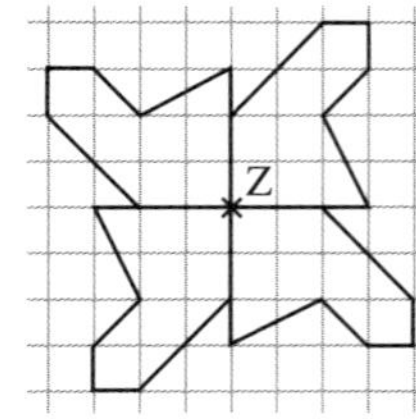

d)

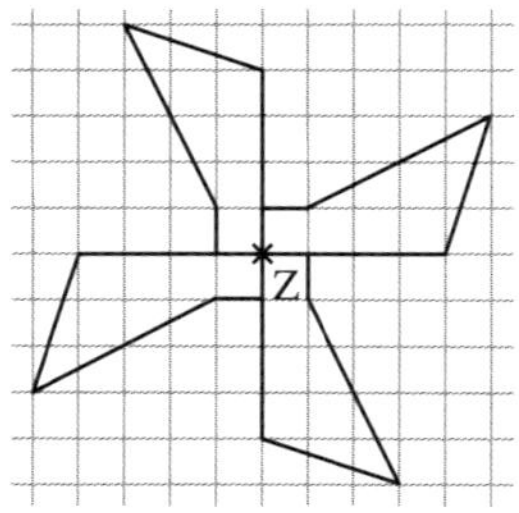

e)

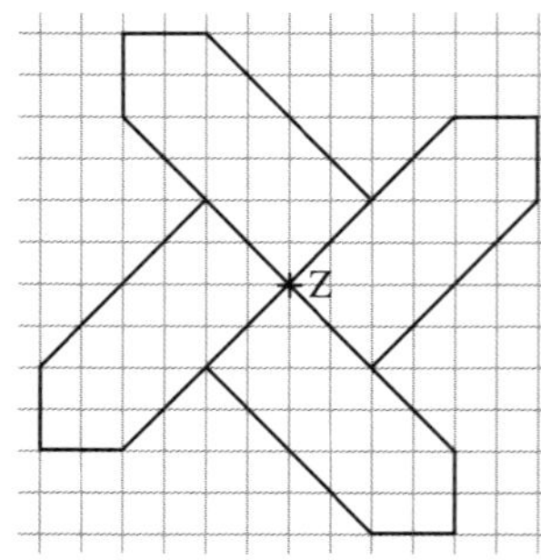

8. a) (1) Drehwinkel 70° (2) Drehwinkel 135° (3) Drehwinkel 220°

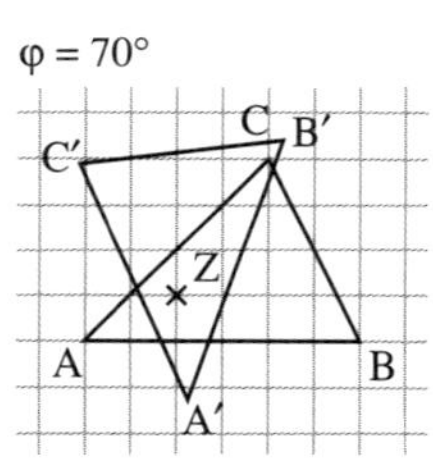

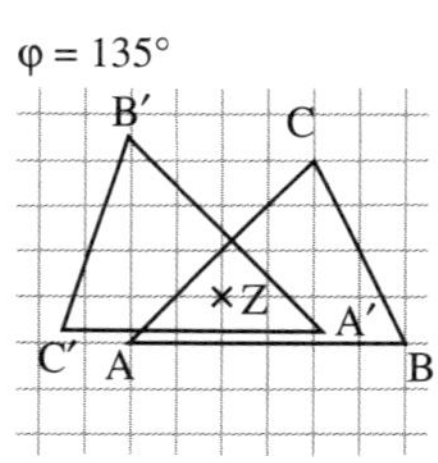

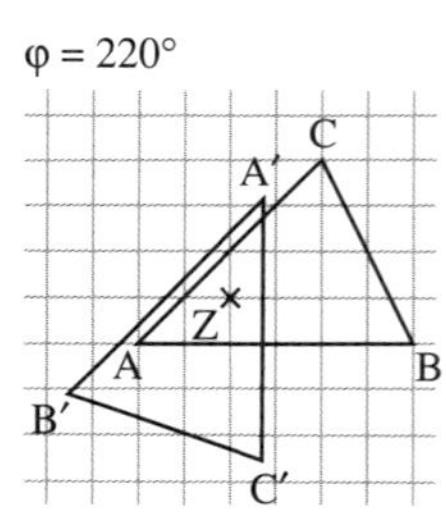

b) -

9. a)

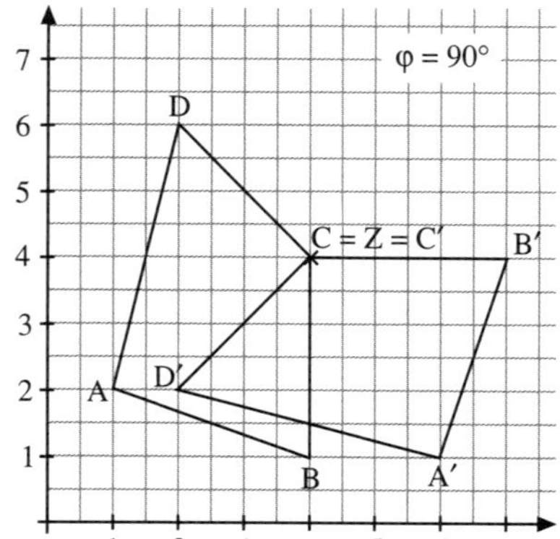

101

9. b)

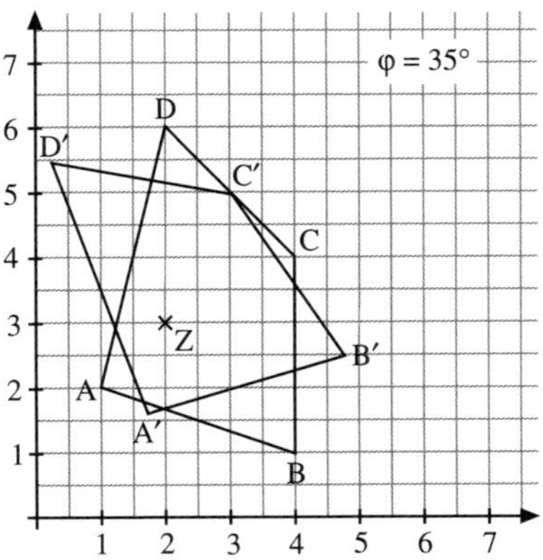

c)

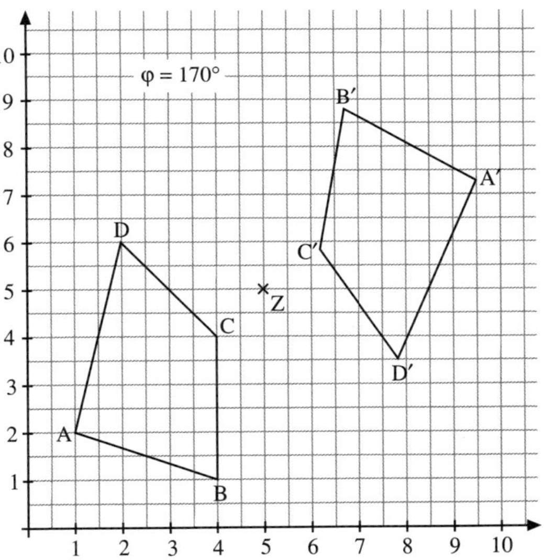

10. a) Es gilt r = r = 2,5

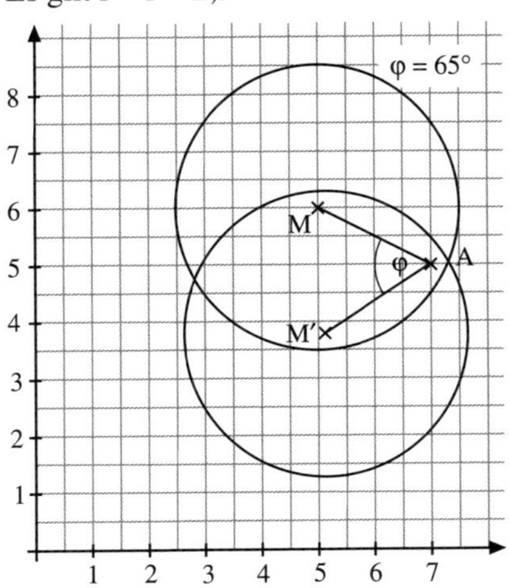

101 **10.** **a)** Fortsetzung

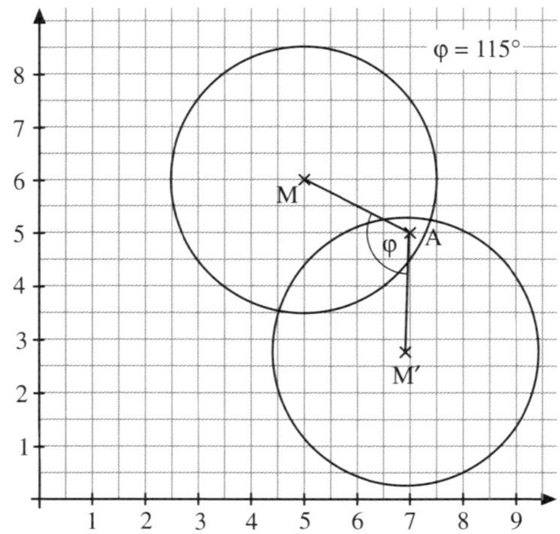

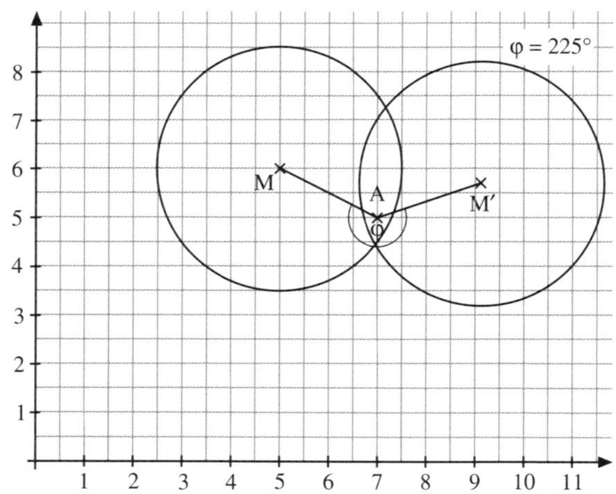

b)

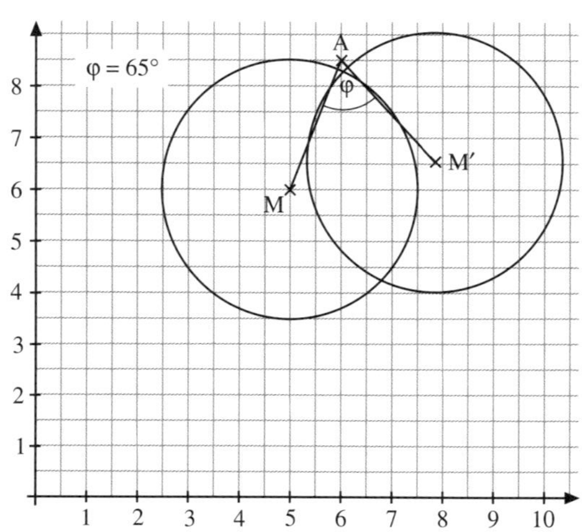

101 **10. b)** Fortsetzung

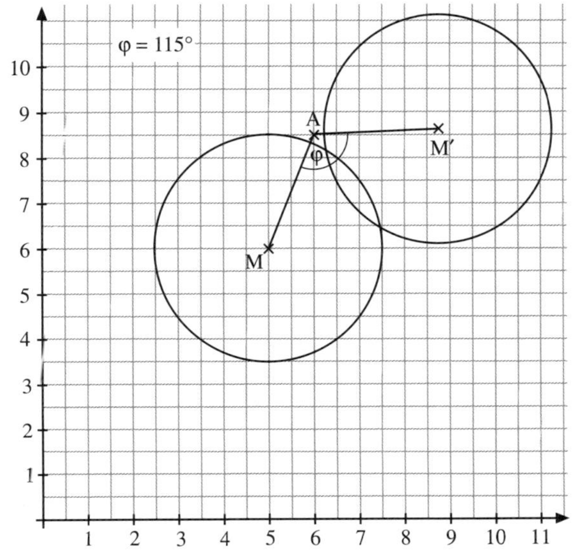

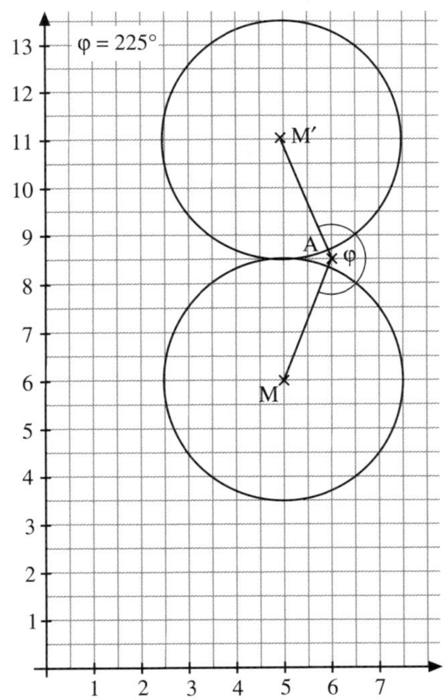

101

10. c)

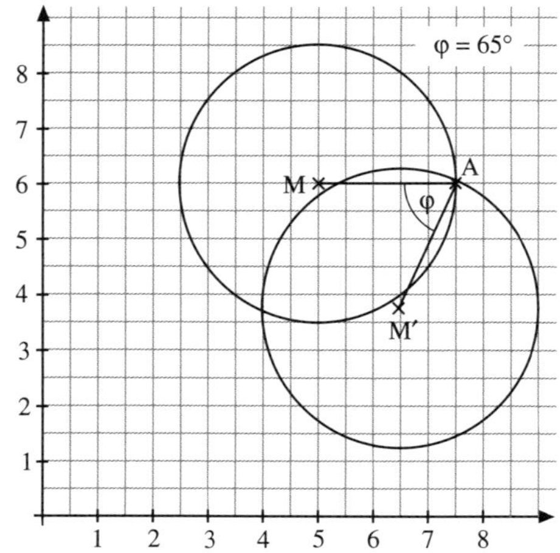
φ = 65°
M
A
φ
M′
1
2
3
4
5
6
7
8

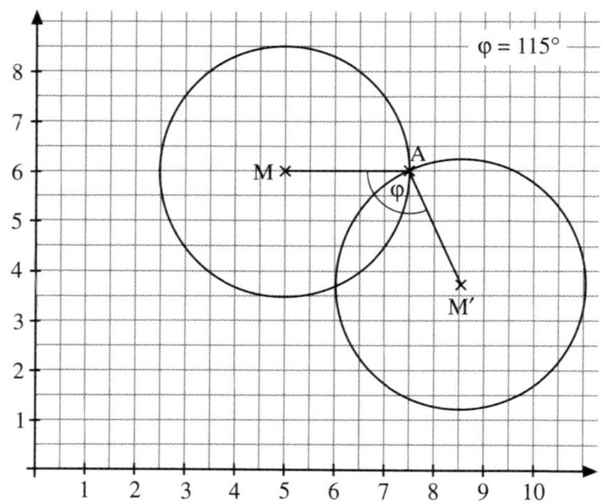
φ = 115°
M
A
φ
M′
1
2
3
4
5
6
7
8
9
10

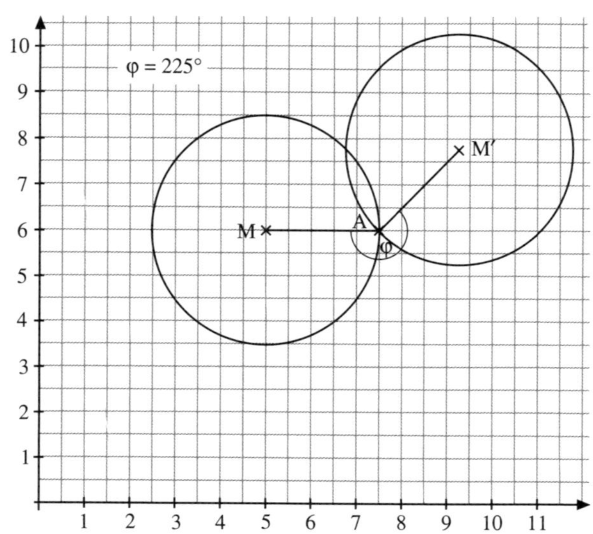
φ = 225°
M
A
φ
M′
1
2
3
4
5
6
7
8
9
10
11

101

10. **d)** Bildkreis und Kreis fallen aufeinander.

11. **a)** Keine Drehung
b) Linksdrehung um C; Drehmaß 270°
c) Drehung um Z $\left(6\frac{1}{2} \mid 1\frac{1}{4}\right)$; Drehmaß 67°.
d) Keine Drehung

102

12. 1. Rosette: 360° : 24 = 15°
2. Rosette: 360° : 12 = 30°
3. Bild: 360° : 3 = 120°

13. Das Bild dreht sich, bis sich der gegenüberliegende Eckpunkt senkrecht unter der Ecke mit der Reißzwecke befindet.
a) $\alpha \approx 35°$ **b)** $\alpha \approx 55°$

14. **a)** $\varphi = 60°$ **c)** $\varphi = 45°$ ohne Berücksichtigung der Färbung, sonst $\varphi = 90°$
b) $\varphi = 72°$ **d)** $\varphi = 60°$

15. (1) $\varphi = 120°$
(2) $\varphi = 180°$
(3) nicht drehsymmetrisch
(4) $\varphi = 120°$
(5) $\varphi = 180°$
(6) nicht drehsymmetrisch
(7) $\varphi = 120°$ ohne Berücksichtigung der Schrift, sonst nicht drehsymmetrisch
(8) nicht drehsymmetrisch
(9) $\varphi = 90°$
(10) $\varphi = 30°$

16. -

Im Blickpunkt: Symmetrie als Gestaltungsprinzip

103

1. Die Erklärung in dem Lexikon ist allgemeiner als die Erklärungen im Buch.

2. (1) Achsen- und Drehsymmetrie (bis auf Farben)
(2) Achsensymmetrie
(3) Achsen-, Punkt- und Drehsymmetrie
(4) Achsensymmetrie (bis auf die Flaggen)
(5) Punkt- und Drehsymmetrie (bis auf Farben und Form der Hände)

3. **a)** Die Ziffern sind symmetrisch angeordnet.
b) 2 3 4 1 4 3 2
7 3 5 beliebig beliebig 357
c) $836^2 = 698\,896$; $2201^3 = 10\,662\,526\,600$
Man erhält Palindrome.

103

3. d) Bei Addition der beiden Zahlen weisen die Ziffern der 2. Zahl die umgekehrte Reihenfolge auf wie die der 1. Zahl.
158 + 851 = 1 009; 1 009 + 9 001 = 10 010; 10 010 + 01 001 = 11 011
3 Schritte werden benötigt.
Weiteres Beispiel: 256 + 652 = 988; 988 + 889 = 1 877;
1 877 + 7 781 = 9 658; 9 658 + 8 569 = 90 508;
90 508 + 80 509 = 171 017; 171 017 + 710 171 = 881 188

4. a)
$12^2 = 144$
$21^2 = 441$
$122^2 = 14884$
$221^2 = 48841$
$112^2 = 12544$
$211^2 = 44521$
$301^2 = 90601$
$103^2 = 10609$

b)
$13^2 = 169$
$31^2 = 961$
aber
$35^2 = 1225$
$53^2 = 2809$

5. a) $1001 \cdot 123 = 123123$
$100001 \cdot 12345 = 1234512345$
In beiden Beispielen wiederholt sich eine bestimmte Ziffernfolge.
b) $1\,000\,001 \cdot 123\,456 = 123\,456\,123\,456$

104

6. Z. B. TOKYO

7. a) Diese Wörter kann man vorwärts und rückwärts lesen (in (2) wechselt auch noch deutsch und englisch).
(1)REGAL und LAGER (2) reh und her
b) Diese Sätze kann man vorwärts und rückwärts lesen.

8. „Verschiebung“
Jeder Buchstabe ist durch den nächsten im Alphabet ersetzt worden.

9. In den Endreimen.

10. (1) ... zu *Stücken mich.*
(2) Den Narren packt die *Reisewut*, ...
(3) Ich freue mich auf morgen *sehr*, da hab ich keine Sorgen *mehr*.

11. Zwischen der 9. und 10. Note liegt ein Symmetriezentrum, abgesehen von kleinen Störungen.

12. Dreht man das Buch um 180°, dann erhält man wieder dieselben Noten, also dasselbe Lied.

13. -

2.5 Kongruente Figuren

106 **1.** Oskar Brummer und Edu Knästling

107 **2. a)** ABC ≅ PQR (a = p, b = q, c = r)

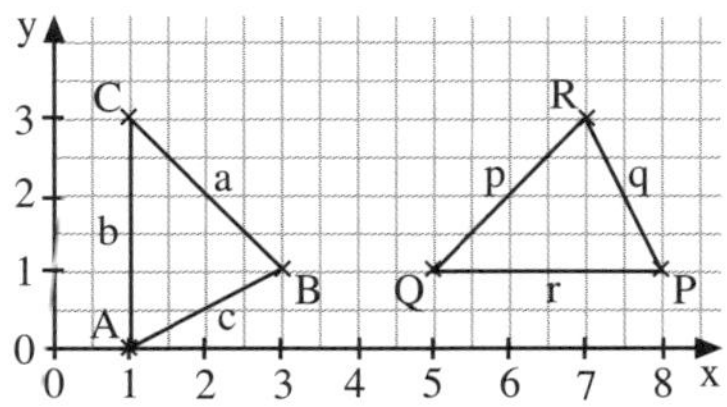

b) ABC ≅ PQR (a = q, b = r, c = p)

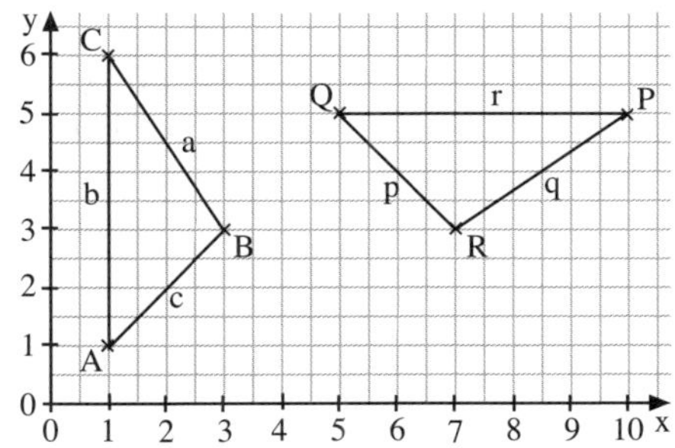

c) ABC ≅ PQR (a = q, b = p, c = r)

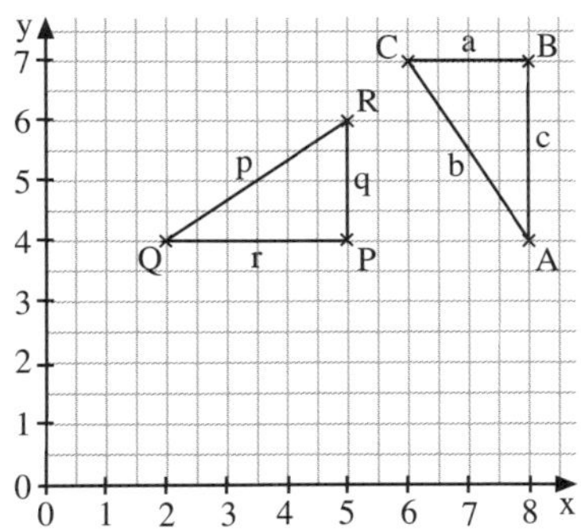

d) ABC ≇ PQR

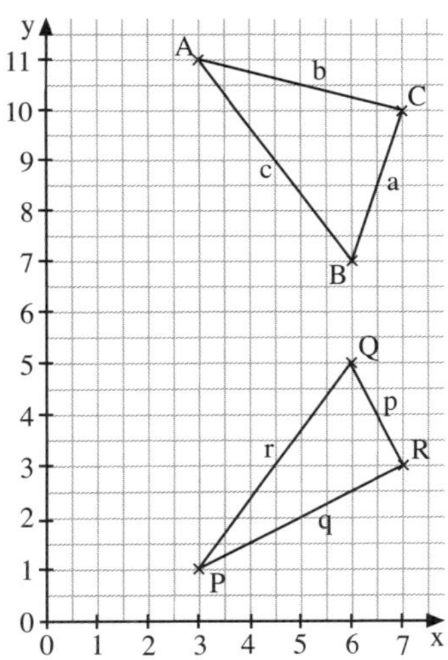

3. a)

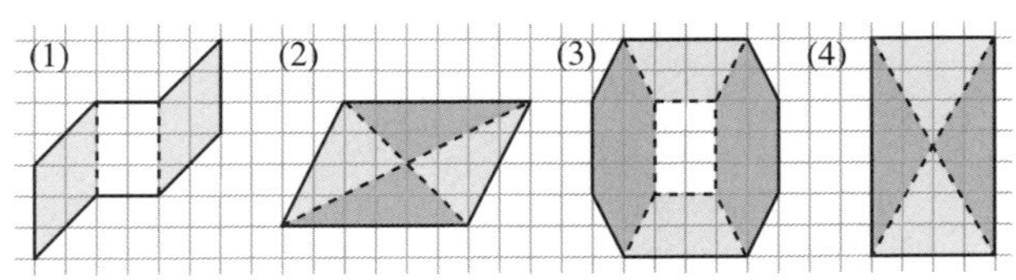

b) -

4. Kreise: gleich große Radien
Quadrate: gleich große Seitenlängen
Rechtecke: gleich große Seitenlängen

107

5. **a)** Falsch; Gegenbeispiel siehe rechts.
b) Das gilt für alle regelmäßigen Vielecke und für Kreise.

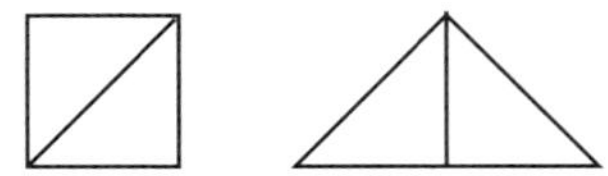

6. **a)** ABCD ≅ EFGH   ABFE ≅ DCGH   BCGF ≅ ADHE
Bei einem Würfel sind alle Seitenflächen kongruent zueinander.
b) ABS ≅ BCS ≅ CDS ≅ DAS

7. **a)** und **b)** Durch Einzeichnen von einer Diagonalen [von beiden Diagonalen; von beiden Diagonalen und beiden Mittellinien].
c) Durch Einzeichnen eines Durchmessers [von zwei zueinander orthogonalen Durchmessern; zusätzlich die Winkelhalbierenden der 90°-Winkel; zusätzlich die Winkelhalbierenden der 45°-Winkel].

8. Z. B. Punktspiegelung am Mittelpunkt der Diagonalen $\overline{AC}$.

Im Blickpunkt: Optische Täuschungen: Schau genau hin – miss nach

108

1. -

2. -

3. -

4. -

2.6 Aufgaben zur Vertiefung

109

1. Verschiebung um 8 Kästchen nach rechts und 6 Kästchen nach oben.

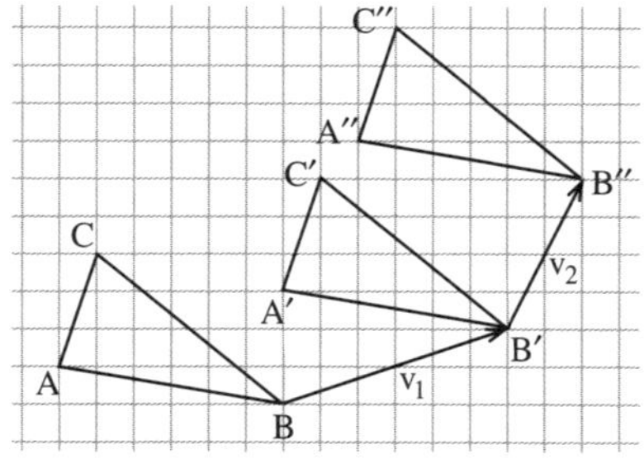

109 **2.** Drehung um Z mit $\varphi = 120°$.

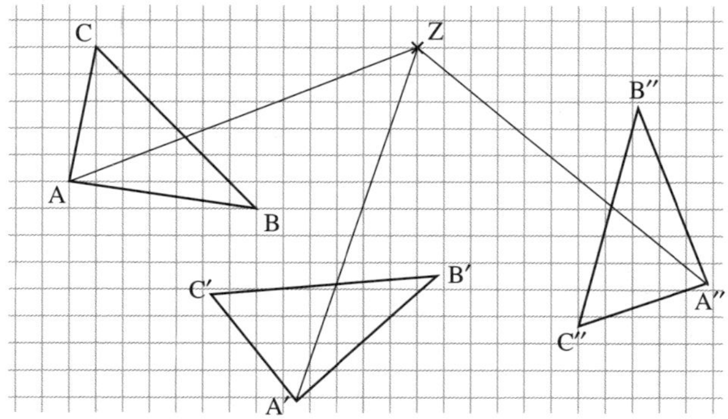

3. Durch Verschieben um 12 Kästchen nach rechts.

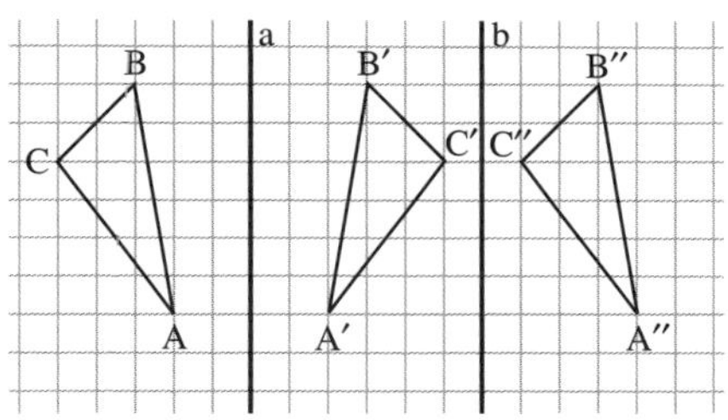

4. Durch eine Drehung um Z; Drehmaß ist doppelt so groß wie der Winkel zwischen a und b.

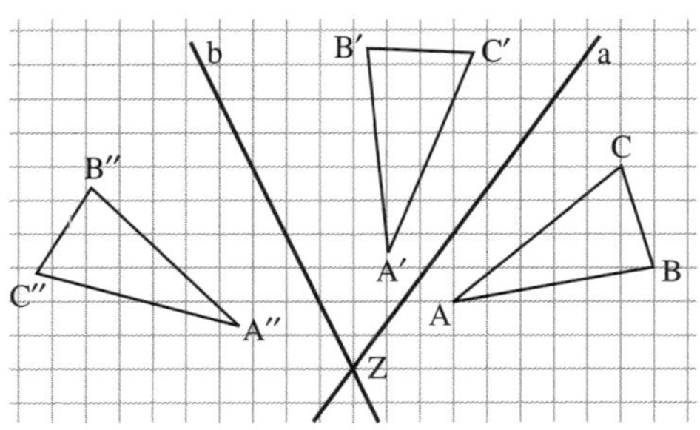

109

5. a) Punktspiegelung mit Z als Zentrum.

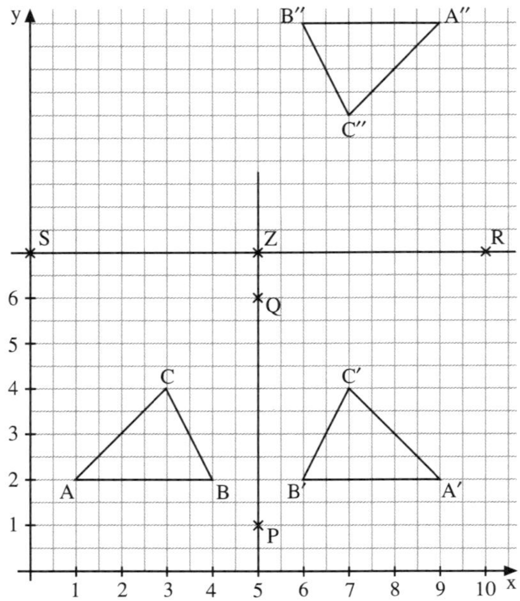

b) Drehung um S; Drehmaß 2 · ρ PSR

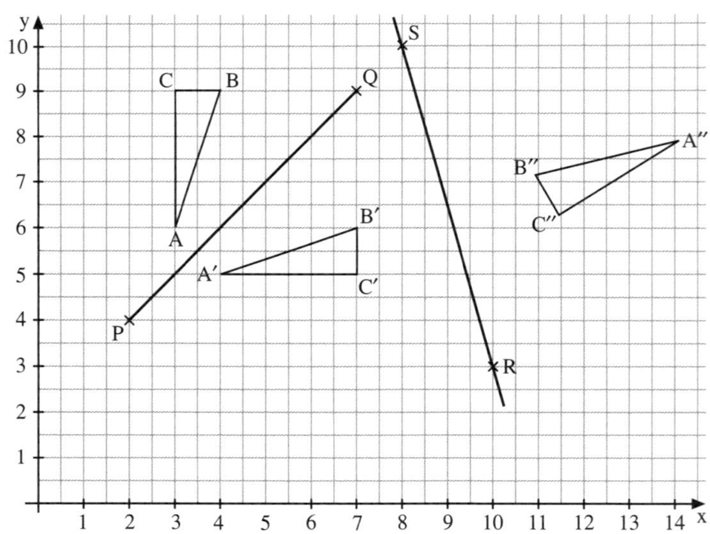

109

5. c) Verschiebung um 14 Kästchen nach rechts und 14 Kästchen nach oben.

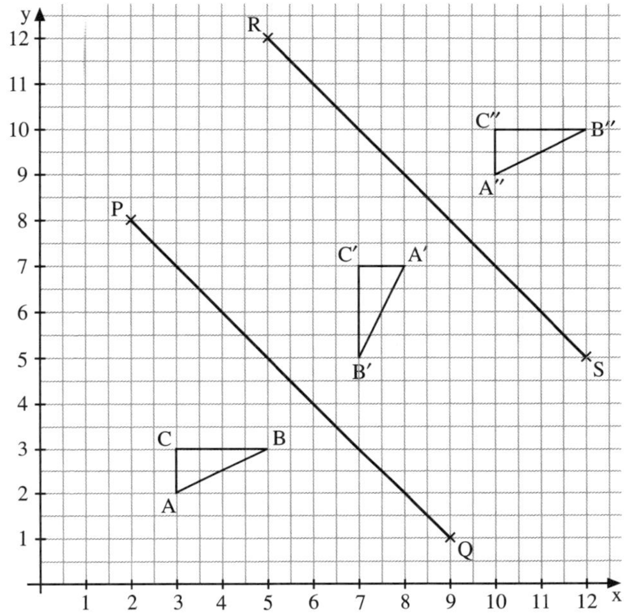

3. Multiplizieren und Dividieren von Bruchzahlen

3.1 Vervielfachen und Teilen von Bruchzahlen

3.1.1 Vervielfachen von Bruchzahlen

113 **2.** **a)** $\frac{4}{9}\cdot 3=\frac{4\cdot 3}{9}=\frac{4}{3}=1\frac{1}{3}$ **c)** $\frac{8}{9}\cdot 12=\frac{8\cdot \cancel{12}^{4}}{\cancel{9}_{3}}=\frac{24}{3}=8$

b) $\frac{4}{7}\cdot 14=\frac{4\cdot \cancel{14}^{2}}{\cancel{7}_{1}}=\frac{8}{1}=8$ **d)** $\frac{12}{5}\cdot 25=\frac{12\cdot \cancel{25}^{5}}{\cancel{5}_{1}}=\frac{60}{1}=60$

3. **a)** $\frac{3}{4}\,\ell$ **b)** $\frac{4}{5}\,\ell$ **c)** $\frac{66}{100}\,\ell=\frac{33}{50}\,\ell$

4. **a)** $\frac{1}{4}\cdot 3=\frac{3}{4}$ **b)** $\frac{2}{8}\cdot 2=\frac{4}{8}=\frac{1}{2}$ **c)** $\frac{3}{10}\cdot 3=\frac{9}{10}$

5. **a)** $\frac{21}{4}=5\frac{1}{4};\ \frac{8}{9}$ **c)** $\frac{24}{7}=3\frac{3}{7};\ \frac{5}{1}=5$ **e)** $\frac{38}{17}=2\frac{4}{17};\ \frac{16}{16}=1$

b) $\frac{14}{5}=2\frac{4}{5};\ \frac{8}{9}$ **d)** $\frac{20}{9}=2\frac{2}{9};\ \frac{21}{13}=1\frac{8}{13}$ **f)** $\frac{8}{1}=8;\ \frac{10}{7}=1\frac{3}{7}$

6. **a)** $1\frac{3}{4};\ 3\frac{1}{3};\ 9\frac{1}{3}$ **d)** $10\frac{1}{2};\ 2\frac{1}{3};\ 3\frac{1}{3}$

b) $14;\ 18\frac{2}{3};\ 1\frac{4}{5}$ **e)** $6\frac{3}{4};\ 12\frac{1}{2};\ 4\frac{1}{6}$

c) $11\frac{2}{3};\ 5\frac{2}{3};\ 10\frac{1}{2}$ **f)** $4\frac{2}{3};\ 13\frac{1}{2};\ 9\frac{5}{7}$

7. 45; 84; 68; 51; 22; 5; 270; 280; 13; 114

$\frac{3}{4}\cdot 60<60;\ \frac{7}{5}\cdot 60>60;\ \frac{17}{15}\cdot 60>60;\ \frac{17}{20}\cdot 60<60;\ \frac{11}{30}\cdot 60<60;$
$\frac{1}{12}\cdot 60<60;\ \frac{9}{2}\cdot 60>60;\ \frac{14}{3}\cdot 60>60;\ \frac{13}{60}\cdot 60<60;\ \frac{19}{10}\cdot 60>60$
Ist der Zähler kleiner [größer] als der Nenner, also kleiner [größer] als 1 dann ist das Produkt kleiner [größer] als 60.

8. **a)** $\frac{3}{5};\ \frac{6}{7};\ \frac{12}{5};\ \frac{21}{9};\ \frac{33}{12};\ \frac{42}{15};\ \frac{51}{20};\ \frac{45}{24}$

b) $10;\ 9;\ \frac{105}{8};\ \frac{27}{2};\ \frac{55}{4};\ 10;\ \frac{17}{4};\ \frac{19}{5};\ \frac{31}{6}$

c) $\frac{9}{4};\ \frac{15}{4};\ 6;\ \frac{27}{4};\ 9;\ \frac{3}{4};\ 0;\ \frac{45}{4};\ 15;\ 75$

113 **9.** $11\frac{1}{5}$ Waffeln, also 12 Waffeln.

10. **a)** 4 **c)** 3 **e)** 5 **g)** 3 **i)** 2
b) 4 **d)** 2 **f)** 2 **h)** 2 **j)** 9

114 **11.** **a)** Maria hat $3\frac{1}{5}$ in einen gewöhnlichen Bruch umgeformt. Patrick hat $3\frac{1}{5}$ in 3 Ganze und $\frac{1}{5}$ zerlegt und beide mit 4 multipliziert.

b) (1) $\frac{15}{2} = 7\frac{1}{2}$
(2) $\frac{96}{5} = 19\frac{1}{5}$
(3) 14
(4) $\frac{63}{2} = 31\frac{1}{2}$
(5) $\frac{39}{4} = 9\frac{3}{4}$
(6) $\frac{44}{5} = 8\frac{4}{5}$
(7) $\frac{116}{9} = 12\frac{8}{9}$
(8) $\frac{45}{4} = 11\frac{1}{4}$
(9) $\frac{92}{5} = 18\frac{2}{5}$
(10) $\frac{416}{9} = 46\frac{2}{9}$

12. **a)** $\frac{5}{8}\ \ell$ **b)** $\frac{12}{5}\ \ell = 2\frac{2}{5}\ \ell$

13. $\frac{3}{8} < \frac{2}{5}$ Die zwei Becher Sahne reichen aus.

14. $\frac{1}{4}\ell + \frac{3}{8}\ell + 800\text{ ml} + \frac{1}{8}\ell = \frac{31}{20}\ell : \frac{1}{5}\ell = \frac{31}{4}\ell = 7\frac{3}{4}\ell$
Sie muss 8 Becher Sahne kaufen.

3.1.2 Teilen von Bruchzahlen

115 **2.** **a)** $\frac{6}{9} : 3 = \frac{2}{9}$; $\frac{\cancel{6}^{2}}{\cancel{9}_{3}} = \frac{2}{3}$
Beim Dividieren durch 3 verringert sich der Wert des Bruches, beim Kürzen bleibt der Wert gleich.
b) Beim Dividieren verringert sich der Wert des Bruches, beim Kürzen bleibt der Wert gleich.

3. **a)** $\frac{\cancel{6}^{3}}{13 \cdot \cancel{4}_{2}} = \frac{3}{26}$ **c)** $\frac{\cancel{36}^{12}}{25 \cdot \cancel{15}_{5}} = \frac{12}{125}$
b) $\frac{\cancel{24}^{4}}{17 \cdot \cancel{18}_{3}} = \frac{4}{51}$ **d)** $\frac{\cancel{42}^{6}}{27 \cdot \cancel{35}_{5}} = \frac{6}{135} = \frac{2}{45}$

4. **a)** $\frac{1}{4}\ \ell$ **b)** $\frac{1}{6}\ \ell$ **c)** $\frac{7}{20}\ \ell$

5. **a)** $\frac{1}{2} : 4 = \frac{1}{8}$ **b)** $\frac{3}{4} : 2 = \frac{3}{8}$ **c)** $\frac{2}{3} : 3 = \frac{2}{9}$

115

6. **a)** $\frac{1}{6}$; $\frac{1}{6}$; $\frac{2}{7}$ **c)** $\frac{2}{9}$; $\frac{3}{8}$; $\frac{3}{25}$ **e)** $\frac{5}{24}$; $\frac{6}{13}$; $\frac{7}{36}$ **g)** $\frac{4}{13}$; $\frac{7}{32}$; $\frac{7}{64}$

b) $\frac{1}{20}$; $\frac{2}{9}$; $\frac{1}{18}$ **d)** $\frac{3}{25}$; $\frac{3}{10}$; $\frac{4}{15}$ **f)** $\frac{1}{21}$; $\frac{7}{72}$; $\frac{3}{16}$ **h)** $\frac{1}{20}$; $\frac{4}{63}$; $\frac{6}{21} = \frac{2}{7}$

116

7. **a)** $\frac{1}{24}$; $\frac{7}{24}$ **c)** $\frac{7}{24}$; $\frac{4}{35}$ **e)** $\frac{3}{85}$; $\frac{8}{75}$ **g)** $\frac{6}{35}$; $\frac{7}{184}$

b) $\frac{15}{56}$; $\frac{1}{4}$ **d)** $\frac{7}{40}$; $\frac{2}{21}$ **f)** $\frac{5}{301}$; $\frac{7}{205}$ **h)** $\frac{8}{63}$; $\frac{9}{296}$

8. **a)** Dennis schreibt nicht den Bruch in gemischter Schreibweise als gewöhnlichen Bruch und teilt diesen durch 3.
Diana zerlegt den Bruch in Ganze und einen gewöhnlichen Bruch und teilt beides durch 3.

b)

(1)	(2)	(3)	(4)
$\frac{6}{7}$	$\frac{22}{25}$	$\frac{193}{48} = 4\frac{1}{48}$	$\frac{23}{10} = 2\frac{3}{10}$
$\frac{19}{15} = 1\frac{4}{15}$	$\frac{17}{8} = 2\frac{1}{8}$	$\frac{151}{30} = 5\frac{1}{30}$	$\frac{23}{25}$
$\frac{13}{21}$	$\frac{223}{72} = 3\frac{7}{72}$	$\frac{49}{50}$	$\frac{61}{49} = 1\frac{12}{49}$
$\frac{55}{24} = 2\frac{7}{24}$	$\frac{23}{30}$	$\frac{14}{9} = 1\frac{5}{9}$	$\frac{47}{48}$

9. **a)** 3 **c)** 4 **e)** 8 **g)** 3 **i)** 4
b) 4 **d)** 3 **f)** 7 **h)** 4 **j)** 7

10. **a)** $\frac{3}{16}\,\ell$ **b)** $\frac{4}{15}\,m^2$

11.

$8 : 2 = 4$	Minzeblätter
$\frac{1}{8}\,\ell : 2 = \frac{1}{16}\,\ell$	Zitronensaft
$\frac{1}{4}\,\ell : 2 = \frac{1}{8}\,\ell$	heißes Wasser
$\frac{1}{2}$ Pfund : 2 = $\frac{1}{4}$ Pfund	Johannisbeere
$\frac{3}{8}\,\ell : 2 = \frac{3}{16}\,\ell$	Orangensaft
$\frac{7}{10}\,\ell : 2 = \frac{7}{20}\,\ell$	Mineralwasser

12. **a)** $\frac{64}{3} = 21\frac{1}{3}$; $\frac{4}{147}$ **c)** 6; $\frac{3}{98}$ **e)** $\frac{69}{2} = 34\frac{1}{2}$; $\frac{3}{46}$

b) $\frac{1}{25}$; 16 **d)** $\frac{2}{85}$; $\frac{34}{5} = 6\frac{4}{5}$ **f)** $\frac{3}{38}$; $\frac{57}{2} = 28\frac{1}{2}$

13. **a)** $\frac{1}{6}$ **b)** $\frac{3}{20}\,\ell$ **c)** $\frac{1}{4}$ h **d)** $\frac{7}{8}\,\ell$

14. **a)** (1) $\frac{27}{5}$ kg $= 5\frac{2}{5}$ kg (2) 9 kg (3) $\frac{54}{5}$ kg $= 10\frac{4}{5}$ kg

b) (1) $\frac{9}{4}$ t $= 2\frac{1}{4}$ t (2) $\frac{15}{4}$ t $= 3\frac{3}{4}$ t (3) $\frac{27}{4}$ t $= 6\frac{3}{4}$ t

116

14. c) (1) $\frac{25}{2}\ \ell = 12\frac{1}{2}\ \ell$ (2) $\frac{50}{3}\ \ell = 16\frac{2}{3}\ \ell$ (3) $\frac{100}{3}\ \ell = 33\frac{1}{3}\ \ell$

d) (1) $\frac{3}{3}$ km = 1 km (2) $\frac{5}{3}$ km = $1\frac{2}{3}$ km (3) $\frac{8}{3}$ km = $2\frac{2}{3}$ km

3.2 Multiplizieren von Bruchzahlen

118

2. $\frac{1}{3}$

3. a) (1) $\frac{3}{4}\cdot\frac{7}{1} = \frac{21}{4} = 5\frac{1}{4}$ (3) $\frac{3}{1}\cdot\frac{4}{1} = \frac{12}{1} = 12$

(2) $\frac{3}{1}\cdot\frac{2}{5} = \frac{6}{5} = 1\frac{1}{5}$ (4) $3\frac{3}{4}\cdot 2\frac{3}{5} = \frac{15}{4}\cdot\frac{13}{5} = \frac{39}{4} = 9\frac{3}{4}$

b) (1) $\frac{1}{6}$ und $\frac{1}{6}$ (2) $\frac{4}{15}$ und $\frac{4}{15}$ (3) $\frac{5}{12}$ und $\frac{5}{12}$

4. (1) $\frac{8}{15}$ (2) $\frac{28}{15} = 1\frac{13}{15}$ (3) $\frac{20}{7} = 2\frac{6}{7}$ (4) $\frac{50}{7} = 7\frac{1}{7}$

Wenn man eine Zahl mit einer Bruchzahl multipliziert, die kleiner als 1 ist, dann ist das Ergebnis kleiner als die Zahl. Wenn man eine Zahl mit einer Bruchzahl multipliziert, die größer ist als 1, dann ist das Ergebnis größer als die Zahl.

119

5. a) $\frac{3}{4}\cdot\frac{3}{4}\cdot\frac{3}{4} = \frac{27}{64}$ **c)** $\frac{8}{9}\cdot\frac{8}{9} = \frac{64}{81}$ **e)** $\frac{3}{2}\cdot\frac{3}{2}\cdot\frac{3}{2}\cdot\frac{3}{2}\cdot\frac{3}{2}\cdot\frac{3}{2} = \frac{729}{64}$

b) $\frac{2}{5}\cdot\frac{2}{5}\cdot\frac{2}{5}\cdot\frac{2}{5} = \frac{16}{625}$ **d)** $\frac{1}{3}\cdot\frac{1}{3}\cdot\frac{1}{3}\cdot\frac{1}{3} = \frac{1}{81}$

6. $\frac{8}{15}$ m²; Von $\frac{5}{5}$ sind $\frac{4}{5}$ Tuch und $\frac{2}{3}$ vom Tuch sind rot.

$\frac{4}{5}\ m^2\cdot\frac{2}{3} = \frac{8}{15}\ m^2$

7. a) Der gefärbte Teil ist $\frac{3}{4}$ des gesamten Rechtecks, also $\frac{3}{4}$ der gesamten Kinder.

Der rot eingerahmte Teil ist $\frac{2}{3}$ der gefärbten Fläche, also $\frac{2}{3}$ der Instrument spielenden Kinder.

Dieser Teil ist $\frac{3}{4}\cdot\frac{2}{3}$ des Ganzen, also $\frac{6}{12}$ bzw. gekürzt $\frac{1}{2}$.

Die Pfeile deuten an, dass man den rot eingerahmten Teil auch durch die beiden unteren Reihen darstellen kann.

b) $\frac{2}{3}$ von $\frac{3}{4} = \frac{3}{4}\cdot\frac{2}{3} = \frac{6}{12} = \frac{1}{2}$

$\frac{3}{4}$ von 24 Kindern spielen ein Instrument, das sind 18 Kinder.

$\frac{2}{3}$ der 18 Kinder sind Mädchen, das sind 12 Mädchen, also die Hälfte aller Kinder.

119

8. $\frac{3}{4}$ von $1\frac{1}{2}$ ha $= \frac{3}{2}$ ha $\cdot \frac{3}{4} = \frac{9}{8}$ ha $= 1\frac{1}{8}$ ha

9. **a)** $\frac{3}{10}$; $\frac{7}{12}$ **b)** $\frac{1}{6}$; $\frac{1}{3}$ **c)** $\frac{3}{10}$; $\frac{9}{20}$ **d)** $\frac{3}{14}$; $\frac{2}{7}$ **e)** $\frac{2}{5}$; $\frac{1}{8}$

10. Hier ohne Zeichnungen.
a) $\frac{3}{8}$ **b)** $\frac{2}{15}$ **c)** $\frac{1}{2}$ **d)** $\frac{1}{6}$ **e)** $\frac{1}{5}$ **f)** $\frac{1}{4}$ **g)** $\frac{1}{8}$

120

11. **a)** $\frac{9}{35}$; $\frac{20}{63}$; $\frac{56}{45} = 1\frac{11}{45}$
b) $\frac{35}{72}$; $\frac{5}{24}$; $\frac{1}{6}$
c) $\frac{3}{4}$; $\frac{4}{9}$; $\frac{9}{16}$
d) $\frac{1}{8}$; $\frac{15}{28}$; $\frac{35}{72}$
e) $\frac{1}{4}$; $\frac{1}{6}$; $\frac{3}{8}$
f) $\frac{1}{12}$; $\frac{1}{15}$; $\frac{5}{12}$
g) $\frac{135}{112} = 1\frac{23}{112}$; $\frac{92}{175}$; $\frac{133}{90} = 1\frac{43}{90}$

12. **a)** $\frac{5}{6}$; $\frac{8}{21}$; $\frac{3}{20}$ **b)** $\frac{7}{9}$; $\frac{2}{3}$; $\frac{2}{5}$ **c)** $\frac{4}{9}$; $\frac{1}{2}$; $\frac{2}{3}$ **d)** $\frac{21}{20}$; $\frac{81}{35}$; $\frac{1}{2}$

13. **a)** $\frac{7}{6} = 1\frac{1}{6}$; $\frac{4}{9}$
b) $\frac{7}{10}$; $\frac{5}{18}$
c) $\frac{8}{21}$; $\frac{6}{7}$
d) $\frac{10}{21}$; $\frac{9}{20}$
e) $\frac{49}{30} = 1\frac{19}{30}$; $\frac{11}{6} = 1\frac{5}{6}$
f) $\frac{161}{64} = 2\frac{33}{64}$; $\frac{9}{34}$
g) $\frac{34}{21} = 1\frac{13}{21}$; $\frac{24}{5} = 4\frac{4}{5}$

14. **a)** $\frac{6}{25}$; $\frac{1}{5}$; $\frac{5}{5} = 1$
b) $\frac{1}{4}$; $\frac{1}{8}$; $\frac{3}{4}$
c) $\frac{7}{6} = 1\frac{1}{6}$; $\frac{1}{6}$; $\frac{1}{3}$
d) $\frac{2}{5}$; $\frac{13}{10} = 1\frac{3}{10}$; $\frac{3}{10}$
e) $\frac{19}{18} = 1\frac{1}{18}$; $\frac{5}{27}$; $\frac{11}{18}$
f) $\frac{1}{9}$; $\frac{3}{20}$; $\frac{41}{60}$

15. **a)** 4; $\frac{3}{2}$
b) $\frac{1}{2}$; 1
c) $\frac{1}{30}$; $\frac{28}{45}$
d) $\frac{1}{6}$; $\frac{2}{9}$
e) $\frac{2}{3}$; 1
f) $\frac{8}{9}$; $\frac{9}{10}$
g) 1; 1

16. **a)** $\frac{1}{2}$ ℓ **b)** $\frac{7}{10}$ ℓ

17. **a)** $\frac{12}{5} = 2\frac{2}{5}$
b) $\frac{8}{15}$
c) $\frac{21}{4} = 5\frac{1}{4}$
d) $\frac{10}{3} = 3\frac{1}{3}$
e) $\frac{10}{3} = 3\frac{1}{3}$
f) $\frac{56}{3} = 18\frac{2}{3}$
g) $\frac{66}{7} = 9\frac{3}{7}$

18. **a)**
$\frac{2}{9}$ | $\frac{3}{4}$ | $\frac{8}{9}$ | $\frac{15}{4}$
$\frac{1}{6}$ | $\frac{2}{3}$ | $\frac{10}{3}$
$\frac{1}{9}$ | $\frac{20}{9}$
$\frac{20}{81}$

b)
$\frac{14}{3}$ | $\frac{5}{7}$ | $\frac{1}{5}$ | $\frac{21}{2}$
$\frac{10}{3}$ | $\frac{1}{7}$ | $\frac{21}{10}$
$\frac{20}{21}$ | $\frac{3}{10}$
$\frac{2}{7}$

120 **18. c)**

$\frac{22}{3}$	$\frac{7}{11}$	$\frac{2}{7}$	$\frac{33}{4}$
$\frac{14}{3}$	$\frac{2}{11}$	$\frac{33}{14}$	
$\frac{28}{33}$	$\frac{3}{7}$		
$\frac{4}{11}$			

19. a) 3 **b)** $\frac{1}{15}$ **c)** 2 **d)** 6 **e)** $\frac{52}{51} = 1\frac{1}{51}$ **f)** 1

20. a) $2\frac{5}{8}$; $1\frac{1}{2}$ **b)** $1\frac{1}{3}$; $1\frac{1}{2}$ **c)** $3\frac{1}{8}$; $2\frac{5}{8}$ **d)** 6; 3

21. a) $\frac{3}{8} \cdot \frac{7}{8} = \frac{21}{64}$ **b)** $4 \cdot \frac{2}{3} = \frac{8}{3} = 2\frac{2}{3}$ **c)** $3\frac{1}{2} \cdot 5 = 17\frac{1}{2}$ **d)** $2\frac{1}{5} \cdot 3\frac{2}{3} = 8\frac{1}{15}$

22. a) $\frac{13}{6} = 2\frac{1}{6}$ **c)** $\frac{15}{2} = 7\frac{1}{2}$ **e)** $\frac{119}{30} = 3\frac{29}{30}$
b) 6 **d)** $\frac{32}{3} = 10\frac{2}{3}$ **f)** $\frac{26}{5} = 5\frac{1}{5}$

121 **23. a)** $\frac{1}{4}\,\ell$ **b)** $\frac{1}{8}$ kg **c)** $\frac{1}{6}$ h **d)** $\frac{9}{8}\,\ell = 1\frac{1}{8}\,\ell$

24. a) $\frac{7}{30}$ **b)** $\frac{5}{14}$ **c)** $\frac{1}{3}$ **d)** $\frac{16}{81}$ **e)** $\frac{15}{46}$

25. a) $\frac{1}{3}$ h **b)** $\frac{7}{8}\,\ell$ **c)** $\frac{3}{4}$ m

26. a) Der Wert des Produktes verdoppelt sich.
[Der Wert des Produktes verringert sich um die Hälfte.]
b) Der Wert des Produktes ändert sich nicht.
c) Der Wert des Produktes vervierfacht sich.
[Der Wert des Produktes verringert sich um drei Viertel.]

27. a) $\frac{3}{5}$ **b)** $\frac{4}{3}$ **c)** $\frac{5}{2}$ **d)** $\frac{2}{3}$ **e)** $\frac{3}{9}$

28. a) $\frac{3}{5} \cdot \frac{2}{7} = \frac{6}{35}$ $\left[\frac{5}{7} \cdot \frac{2}{2} = \frac{10}{14} = \frac{5}{7}\right]$ **b)** $\frac{2}{2} \cdot \frac{2}{2} = 1$ $\left[\frac{4}{2} \cdot \frac{3}{2} = 3\right]$

29. $\frac{8}{15}$

30. a) (1) $\left(\frac{3}{5}\right)^2 = \frac{9}{25}$ (3) $\left(\frac{11}{12}\right)^2 = \frac{121}{144}$ (5) $\left(\frac{2}{3}\right)^4 = \frac{16}{81}$
(2) $\left(\frac{7}{8}\right)^2 = \frac{49}{64}$ (4) $\left(\frac{3}{4}\right)^3 = \frac{27}{64}$ (6) $\left(\frac{1}{2}\right)^5 = \frac{1}{32}$

121 **30.** **b)** (1) $\left(\frac{2}{3}\right)^2$ (2) $\left(\frac{5}{4}\right)^3$ (3) $\left(\frac{1}{5}\right)^4$ (4) $\left(\frac{12}{13}\right)^2$ (5) $\left(\frac{3}{4}\right)^5$

c) (1) $\frac{16}{25}$ und $\frac{8}{5}$ (2) $\frac{343}{8}$ und $\frac{21}{2}$ (3) $\frac{1}{256}$ und $\frac{8}{2} = 4$

31. **a)** $\frac{16}{81}$ **d)** $\frac{25}{16} = 1\frac{9}{16}$ **g)** $\frac{243}{32} = 7\frac{19}{32}$

b) $\frac{1}{216}$ **e)** $\frac{1}{32}$ **h)** $\frac{49}{16} = 3\frac{1}{16}$

c) $\frac{1}{1\,000\,000}$ **f)** $\frac{25}{36}$ **i)** $\frac{27}{8} = 3\frac{3}{8}$

32. **a)** Die Behauptung gilt nur für eine Bruchzahl, die kleiner als 1 ist.
b) Die Behauptung ist richtig.

33. (1) Z. B.: 4 von 20 getesteten Uhren waren defekt.
(2) Z. B.: In jeder Obstkiste liegen 24 Äpfel. Einer von 6 getesteten Äpfeln war faul.
(3) Z. B.: Ein Beet ist $\frac{4}{5}$ m² groß. Die Hälfte des Beetes ist noch nicht bepflanzt.

3.3 Dividieren von Bruchzahlen

3.3.1 Rückgängigmachen einer Multiplikation – Dividieren

123 **2.** **a)** $\frac{3}{4} : \frac{5}{1} = \frac{3}{4} \cdot \frac{1}{5} = \frac{3}{20}$ **c)** $\frac{3}{1} : \frac{4}{1} = \frac{3}{1} \cdot \frac{1}{4} = \frac{3}{4}$ **e)** $\frac{11}{4} : \frac{13}{3} = \frac{11}{4} \cdot \frac{3}{13} = \frac{33}{52}$

b) $\frac{2}{1} : \frac{3}{4} = \frac{2}{1} \cdot \frac{4}{3} = \frac{8}{3}$ **d)** $\frac{68}{7} : \frac{3}{1} = \frac{68}{7} \cdot \frac{1}{3} = \frac{68}{21}$

124 **3.** (1) $\frac{3}{2} : \frac{3}{4} = 2$ (3) $\frac{12}{9} : \frac{3}{8} = \frac{32}{9} = 3\frac{5}{9}$

(2) $\frac{27}{4} : \frac{8}{3} = \frac{81}{32} = 2\frac{17}{32}$ (4) $24 : \frac{3}{7} = 56$

Wenn man eine Zahl durch eine Bruchzahl dividiert, die größer als 1 ist, dann ist das Ergebnis kleiner als die Zahl. Wenn man eine Zahl durch eine Bruchzahl dividiert, die kleiner als 1 ist, dann ist das Ergebnis größer als die Zahl.

4. **a)** $\frac{9}{14}$ **b)** 3

5. **a)** $\frac{6}{5} = 1\frac{1}{5}$ **b)** $\frac{6}{5} = 1\frac{1}{5}$ **c)** $\frac{5}{6}$ **d)** $\frac{2}{3}$

6. **a)** 16 t **b)** 2 000 kg

124 **7. a)** $\boxed{56} \xrightarrow{\cdot \frac{7}{8}} 49$

$\boxed{56} \xleftarrow{: \boxed{\frac{7}{8}}} 49$

$\boxed{56} \xleftarrow{\cdot \boxed{\frac{8}{7}}} 49$

$56 \cdot \frac{7}{8} = 49$

$49 : \frac{7}{8} = 56$

$49 \cdot \frac{8}{7} = 56$

c) $\boxed{42} \xrightarrow{\cdot \frac{5}{6}} 35$

$\boxed{42} \xleftarrow{: \boxed{\frac{5}{6}}} 35$

$\boxed{42} \xleftarrow{\cdot \boxed{\frac{6}{5}}} 35$

$42 \cdot \frac{5}{6} = 35$

$35 : \frac{5}{6} = 42$

$35 \cdot \frac{6}{5} = 42$

b) $\boxed{32} \xrightarrow{\cdot \frac{3}{4}} 24$

$\boxed{32} \xleftarrow{: \boxed{\frac{3}{4}}} 24$

$\boxed{32} \xleftarrow{\cdot \boxed{\frac{4}{3}}} 24$

$32 \cdot \frac{3}{4} = 24$

$24 : \frac{3}{4} = 32$

$24 \cdot \frac{4}{3} = 32$

d) $\boxed{25} \xrightarrow{\cdot \frac{3}{5}} 15$

$\boxed{25} \xleftarrow{: \boxed{\frac{3}{5}}} 15$

$\boxed{25} \xleftarrow{\cdot \boxed{\frac{5}{3}}} 15$

$25 \cdot \frac{3}{5} = 15$

$15 : \frac{3}{5} = 25$

$15 \cdot \frac{5}{3} = 25$

125 **8. a)** 15; 14 **b)** 27; 21 **c)** 16; 6 **d)** 10; 27 **e)** 108; 63 **f)** 72; 28

9. a) $\frac{5}{4}$; $\frac{7}{6}$ **d)** 1; $\frac{8}{11}$ **g)** $\frac{8}{9}$; $\frac{7}{6}$ **j)** $\frac{7}{4}$; $\frac{5}{4}$

b) $\frac{15}{4}$; $\frac{1}{2}$ **e)** $\frac{5}{8}$; $\frac{105}{4}$ **h)** $\frac{5}{21}$; $\frac{6}{5}$ **k)** $\frac{3}{8}$; $\frac{8}{3}$

c) $\frac{32}{15}$; $\frac{25}{27}$ **f)** $\frac{33}{56}$; $\frac{153}{91}$ **i)** 2; $\frac{14}{9}$ **l)** $\frac{2}{3}$; $\frac{3}{2}$

10. a) $\frac{3}{8}$; $\frac{5}{24}$ **c)** $\frac{1}{28}$; $\frac{20}{3}$ **e)** 64; $\frac{5}{21}$

b) $\frac{2}{15}$; $\frac{9}{100}$ **d)** $\frac{14}{3}$; 6 **f)** 0; $\frac{1}{24}$

11. a) $\frac{8}{5} = 1\frac{3}{5}$; $\frac{35}{5} = \frac{7}{1} = 7$; $\frac{15}{9} = \frac{5}{3} = 1\frac{2}{3}$; $\frac{18}{36} = \frac{3}{6} = \frac{1}{3}$; $\frac{17}{13} = 1\frac{4}{13}$

b) $\frac{56}{9} = 6\frac{2}{9}$; $\frac{64}{18} = \frac{32}{9} = 3\frac{5}{9}$; $\frac{68}{16} = \frac{17}{4} = 4\frac{1}{4}$; $\frac{84}{9} = \frac{28}{3} = 9\frac{1}{3}$; $\frac{28}{27} = 1\frac{1}{27}$

12. a) $\frac{8}{9} : \frac{2}{9} = \frac{8}{9} \cdot \frac{9}{2} = \frac{4}{1} = 4$ **c)** $\frac{4}{5} : 7 = \frac{4 \cdot 1}{5 \cdot 7} = \frac{4}{35}$

b) $\frac{5}{7} : \frac{2}{3} = \frac{5}{7} \cdot \frac{3}{2} = \frac{15}{14}$ **d)** $3 : \frac{3}{4} = \frac{3 \cdot 4}{1 \cdot 3} = \frac{12}{3} = 4$

125 **13.** **a)** $\frac{15}{4}$; $\frac{3}{14}$; 2; 0; 1
b) $\frac{1}{9}$; 9; 3; $\frac{1}{3}$; 0
c) $\frac{4}{5}$; $\frac{1}{120}$; 1; 0
d) 32; $\frac{1}{32}$; $\frac{1}{32}$; 32; 2

14. **a)**

$\frac{1}{2}$	$\frac{3}{4}$	$\frac{3}{2}$	4
$\frac{2}{3}$	$\frac{1}{2}$	$\frac{3}{8}$	
$\frac{4}{3}$	$\frac{4}{3}$		
1			

b)

$\frac{21}{125}$	$\frac{3}{5}$	$\frac{6}{7}$	$\frac{72}{49}$
$\frac{7}{25}$	$\frac{7}{10}$	$\frac{7}{12}$	
$\frac{2}{5}$	$\frac{6}{5}$		
$\frac{1}{3}$			

c)

$\frac{2}{5}$	$\frac{1}{4}$	$\frac{1}{8}$	$\frac{5}{32}$
$\frac{8}{5}$	2	$\frac{4}{5}$	
$\frac{4}{5}$	$\frac{5}{2}$		
$\frac{8}{25}$			

15. **a)** $\frac{3}{16}$; $\frac{1}{2}$; 3; 1
b) $\frac{5}{4}=1\frac{1}{4}$; $\frac{5}{9}$; $\frac{3}{2}=1\frac{1}{2}$; $\frac{1}{6}$
c) $\frac{1}{12}$; $\frac{1}{2}$; $\frac{9}{8}=1\frac{1}{8}$; $\frac{17}{12}=1\frac{5}{12}$
d) $\frac{2}{15}$; $\frac{8}{15}$; $\frac{6}{5}=1\frac{1}{5}$; $\frac{22}{15}=1\frac{7}{15}$
e) $\frac{11}{24}$; $\frac{5}{16}$; $\frac{29}{24}=1\frac{5}{24}$; $\frac{20}{9}=2\frac{2}{9}$
f) $\frac{7}{90}$; $\frac{9}{20}$; $\frac{43}{60}$; $\frac{35}{8}=4\frac{3}{8}$

16. 588 Schülerinnen und Schüler

17. **a)** $\frac{15}{14}=1\frac{1}{14}$; $\frac{10}{9}=1\frac{1}{9}$; $\frac{28}{15}=1\frac{13}{15}$
b) $\frac{10}{7}=1\frac{3}{7}$; $\frac{35}{64}$; $\frac{1}{6}$
c) $\frac{77}{30}=2\frac{17}{30}$; $\frac{38}{35}=1\frac{3}{35}$; $\frac{45}{32}=1\frac{13}{32}$
d) $\frac{14}{13}=1\frac{1}{13}$; $\frac{11}{3}=3\frac{2}{3}$; $\frac{4}{5}$
e) $\frac{20}{27}$; $\frac{32}{21}=1\frac{11}{21}$; $\frac{7}{10}$

126 **18.** **a)** $\frac{9}{10}$ m **b)** $\frac{15}{8}\,\ell=1\frac{7}{8}\,\ell$ **c)** $4\,\ell$ **d)** $\frac{9}{80}$

19. **a)** 128 km
b) Das sind 104 km pro Stunde.
c) Das sind 128 km pro Stunde.

20. $3:\frac{1}{4}=\frac{3}{1}:\frac{1}{4}=\frac{3}{1}\cdot\frac{4}{1}=\frac{12}{1}=12$

Nora hat richtig gerechnet. Wenn man eine Zahl durch $\frac{1}{4}$ dividiert, so ist das Ergebnis viermal so groß wie die Zahl (der Dividend).
Jacobs Rechnung ist falsch. Er hat die Dividenden nicht mit dem Kehrwert des Divisors sondern mit dem Divisor multipliziert.

126

21. **a)** (1) Das Ergebnis verdoppelt sich.
(2) Das Ergebnis verringert sich auf die Hälfte.
b) (1) Das Ergebnis verringert sich auf die Hälfte.
(2) Das Ergebnis verdoppelt sich.
c) (1) Das Ergebnis verändert sich nicht.
(2) Das Ergebnis verändert sich nicht.
d) Das Ergebnis vervierfacht sich.
e) Das Ergebnis verringert sich auf ein Viertel.
f) (1) Das Ergebnis verändert sich nicht.
(2) Das Ergebnis verändert sich nicht.

22. **a)** $\frac{4}{5}$; $\frac{5}{4}$; $\frac{16}{45}$ **c)** $\frac{39}{77}$; $\frac{77}{39}$; $\frac{39}{77}$ **e)** $\frac{272}{285}$; $\frac{285}{272}$; $\frac{285}{272}$
b) $\frac{45}{56}$; $\frac{56}{45}$; $\frac{35}{72}$ **d)** $\frac{3}{4}$; $\frac{4}{3}$; $\frac{75}{196}$

23. **a)** $\frac{2}{9}$; $\frac{35}{12} = 2\frac{11}{12}$ **c)** $\frac{15}{28}$; $\frac{14}{5} = 2\frac{4}{5}$ **e)** $\frac{10}{13}$; $\frac{6}{5} = 1\frac{1}{5}$
b) $\frac{15}{56}$; $\frac{6}{5} = 1\frac{1}{5}$ **d)** $\frac{8}{15}$; $\frac{75}{128}$ **f)** $\frac{15}{8} = 1\frac{7}{8}$; $\frac{2}{3}$

24. $\frac{15:5}{28:7} = \frac{3}{4}$ und $\frac{15}{28} : \frac{5}{7} = \frac{15}{28} \cdot \frac{7}{5} = \frac{3}{4}$
$\frac{16:4}{21:7} = \frac{4}{3}$ und $\frac{16}{21} : \frac{4}{7} = \frac{16}{21} \cdot \frac{7}{4} = \frac{4}{3}$
$\frac{2:4}{9:27} = \frac{\frac{1}{2}}{\frac{1}{3}} = \frac{1}{2} : \frac{1}{3} = \frac{3}{2}$ und $\frac{2}{9} : \frac{4}{27} = \frac{2}{9} \cdot \frac{27}{4} = \frac{3}{2}$
Die Regel ist richtig, denn beim Multiplizieren des Bruches mit dem Kehrwert, dividiert man auch den Zähler des 1. Bruches durch den Zähler des 1. Bruches und den Nenner des 2. Bruches durch den Nenner des 1. Bruches.

127

25. **a)** 28; 14; 7; $\frac{7}{6} = 1\frac{1}{6}$; $\frac{7}{12}$ **b)** $\frac{2}{7}$; $\frac{3}{7}$; $\frac{6}{7}$; $\frac{12}{7} = 1\frac{5}{7}$; $\frac{18}{7} = 2\frac{4}{7}$
Wenn der Dividend kleiner wird und der Divisor gleich groß ist, dann wird der Quotient kleiner.
Wenn der Dividend gleich groß ist und der Divisor kleiner wird, dann wird der Quotient größer.

26. $\frac{2}{5} : \frac{1}{250} = 100$; ab $\frac{1}{256}$ ist der Quotient größer als 100.

27. **a)** $\frac{2}{5} : \frac{8}{15} = \frac{3}{4}$ **e)** $\frac{4}{9} : 3\frac{1}{3} = \frac{2}{15}$
b) $\frac{3}{7} : \frac{9}{14} = \frac{2}{3}$ **f)** $2\frac{1}{4} : 4\frac{1}{2} = \frac{1}{2}$
c) $\frac{1}{8} : \frac{5}{12} = \frac{3}{10}$ **g)** $12 : \frac{7}{8} = \frac{96}{7} = 13\frac{5}{7}$
d) $4\frac{1}{2} : \frac{3}{10} = 15$ **h)** $\frac{4}{15} : 20 = \frac{1}{75}$

127

28. **a)** $\frac{\frac{3}{11}}{\frac{5}{7}} = \frac{21}{55}$ **c)** $\frac{\frac{4}{9}}{2\frac{1}{2}} = \frac{8}{45}$ **e)** $\frac{\frac{5}{8}}{11} = \frac{5}{88}$

b) $\frac{4}{\frac{7}{9}} = \frac{36}{7} = 5\frac{1}{7}$ **d)** $\frac{\frac{3}{5}}{\frac{8}{13}} = \frac{39}{40}$ **f)** $\frac{7}{\frac{2}{4}} = 14$

29. **a)** $\frac{1}{3}$ **b)** $\frac{1}{3}$

3.3.2 Dividieren zweier Größen

128

2. **a)** $7\frac{1}{2}\,\ell : \frac{3}{4}\,\ell = 10$, also 10 Flaschen

b) $3\frac{1}{2}\,\ell : \frac{3}{4}\,\ell = \frac{14}{3} = 4\frac{1}{3}$, also 5 Flaschen

3. **a)** 35 Gläschen **b)** (1) 500 (2) 250 (3) 1 500

4. 10 Pakete

5. Z. B.: Wie viele Schalen Heidelbeeren werden verpackt?
Antwort: $66\frac{2}{3}$ Schalen
Z. B.: Wie viele Schalen Waldpilze werden verpackt?
Antwort: 12 Schalen

6. **a)** 100 Säcke **b)** 500 kg

7. Sie muss 48-mal schöpfen.

3.4 Vermischte Übungen zu allen Rechenarten

129

1. **a)/b)** Bei gleichnamigen Brüchen addiert (subtrahiert) man die Zähler und behält den gemeinsamen Nenner bei.
Bei ungleichnamigen Brüchen macht man sie zuerst gleichnamig und addiert (subtrahiert) dann.

c) Brüche werden multipliziert, indem man Zähler mit Zähler und Nenner mit Nenner multipliziert.

d) Man dividiert einen Bruch durch einen zweiten Bruch, indem man den Bruch mit dem Kehrwert des zweiten Bruches multipliziert.

2. **a)** $1\frac{3}{20}$; $\frac{7}{20}$; $\frac{3}{10}$; $1\frac{7}{8}$ **d)** $\frac{25}{42}$; $\frac{5}{42}$; $1\frac{1}{6}$; $1\frac{23}{42}$

b) $\frac{35}{36}$; 2; $1\frac{2}{5}$; $\frac{1}{3}$ **e)** $7\frac{7}{10}$; $4\frac{1}{10}$; $3\frac{13}{14}$; $6\frac{9}{10}$

c) $\frac{32}{45}$; $1\frac{31}{45}$; $1\frac{1}{9}$; $\frac{4}{45}$ **f)** $\frac{14}{15}$; $1\frac{7}{18}$; 8; $5\frac{11}{15}$

129

3. **a)** $1\frac{1}{14}$; $3\frac{3}{4}$; $\frac{5}{9}$; $\frac{41}{60}$
b) $\frac{2}{3}$; $\frac{3}{5}$; $\frac{11}{60}$; $\frac{3}{20}$
c) $\frac{9}{20}$; $\frac{4}{15}$; $\frac{41}{60}$; $\frac{1}{20}$
d) $2\frac{4}{25}$; $1\frac{17}{22}$; $\frac{19}{90}$; $\frac{13}{90}$
e) $\frac{1}{2}$; $1\frac{1}{3}$; $\frac{3}{100}$; $\frac{53}{225}$
f) $\frac{7}{13}$; 1; $\frac{27}{50}$; $\frac{13}{120}$

4. **a)** $\frac{14}{3} = 4\frac{2}{3}$
b) $\frac{16}{81}$
c) $\frac{10}{3} = 3\frac{1}{3}$
d) $\frac{8}{3} = 2\frac{2}{3}$
e) $\frac{12}{2} = 6$
f) $\frac{2}{12} = \frac{1}{6}$

5. **a)** $\frac{10}{3} = 3\frac{1}{3}$ **b)** $\frac{7}{6} = 1\frac{1}{6}$ **c)** $\frac{15}{8} = 1\frac{7}{8}$ **d)** $\frac{23}{6} = 3\frac{5}{6}$

6. **a)** $\frac{7}{15}$ **b)** $\frac{17}{15} = 1\frac{2}{15}$ **c)** $\frac{12}{5} = 2\frac{2}{5}$ **d)** $\frac{4}{15}$
$\frac{4}{15} < \frac{7}{15} < 1\frac{2}{15} < 2\frac{2}{5}$

7. Z. B.: Wie viel Blechkuchen wurde jeweils verkauft?
Rechnung: $1 - \frac{1}{2} = \frac{1}{2}$; $1 - \frac{1}{3} = \frac{2}{3}$
Antwort: Die Hälfte bzw. zwei Drittel des Blechkuchens wurden verkauft.

Z. B.: Wie viel Torte ist noch übrig, wenn noch zwei Stück gekauft werden?
Rechnung: $\frac{7}{12} - \frac{2}{12} = \frac{5}{12}$
Antwort: $\frac{5}{12}$ der Torte sind dann noch übrig.

Z. B.: Wie viel Pizza erhält jeder, wenn beide sich den Rest teilen?
Rechnung: $\frac{3}{4} : 2 = \frac{3}{8}$
Antwort: Jeder erhält $\frac{3}{8}$ Pizza.

Z. B.: Wie viel ℓ Cola hat der Junge gekauft?
Rechnung: $3 \cdot 1\frac{1}{2}\,\ell = 4\frac{1}{2}\,\ell$
Antwort: Er hat $4\frac{1}{2}\,\ell$ Cola gekauft.

8. **a)** $\frac{5}{5} = 1$; $\frac{5}{3} = 1\frac{2}{3}$
b) 3; $\frac{12}{8} = 1\frac{1}{2}$
c) $\frac{4}{9}$; $\frac{1}{32}$
d) $\frac{3}{10}$; $\frac{2}{3}$
e) $\frac{5}{4} = 1\frac{1}{4}$; $\frac{3}{2} = 1\frac{1}{2}$

9. **a)** Das Produkt der beiden Zahlen ist kleiner.
$\frac{8}{9} \cdot \frac{5}{7} = \frac{40}{63}$ $\frac{8}{9} : \frac{5}{7} = \frac{56}{45} = 1\frac{11}{45}$
b) Die Summe der beiden Zahlen ist größer.
$\frac{8}{9} \cdot \frac{5}{7} = \frac{40}{63}$ $\frac{8}{9} + \frac{5}{7} = \frac{101}{63} = 1\frac{38}{63}$
c) Die Differenz der beiden Zahlen ist kleiner.
$\frac{8}{9} : \frac{5}{7} = \frac{56}{45} = 1\frac{11}{45}$ $\frac{8}{9} - \frac{5}{7} = \frac{11}{63}$

130

10. **a)** $2\frac{2}{5} = 2{,}4$ kg **c)** $\frac{3}{5} = 0{,}6$ kg **e)** $1\frac{1}{5} = 1{,}2$ kg

b) $\frac{2}{5} = 0{,}4$ kg **d)** $\frac{7}{10} = 0{,}7$ kg **f)** $2\frac{1}{5} = 2{,}2$ kg

11. $\frac{9}{56}\ \ell$

12. $\frac{3}{20}\ \ell = 0{,}15\ \ell$

13. **a)** 1. Schmetterling: 16 mm : $\frac{2}{3} = \frac{48}{2}$ mm = 24 mm

2. Schmetterling: 17 mm : $\frac{2}{3} = \frac{51}{2}$ mm $= 25\frac{1}{2}$ mm

1. Käfer: 19 mm : $\frac{3}{2} = \frac{38}{3}$ mm $= 12\frac{2}{3}$ mm

2. Käfer: 31 mm : $\frac{3}{2} = \frac{62}{3}$ mm $= 20\frac{2}{3}$ mm

3. Käfer: 19 mm : $\frac{3}{2} = \frac{38}{3}$ mm $= 12\frac{2}{3}$ mm

b) 1. Schmetterling: 37 mm : $\frac{2}{3} = \frac{111}{2}$ mm $= 55\frac{1}{2}$ mm

2. Schmetterling: 45 mm : $\frac{2}{3} = \frac{135}{2}$ mm $= 67\frac{1}{2}$ mm

14. $1\frac{1}{4}$ Stunden

15. $10\frac{2}{5}$ Monate

16. **a)** $2\frac{1}{2} \cdot 2 = 5$; $3\frac{1}{2} \cdot 3 = 10\frac{1}{2}$; $4\frac{1}{4} \cdot 3\frac{1}{2} = 14\frac{7}{8}$; $5 + 10\frac{1}{2} + 14\frac{7}{8} = 30\frac{3}{8}$

Sie bekommt $30\frac{3}{8}$ € ≈ 19,64 € zurück.

b) $1\frac{1}{2} \cdot 2 = 3$; $2\frac{1}{4} \cdot 3 = 6\frac{3}{4}$; $3 + 6\frac{3}{4} = 9\frac{3}{4}$

Sie bezahlt $9\frac{3}{4}$ € = 9,75 €.

$2\frac{3}{4}$ kg Erdbeeren kosten $2\frac{3}{4} \cdot 3\frac{1}{2}$ € = $9\frac{5}{8}$ € ≈ 9,63 €.

Sie hätte also $2\frac{3}{4}$ kg Erdbeeren kaufen können.

17. $\frac{23}{4}$

$\frac{23}{4} + \frac{17}{4} + \frac{11}{4} = \frac{51}{4} : 3 = \frac{17}{4} = 3\frac{3}{4}$

$\frac{17}{4} = \frac{34}{8} : 2 = \frac{17}{8} = 2\frac{1}{8}$; Jedes Mädchen erhält $2\frac{1}{8}$ kg.

18. Zu Beginn des Spieles hatte Patrick 6 Murmeln.

Im Blickpunkt: Berechnen von Steuern und Abgaben mit Brüchen

132

1. a) 8 Lämmer; $\frac{2}{5}$ Efa Wein (16 ℓ); $\frac{4}{5}$ Talent Weizen (32,8 kg);
$\frac{1}{5}$ Talent Äpfel (8,2 kg)

b) $8 \cdot 15 + \frac{1}{5} \cdot 8 \cdot 15 = 144$; Er muss 144 Silberschekel zahlen.

c) Beispiel: Der Ernteertrag ist 100 Schekel wert.

$100 \text{ Schekel} \cdot \frac{1}{10} + \left(100 \text{ Schekel} \cdot \frac{1}{10}\right) \cdot \frac{1}{5}$

$= 100 \text{ Schekel} \cdot \frac{1}{10} + 100 \text{ Schekel} \cdot \frac{1}{50}$

$= 100 \text{ Schekel} \cdot \left(\frac{1}{10} + \frac{1}{50}\right)$

$= 100 \text{ Schekel} \cdot \frac{6}{50}$

$= 100 \text{ Schekel} \cdot \frac{3}{25}$

Man muss den Gesamtwert des Ernteertrags mit $\frac{3}{28}$ multiplizieren.

133

2. a) 3 Schwaren = $\frac{3}{5}$ Groten = $\frac{1}{32} \cdot \frac{3}{5}$ Mark = $\frac{3}{160}$ Mark

b) (1) 9 Schwaren

(2) 15 Schwaren + $\frac{15}{16}$ Schwaren, also 16 Schwaren

3.5 Multiplizieren und Dividieren von Dezimalbrüchen

3.5.1 Multiplizieren und Dividieren mit Stufenzahlen

135

2.
10 Münzen: 21,25 mm; 75 g
100 Münzen: 212,5 mm; 750 g
1 000 Münzen: 2125 mm; 7 500 g

3.

a)	b)	c)	d)
370	0,03	0,37	0,7
464,6	4 200	0,6363	0,7893
20,9	0,05	0,2081	9,2
63	0,2	0,6	0,001

4.

a)	b)
Zehntel; [Einer]	Tausendstel; [Hundertstel]
Einer; [Zehner]	Zehntausendstel; [Tausendstel]
Zehner; [Hunderter]	Hunderttausendstel [Zehntausendstel]
Hunderter; [Tausender]	Millionstel; [Hunderttausendstel]

5. a) 0,024 **b)** 3,6 **c)** 71 **d)** 0,086 **e)** 0,00371 **f)** 0,00658

135 **6.** Druckfehler in Teilaufgabe b), 3. Zeile: 0,0933 statt 0,093

a) $14{,}25 \cdot 10 = 142{,}5$
$14{,}25 : 10 = 1{,}425$
$14{,}25 : 1\,000 = 0{,}01425$
$14{,}25 \cdot 100 = 1\,425$

b) $0{,}933 : 10 = 0{,}0933$
$0{,}933 \cdot 100 = 93{,}3$
$0{,}0933 \cdot 1\,000 = 93{,}3$
$930 : 10\,000 = 0{,}093$

c) $6{,}42 : 1\,000 = 0{,}00642$
$40 : 1\,000 = 0{,}04$
$0{,}007 \cdot 1\,000 = 7$
$0{,}012 \cdot 100\,000 = 1\,200$

7. **a)** 0,06 mm **b)** 5 mm

8. -

9. Druckfehler in der 1. Auflage: In der Karte fehlt Wiesbaden.

a) 1,8 cm

b) (1) 200 km (3) 370 km (5) 415 km (7) 320 km
(2) 430 km (4) 250 km (6) 340 km (8) 500 km

c) Z. B.: Wie lang ist ein Flug von München über Düsseldorf nach Hamburg?
Antwort: Auf der Karte 8,4 cm, also in Wirklichkeit 840 km.

3.5.2 Multiplizieren von Dezimalbrüchen

137 **2.** 5 ℓ: 4,00 €
1,5 ℓ: 1,20 €
0,4 ℓ: 0,32 €

3. **a)** (1) 0,09 (2) 0,09 (3) 0,09 (4) 0,09
Der Wert des Produktes bleibt gleich, wenn man das Komma bei beiden Faktoren um gleich viele Stellen entgegengesetzt verschiebt.

b) $0{,}12 \cdot 0{,}07 = 0{,}12 \cdot 10 : 10 \cdot 0{,}07 = 0{,}12 \cdot 10 \cdot 0{,}07 : 10 = 1{,}2 \cdot 0{,}007$
Ein Faktor wird mit 10, 100, 1 000, ... multipliziert und der andere Faktor durch diese Zahl dividiert. Der Wert des Produkts ändert sich nicht.

c) (1) $243{,}2 \cdot 0{,}058$
$= 2{,}432 \cdot 5{,}8$
$\approx 2 \cdot 6 = 12$
Genauer Wert: 14,1056

(2) $9\,759{,}52 \cdot 0{,}0012$
$= 9{,}75952 \cdot 1{,}2$
$\approx 10 \cdot 1 = 10$
Genauer Wert: 11,711424

4. **a)** 6,595 €, also 6,60 € **b)** 79,10 €

5.

a) 15	**b)** 1,4	**c)** 39	**d)** 900	**e)** 30	**f)** 1 000
180	200	4 800	7 500	2	4 100

6.

a) 22,05	**c)** 56,68	**e)** 2 762,05
6,872	190,5	35,216
b) 52,65	**d)** 14,924	**f)** 1 855,602
158,7	437,5	31 527,36

137 **7.** 56,25 g

138 **8.**

$0{,}12 \cdot 4 = 0{,}48$	$0{,}2 \cdot 30 = 6$	$0{,}2 \cdot 7 = 1{,}4$	$1{,}5 \cdot 6 = 9$
$3 \cdot 0{,}16 = 0{,}48$	$0{,}15 \cdot 40 = 6$	$0{,}35 \cdot 4 = 1{,}4$	$5 \cdot 1{,}8 = 9$
$35 \cdot 0{,}06 = 2{,}1$	$3{,}125 \cdot 4 = 12{,}5$	$0{,}9 \cdot 15 = 13{,}5$	
$3 \cdot 0{,}7 = 2{,}1$	$25 \cdot 0{,}5 = 12{,}5$	$6 \cdot 2{,}25 = 13{,}5$	

9.

a) 833	**c)** 638	**e)** 450
83,3	6,38	4,5
0,833	0,638	45
b) 676	**d)** 288	**f)** 1 044
6,76	28,8	10,44
67,6	0,288	104,4

10. **a)** 16,32 mm **b)** 28,64 mm

11.

a) 143,22	**b)** 143,22	**c)** 66,42	**d)** 14,8986
91,5	91,5	129,744	14,8986
143,22	66,42	129,744	14,8986

12. **a)** $7{,}4 \cdot 0{,}1 = 0{,}74$ **c)** $4{,}7 \cdot 10 = 47$
b) $0{,}2 \cdot 0{,}4 = 0{,}08$ **d)** $5{,}3 \cdot 7{,}2 = 38{,}16$

13. **a)** $0{,}0006 < 0{,}048 < 0{,}072 < 0{,}138 < 0{,}36 < 0{,}84 < 1{,}5$
b) $0{,}000004 < 0{,}00068 < 0{,}00092 < 0{,}0025 < 0{,}0044 < 0{,}0424 < 0{,}06 < 0{,}3$
c) $0{,}00002 < 0{,}000036 < 0{,}00016 < 0{,}0002 < 0{,}0003 < 0{,}0036 < 0{,}007 < 0{,}013$

14. **a)** 4,05; 40,5; 0,0405; 0,405 **d)** 0,0486; 0,486; 0,000486; 0,00486
b) 9,72; 97,2; 0,0972; 0,972 **e)** 32,4; 324; 0,324; 3,24
c) 1,944; 19,44; 0,01944; 0,1944 **f)** 0,675; 6,75; 0,00675; 0,0675

15.

$0{,}15 \cdot 26{,}4 = 3{,}96$	$0{,}092 \cdot 26{,}4 = 2{,}4288$	$14{,}8 \cdot 26{,}4 = 390{,}72$
$0{,}15 \cdot 0{,}29 = 0{,}0435$	$0{,}092 \cdot 0{,}29 = 0{,}02668$	$14{,}8 \cdot 0{,}29 = 4{,}292$
$0{,}15 \cdot 0{,}015 = 0{,}00225$	$0{,}092 \cdot 0{,}015 = 0{,}00138$	$14{,}8 \cdot 0{,}015 = 0{,}222$

16.

a) 8,932	**b)** 1,1492	**c)** 146,61	**d)** 4,6872
3,822	1,8867	6,3492	16,473
3,0487	3,9909	6,5772	27,2288

139 **17.**

a) 10,92	**b)** 2,759	**c)** 47,736	**d)** 0,002304
51,45	4,017	5,376	0,0072

18. **a)** Der Wert des Produktes verdoppelt sich.
b) Der Wert des Produktes verdoppelt sich.
c) Der Wert des Produktes vervierfacht sich.
d) Der Wert des Produktes halbiert sich.

139

18. **e)** Der Wert des Produktes viertelt sich.
f) Der Wert des Produktes verhundertfacht sich.
g) Der Wert des Produktes verändert sich nicht.

19. **a)** 2,25 **b)** 79,21 **c)** 0,0529 **d)** 0,0036 **e)** 1,728 **f)** 15,625 **g)** 0,216 **h)** 81

20. Vollmilch: 1 375 Tafeln; Marzipan: 1 500 Tafeln; Halbbitter: 1 750 Tafeln; Nuss: 1 125 Tafeln

21. 32,9656 km ≈ 33 km

22. Z. B.: Wie viel zahlt man für eine Tankfüllung Benzin?
Antwort: Ungefähr 43,00 €.
Z. B.: Wie weit kommt ein Kleinwagen mit einer Tankfüllung Diesel?
Antwort: 822,15 km, also ungefähr 800 km.
Z. B.: Wie viel Gewicht hat eine Tankfüllung Benzin?
Antwort: 30,45 kg

23. **a)** 3,087 € ≈ 3,09 € ≈ 3 €
b) 8,046 € ≈ 8,05 € ≈ 8 €
c) 22,18732 € ≈ 22,19 € ≈ 22 €
d) 205,428 € ≈ 205,43 € ≈ 205 €

24. **a)** 44,88 km; 2 692,80 km **b)** 7 764,24 km ≈ 7 800 km

140

25. **a)** 803,6 m² **b)** 4,03 m³

26. **a)** 39,33 m² **b)** 27,4 m

27. **a)** A = 16,45 cm², u = 16,4 cm **b)** A = 4,2 m², u = 9,74 m

28. **a)** Wohnzimmer: 33,32 m² Küche: 11,88 m² Diele: 19,44 m²
b) $33{,}32 \cdot 25{,}50$ € = 849,66 €
$11{,}88 \cdot 12{,}90$ € = 153,252 €, also 153,25 €
$19{,}44 \cdot 16{,}49$ € = 320,566 €, also 320,57 €
Gesamtkosten 1 323,48 €.

29. **a)** V = 73,125 cm³, O = 113,5 cm² **b)** V = 47 585,1 m³, O = 8 437,42 m²

30. 146,25 m³ = 146 250 dm³ = 146 250 ℓ
Das Wasser wiegt 146 250 kg.

31. **a)** 22,572 cm³ **b)** 119,808 cm³ **c)** 127 924 cm³

32. **a)** 3,24 m³ = 3 240 dm³ = 3 240 ℓ
Die Tankfüllung reicht für ein Jahr.
b) -

33. -

3.5.3 Dividieren eines Dezimalbruchs durch eine natürliche Zahl

142 **2.** Stapel mit 8 Münzen = 1,3 cm
13 : 8 = 0,1625 cm — 1 Münze ist 0,1625 cm dick.

3.

a)	0,7	**b)**	0,8	**c)**	2,4	**d)**	0,16	**e)**	1,2
	0,8		1,8		3,25		0,04		1,2

4.

a)	2,4 : 3 = 0,8	7,2 : 6 = 1,2	5,4 : 9 = 0,6
	2,4 : 6 = 0,4	7,2 : 9 = 0,8	5,4 : 3 = 1,8
b)	5,6 : 2 = 2,8	0,28 : 7 = 0,04	0,84 : 4 = 0,21
	5,6 : 7 = 0,8	0,28 : 4 = 0,07	0,84 : 2 = 0,42
c)	7,6 : 4 = 1,9	18 : 5 = 3,6	12 : 8 = 1,5
	7,6 : 5 = 1,52	18 : 8 = 2,25	12 : 4 = 3
d)	0,045 : 2 = 0,0225	0,3 : 3 = 0,1	0,7 : 5 = 0,14
	0,045 : 3 = 0,015	0,3 : 5 = 0,06	0,7 : 2 = 0,35

5.

a)	1,687	**c)**	20,59	**e)**	4,28
	3,76		1,17		2,97
	2,56		8,01		7,25
b)	0,653	**d)**	0,238	**f)**	0,0283
	0,203		0,863		0,0591
	0,0659		1,004		0,0037

6.

a)	3,024	**c)**	0,2859375	**e)**	0,935
	0,76		1,35625		0,418
b)	3,72	**d)**	0,0175	**f)**	0,06875
	3,725		0,087		0,056

7.

13,6 : 4 = 3,4	0,38 : 4 = 0,095	2,49 : 4 = 0,6225
13,6 : 20 = 0,68	0,38 : 20 = 0,019	2,49 : 20 = 0,1245
13,6 : 5 = 2,72	0,38 : 5 = 0,076	2,49 : 5 = 0,498

8.

18,5 : 5 = 3,7	34,5 : 15 = 2,3
19,6 : 7 = 2,8	1,752 : 10 = 0,1752
5,44 : 4 = 1,36	6,76 : 8 = 0,845
17,7 : 6 = 2,95	8,127 : 9 = 0,903
50,4 : 12 = 4,2	5,94 : 11 = 0,54
0,54 : 20 = 0,027	0,635 : 5 = 0,127
9,5 : 25 = 0,38	7,83 : 6 = 1,305
5,1 : 30 = 0,17	22,68 : 7 = 3,24
3,9 : 4 = 0,975	0,354 : 2 = 0,177
11,9 : 14 = 0,85	0,228 : 3 = 0,076

MATHE IST DAS BESTE FACH

143

9. **a)** 0,6 | 0,13 **b)** 3,17 | 0,217 **c)** 0,6 | 19,36 **d)** 2,63 | 1,714

a) 0,6	**b)** 3,17	**c)** 0,6	**d)** 2,63
0,13	0,217	19,36	1,714

10. **a)** 0,06 mm **b)** 1,032 g

11. 1 000 kg: 13 Personen ≈ 76,9 kg pro Person.
450 kg: 6 Personen ≈ 75 kg pro Person.
Die Personen im 1. Fahrstuhl dürfen durchschnittlich 76,9 kg wiegen, im 2. Fahrstuhl durchschnittlich 75 kg.

12. 305 – 33,5 = 271,5 : 15 = 18,1 Eine Schraube wiegt 18,1 g.

13. **a)** Z. B.: Wie viel kostet 1 Stück Erdbeerkuchen?
Antwort: 0,96 €
b) Z. B.: Wie viel Euro erhält jeder der Schüler?
Antwort: 2,96 € ≈ 3 €
c) Z. B.: Wie viel kostet ein Schreibblock?
Antwort: 1,42 €
d) Z. B.: Wie viel kostet eine Leerkassette?
Antwort: 1,83 €
e) Z. B.: Wie viel muss jeder der drei Freundinnen zahlen?
Antwort: 4,32 € ≈ 4,30 €
f) Z. B.: Wie viel spart man pro Fahrschein, wenn man einen Block kauft?
Antwort: 1 Fahrkarte im Block kostet ungefähr 1,33 €. Man spart also rund 17 Cent pro Fahrschein, pro Block 1 €.
g) Z. B.: Wie lang ist jeder ihrer Schritte?
Antwort: 0,5375 m ≈ 0,54 m
h) Z. B.: Wie viel wiegt jeder Riegel?
Antwort: 18,75 g ≈ 19 g

14.

a)	**b)**	**c)**	**d)**
4,5	0,024	1,257	56,3
0,45	2,4	0,1257	0,0563
0,0045	0,0024	12,57	5,63
0,045	0,24	125,7	0,563
45	240	1 257	0,000563

15. **a)** Der Quotient verdoppelt sich.
b) Der Quotient halbiert sich.
c) Der Quotient verändert sich nicht.
d) Der Quotient halbiert sich.
e) Der Quotient verdoppelt sich.
f) Der Quotient verändert sich nicht.
g) Der Quotient viertelt sich.
h) Der Quotient vervierfacht sich.

3.5.4 Dividieren durch einen Dezimalbruch

145

2. 21 ℓ : 1,5 ℓ = 14
Man benötigt 14 Flaschen.
21 ℓ : 0,7 ℓ = 30
Man benötigt 30 Flaschen.
Im zweiten Beispiel ist das Ergebnis größer als 21.

3. **a)** (1) 6 cm (2) 1 cm (3) 0,9 cm
b) Man darf nicht durch 0 dividieren.
c) Eine gegebene Zahl kann man durch jeden Dezimalbruch ungleich null dividieren.

4. 108 g : 2,7 g = 1 080 g : 27 g = 40 Auf der Waage liegen 40 Geldstücke.

5.

a)	b)	c)	d)	e)	f)
4	5	2	5	50	125
8	8	1 000	5	8	300

6.

a)	2,4 : 0,2 = 12	5,6 : 0,2 = 28	0,8 : 0,2 = 4
	2,4 : 0,8 = 3	5,6 : 0,8 = 7	0,8 : 0,8 = 1
	2,4 : 0,4 = 6	5,6 : 0,4 = 14	0,8 : 0,4 = 2
b)	1 : 0,1 = 10	4 : 0,1 = 40	3 : 0,1 = 30
	1 : 0,5 = 2	4 : 0,5 = 8	3 : 0,5 = 6
	1 : 0,2 = 5	4 : 0,2 = 20	3 : 0,2 = 15
c)	0,2 : 0,002 = 100	2 : 0,002 = 1 000	3 : 0,002 = 1 500
	0,2 : 0,02 = 10	2 : 0,02 = 100	3 : 0,02 = 150
	0,2 : 0,2 = 1	2 : 0,2 = 10	3 : 0,2 = 15
d)	18 : 0,6 = 30	3 : 0,6 = 5	4,8 : 0,6 = 8
	18 : 0,05 = 360	3 : 0,05 = 60	4,8 : 0,05 = 96
	18 : 0,3 = 60	3 : 0,3 = 10	4,8 : 0,3 = 16

146

7.

a)	b)	c)	d)	e)
5,5	2,5	0,24	300	75
55	25	24	30	7,5
55	0,025	2,4	300	0,75
0,055	2,5	0,024	30	0,75
5,5	250	240	300	7,5

8. **a)** 7 : 0,01 = 700
b) 12,15 : 3 = 4,05
c) 0,096 : 12 = 0,008
d) 0,24 : 0,8 = 0,3

9.

a)	b)	c)	d)	e)
154	4,36	4 066	33,7	704,4
25,5	1,971	45,2	399	6,24

10.

a)	b)	c)	d)	e)
6,8	13	17	540	147
4,3	19	24	0,85	162,5

11.

a)	b)	c)	d)	e)
2,4	3,5	140	1 460	12,4
0,3	2,75	12,8	4,5	5,25

146 **12.**

381 : 2,5 = 152,4	0,411 : 2,5 = 0,1644	5,43 : 2,5 = 2,172
381 : 0,6 = 635	0,411 : 0,6 = 0,685	5,43 : 0,6 = 9,05
381 : 0,24 = 1 587,5	0,411 : 0,24 = 1,7125	5,43 : 0,24 = 22,625

13.

a) 0,24 €	**c)** 1,40 €	**e)** 11,30 €	**g)** 1,56 €
b) 2,73 €	**d)** 8,52 €	**f)** 9,93 €	**h)** 72,50 €

14.

a)	**b)**	**c)**	**d)**
28,6	4,99	120,38	2,03
12,3	9,92	24,143	10,03
1,53	180,4	2,153	25,5

147 **15.** **a)** 1,56 **b)** 3,5425 **c)** 2,5

16. Eine Tafel Schokolade zu 100 g hat 24 Stücke.
2,371 g Kohlenhydrate; 1,346 g Fett; 0,321 g Eiweiß; 90,833 kJ Energie

17. 10 000 Flüge

18. 5 000 Schritte

19. 2 000 Flaschen

20. 40 Palisaden

21. 14 Hefte

22. 80 Güterwagen

23. Die Preisauszeichnungen sind richtig gerundet worden.

24. 34,5 m tief

25. 12,5 m

26. **a)** 2 cm **b)** 4,2 cm

3.6 Vermischte Übungen zu allen Rechenarten

148 **1.**

a)	**b)**	**c)**	**d)**	**e)**
10,6	2,6	0,3	5,65	12
350	0,18	0,0116	2 500	0,168
0,0015	0,00203	1 900	4,27	2,5
0,17	5,7	0,07	0,0108	400

2.

a)	**b)**	**c)**	**d)**
28,523	1 313,72	7,1262	560
14,746	8,52295	0,7405	30,703
114,764	77,862	65,4	39,825
7,84	0,235	7,833	52,5

148

3. $10 - 1{,}50 - 4{,}60 - 1{,}99 = 10 - (1{,}50 + 4{,}60 + 1{,}99) = 1{,}91$
Er spart 1,91 €.

4. Z. B.: Wie viel cm³ Sand dürfen höchstens befördert werden?
Wie viel m³ sind das?
Antwort: 1 470 588,2 cm³ ≈ 1,47 m³
Z. B.: Wie viel cm³ Basaltsteine dürfen höchstens befördert werden?
Wie viel m³ sind das?
Antwort: 862 068,96 cm³ ≈ 0,86 m³
Z. B.: Wie viel cm³ Eisen darf höchstens befördert werden?
Wie viel m³ sind das?
Antwort: 320 512,82 cm³ ≈ 0,32 m³

5. **a)**

(1)	1. Zahl	8,75	(3)	1. Zahl	8,75
	2. Zahl	0,23		2. Zahl	0,23
(2)	1. Zahl	8,52		1. Zahl	8,30
	2. Zahl	7,30		2. Zahl	7,52
	1. Zahl	0,37			
	2. Zahl	2,58			

b) -

6. **a)** Andreas hat ungefähr 5 Liter Blut.
b) 52 kg: 4 ℓ 58,5 kg: 4,5 ℓ 71,5 kg: 5,5 ℓ 84,5 kg: 6,5 ℓ

149

7. (1) Zwischen 0,05 mm und 0,5 mm. (2) Zwischen 2 mm und 20 mm.

8. 19 Erwachsene und 39 Kinder
$19 \cdot 2 + 39 = 38 + 39 = 77$
592,90 € : 77 = 7,70 € pro halbe Person
Probe: 19 · 15,40 € + 39 · 7,70 € = 592,90 €
Das Ehepaar Leygraf zahlt für sich und die drei Kinder
2 · 15,40 € + 3 · 7,70 € = 53,90 €.

9. Z. B.: Martina hat in ihrem Portmonee zwei 2 Cent-Stücke, ein 10 Cent-Stück und zwei 20 Cent-Stücke.
Frage: Wie viel Gewicht hat das Geld?
Antwort: 21,5 g
Z. B.: Jens hat zwei Stapel mit Geldmünzen. Einen Stapel mit sechs 5 Cent-Stücken und einen Stapel mit fünf 10 Cent-Stücken.
Frage: Welcher Stapel ist höher?
Antwort: Der Stapel mit den 5 Cent-Stücken ist mit 8,16 mm höher.

10. 1 Scheibe wiegt ungefähr 14,71 g.

11. In der Flasche ist 0,525 ℓ Saft.

12. **a)** 9 227,5 m³ Wasser
b) 93 825 dm² = 938,25 m²; 938,25 · 22,90 € = 21 485,90 €
Die Fliesen kosten 21 485,90 €.

149 **13.** *Eiweiß:*
5,7 g + 2,2 g + 1,0 g = 8,9 g
65 g : 4 = 16,25 g   Der Eiweißbedarf ist nicht gedeckt.
Fette:
5,2 g + 0,4 g + 0,5 g = 6,1 g
85 g : 4 = 21,25 g   Der Fettbedarf ist nicht gedeckt.
Kohlenhydrate:
27,5 g + 13,4 g + 18 g = 58,9 g
320 g : 4 = 80 g   Der Bedarf ist nicht gedeckt.

150 **14.** **a)** Z. B.: Wer von den Rodlerinnen hat den 1., den 2. und den 3. Platz belegt?
Barbara Niederhuber: 203,781 s
Silke Kraushaar: 203,779 s
Angelika Neuner: 204,253 s
Silke Kraushaar hat den 1. Platz, Barbara Niederhuber den 2. Platz und Angelika Neuner den 3. Platz belegt.
b) Barbara Niederhuber: 51,22 s + 51,10 s + 50,84 s + 50,63 s = 203,79 s
Silke Kraushaar: 51,20 s + 51,18 s + 50,79 s + 50,62 s = 203,79 s
Angelika Neuner: 51,42 s + 51,29 s + 50,95 s + 50,61 s = 204,27 s
Barbara Niederhuber und Silke Kraushaar wären beide gleiche Gesamtzeiten gerodelt.
c) -

15. 42,84 m³ = 42 840 dm³; 42 840 · 67,5 g = 2 891 700 g
Der Schnee wiegt 2 891 700 g, also 2 891,7 kg.

16. **a)** (1) 3,50 m Länge; 2,10 m Breite   (2) 3,60 m Länge   (3) -
b) (1) Bodenfliesen: 3,50 m · 2,10 m = 7,35 m²;
7,35 · 31,75 € = 233,36 €
Wandfliesen: 22,75 m² – 1,5 m² – 1,8 m² = 19,45 m²;
19,45 · 23,65 € = 459,99 €
233,35 € + 459,99 € = 693,35 €
Die Kosten betragen 693,35 €.
(2) 1,5 · 26 € = 39 €
c) -

3.7 Mittelwert

151 **2. a)** Mittelwert: 205 €

Gruppe	I	II	III	IV	V	VI	VII
Abweichung vom Mittelwert	20 € mehr	15 € weniger	35 € weniger	0 €	40 € mehr	5 € mehr	15 € weniger

Die Gruppen I, V und VI haben zusammen 65 € mehr als den Mittelwert gesammelt.
Die Gruppen II, III und VII haben zusammen 65 € weniger als den Mittelwert gesammelt.
Die größte Abweichung vom Mittelwert hat Gruppe V.

b)

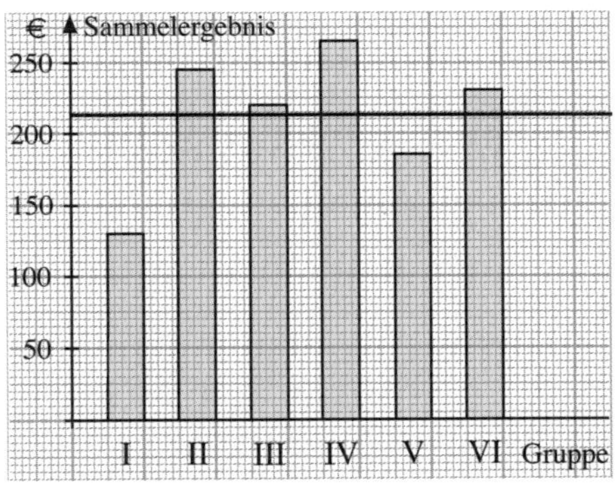

Mittelwert: 212,50 €

Gruppe	I	II	III	IV	V	VI
Abweichung vom Mittelwert	82,50 € weniger	32,50 € mehr	7,50 € mehr	52,50 € mehr	27,50 € weniger	17,50 € mehr

Die Gruppen II, III, IV und VI haben zusammen 110 € mehr als den Mittelwert gesammelt.
Die Gruppen I und V haben zusammen 110 € weniger als den Mittelwert gesammelt.
Die größte Abweichung vom Mittelwert hat Gruppe I.

152 **3.** Montag: 4,34 m Mittwoch: 4,405 m
Am Mittwoch war sie besser in Form.

4. a) In der 12. Woche die längste Strecke und in der 19. Woche die kürzeste Strecke.
b) 492,5 km durchschnittlich
c) 39,21 ℓ
d) In der 14. und der 19. Woche war der Verbrauch relativ hoch und in der 20. und 13. Woche relativ niedrig.

152

5. Typ 1 z. B.: (330 € + 390 € + 480 €) : 3 = 1 400 € : 3 = 400 €
Typ 2 z. B.: (310 € + 330 € + 350 €) : 3 = 990 € : 3 = 330 €
Typ 3 z. B.: (380 € + 390 € + 400 €) : 3 = 1 170 € : 3 = 390 €

6. a) Mittelwert: 8,6 ℓ
b) Z. B.: 8,2 ℓ und 9,0 ℓ
Der Mittelwert der ergänzten Angaben muss auch 8,6 ℓ sein.

7. a) Man misst die Gesamtlänge aller Füße hintereinander und bildet dann den Mittelwert.
b) 28,5 cm **c)** -

153

8. a) Sie berechnet zunächst den Mittelwert der über 11 Jahre hinausgehenden Monate: 36 Monate : 5 = 7,2 Monate.
Das Durchschnittsalter beträgt also ungefähr 11 Jahre und 7 Monate.
b) -

9. a) Mittelwert: 18,25 €
Die Ausreißer (60 € und 30 €) ziehen den Mittelwert nach oben.

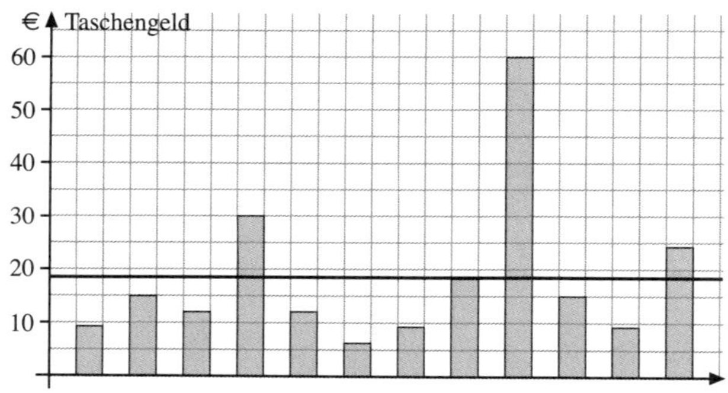

b) Mittelwert: 1 463,43 €
Der Ausreißer (2 500 €) zieht den Mittelwert nach oben. Es gibt aber auch einen Ausreißer nach unten (870 €).

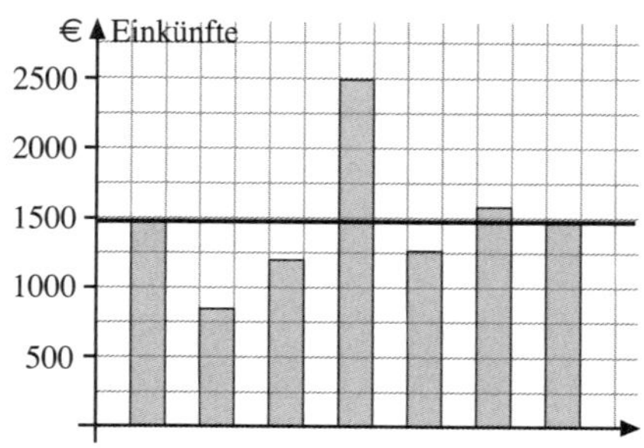

10. a) 8,7
b) Die höchste und niedrigste Punktzahl wird meistens nicht berücksichtigt, weil es sich um Ausreißer handeln könnte.

11. -

153 **12. a)**

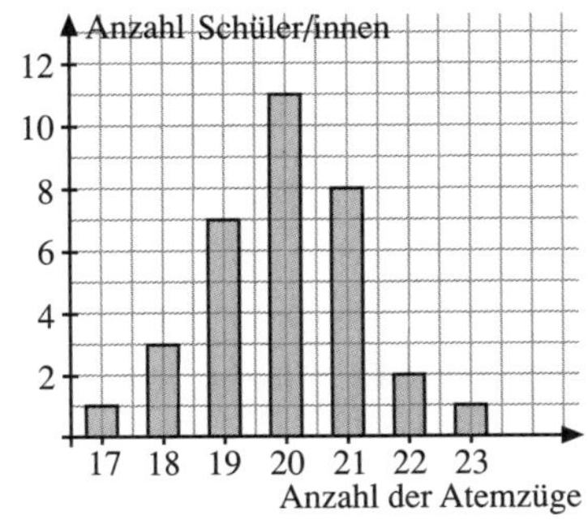

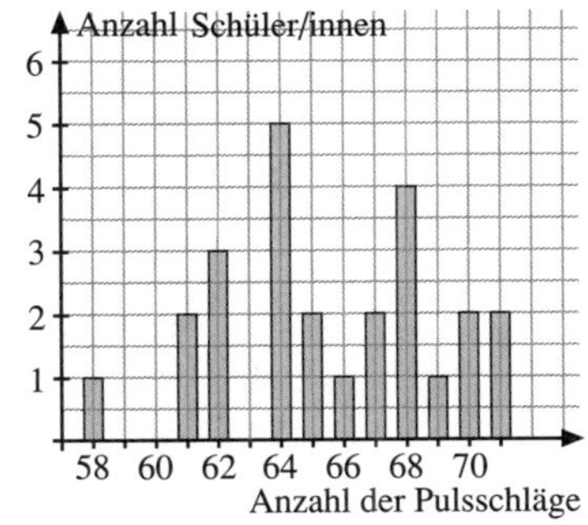

b) Atemzüge: 659 : 33 ≈ 20 Pulsschläge: 1 639 : 25 ≈ 65,6 ≈ 66

c) -

3.8 Abbrechende und periodische Dezimalbrüche

3.8.1 Umwandeln von Brüchen in Dezimalbrüche

155 **2. a)** $\frac{1}{8}\ell$, also 0,125 ℓ Milch bleibt in der Milchtüte.

b) $0{,}4-\frac{1}{4}=\frac{4}{10}-\frac{1}{4}=\frac{8}{20}-\frac{5}{20}=\frac{3}{20}$ $0{,}4-\frac{1}{4}=0{,}4-0{,}25=0{,}15$

c) $\frac{1}{3}+\frac{3}{4}+\frac{3}{7}=\frac{28}{84}+\frac{63}{84}+\frac{36}{84}=\frac{127}{84}=1\frac{43}{84}$

Beim Umwandeln von $\frac{1}{3}$ und $\frac{3}{7}$ erhalten wir periodische Dezimalbrüche.

3. $\frac{17}{40}=17:40=0{,}425$ $\frac{13}{6}=13:6=2{,}16666=2{,}1\overline{6}$ $\frac{8}{11}=8:11=0{,}\overline{72}$

$\frac{5}{27}=5:27=0{,}\overline{185}$ $\frac{3}{7}=3:7=0{,}428571$

156 **4.** Die drei Jungen haben mehr Cola. $1\ \ell : 3 = 0{,}\overline{3}$ $0{,}\overline{3} > 0{,}33$
Man weiß allerdings nicht, ob die Angabe 0,33 gerundet ist. Sie könnte also auch gleich $0{,}\overline{3}$ sein.

5.

a) 0,425 2,375	**c)** 2,625 1,8	**e)** 0,55 1,16
b) 2,4 6,75	**d)** 2,1625 3,88	**f)** 7,75 0,9375

6. a) 0,45; 0,24; 1,2; 0,52; 0,85; 0,875; 0,48; 0,34; 1,75; 0,425
b) 0,2; 0,75; 1,5; 0,8; 0,7; 0,05; 0,125; 0,375; 0,04; 0,02; 0,01
c) 1,75; 4,25; 5,875; 10,6; 1,35; 3,5; 3,44; 12,375
d) 0,9; 0,6; 0,8; 0,8; 0,25; 0,55; 0,07; 0,056; 0,076

156

7. **a)** 0,25 (abbrechender Dezimalbruch)
b) $0,\overline{27}$ (periodischer Dezimalbruch)
c) 0,9 (abbrechender Dezimalbruch)
d) $1,\overline{7}$ (periodischer Dezimalbruch)
e) 0,125 (abbrechender Dezimalbruch)
f) $0,3\overline{571428}$ (periodischer Dezimalbruch)
g) $0,3\overline{18}$ (periodischer Dezimalbruch)
h) $0,8\overline{6}$ (periodischer Dezimalbruch)
i) 4,875 (abbrechender Dezimalbruch)
j) $3,\overline{2857147}$ (periodischer Dezimalbruch)

8. Alle Umformungen sind richtig.

9. **a)**
$0,\overline{5} \approx 0,56$
$0,1\overline{6} \approx 0,17$
$0,41\overline{6} \approx 0,42$
$0,2\overline{7} \approx 0,28$
$0,04\overline{5} \approx 0,05$
$0,0\overline{45} \approx 0,05$

b)
$0,\overline{5} \approx 0,556$
$0,1\overline{6} \approx 0,167$
$0,41\overline{6} \approx 0,417$
$0,2\overline{7} \approx 0,278$
$0,04\overline{5} \approx 0,046$
$0,0\overline{45} \approx 0,045$

10. **a)** $0,45 > 0,\overline{4}$; $0,\overline{7} > 0,77$
b) $0,\overline{2} < 0,23$; $0,56 > 0,\overline{5}$
c) $0,\overline{3} < 0,34$; $0,\overline{5} > 0,5555$
d) $0,67 > 0,\overline{6}$; $0,8\overline{2} < 0,83$
e) $1,4\overline{2} < 1,4223$; $4,\overline{1} < 4,1\overline{9}$

11. **a)** $0,6 < 0,\overline{6}$; $0,\overline{7} > 0,75$
b) $0,4 > 0,\overline{35}$; $0,\overline{3} < 0,35$
c) $1,3\overline{7} > 1,375$; $3,125 > 3,\overline{12}$
d) $0,2\overline{5} > 0,25$; $0,625 < 0,\overline{625}$
e) $4,1875 > 4,\overline{1}$; $0,\overline{23} < 0,375$

12. **a)**
$0,8 + \frac{1}{2}$
$= 0,8 + 0,5$
$= 1,3$

$0,8 + \frac{1}{2}$
$= \frac{8}{10} + \frac{1}{2}$
$= \frac{13}{10} = 1\frac{3}{10}$

b)
$\frac{3}{8} - 0,2$
$= 0,375 - 0,2$
$= 0,175$

$\frac{3}{8} - 0,2$
$= \frac{3}{8} - \frac{2}{10}$
$= \frac{7}{40}$

c)
$\frac{3}{4} \cdot 0,9$
$= 0,75 \cdot 0,9$
$= 0,675$

$\frac{3}{4} \cdot 0,9$
$= \frac{3}{4} \cdot \frac{9}{10}$
$= \frac{27}{40}$

d)
$1,5 : \frac{2}{5}$
$= 1,5 : 0,4$
$= 3,75$

$1,5 : \frac{2}{5}$
$= \frac{3}{2} \cdot \frac{5}{2}$
$= \frac{15}{4} = 3\frac{3}{4}$

156

12. e) $2\frac{1}{2} : 0{,}4 = 2{,}5 : 0{,}4 = 6{,}25$

$2\frac{1}{2} : 0{,}4 = \frac{5}{2} \cdot \frac{5}{2} = \frac{25}{4} = 6\frac{1}{4}$

f) $7{,}5 : \frac{3}{10} = 7{,}5 : 0{,}3 = 25$

$7{,}5 : \frac{3}{10} = \frac{15}{2} \cdot \frac{10}{3} = 25$

g) $\frac{2}{5} + 1{,}5 = 0{,}4 + 1{,}5 = 1{,}9$

$\frac{2}{5} + 1{,}5 = \frac{2}{5} + \frac{3}{2} = \frac{19}{10} = 1\frac{9}{10}$

h) $11\frac{7}{25} \cdot 0{,}6 = \frac{282}{25} \cdot 0{,}6 = 11{,}28 \cdot 0{,}6 = 6{,}768$

$11\frac{7}{25} \cdot 0{,}6 = \frac{282}{25} \cdot \frac{6}{10} = \frac{846}{125} = 6\frac{96}{125}$

i) $2\frac{2}{5} - 0{,}7 = 2{,}4 - 0{,}7 = 1{,}7$

$2\frac{2}{5} - 0{,}7 = \frac{12}{5} - \frac{7}{10} = \frac{17}{10} = 1\frac{7}{10}$

j) $2\frac{1}{4} \cdot 0{,}3 = 2{,}25 \cdot 0{,}3 = 0{,}675$

$2\frac{1}{4} \cdot 0{,}3 = \frac{9}{4} \cdot \frac{3}{10} = \frac{27}{40}$

k) $1\frac{3}{4} : 0{,}6 = 1{,}75 : 0{,}6 = 2{,}91\overline{6}$

$1\frac{3}{4} : 0{,}6 = \frac{7}{4} \cdot \frac{10}{6} = \frac{70}{24} = 2\frac{22}{24}$

l) $4\frac{3}{8} - 0{,}65 = 4{,}375 - 0{,}65 = 3{,}725$

$4\frac{3}{8} - 0{,}65 = \frac{35}{8} - \frac{13}{20} = \frac{149}{40} = 3\frac{29}{40}$

13. a) $\frac{19}{30}$; $0{,}1$

b) $\frac{11}{15}$; $2{,}4$

c) $12{,}05$; $3{,}975$

d) $1{,}42$; $3\frac{1}{3}$

e) $5\frac{3}{5}$; $\frac{25}{48}$

f) $\frac{9}{25}$; $\frac{3}{5}$

3.8.2 Umwandeln von Dezimalbrüchen in Brüche

157

2. a) $\frac{1}{90} = 0{,}0\overline{1}$; $\frac{1}{900} = 0{,}00\overline{1}$; $\frac{1}{990} = 0{,}00\overline{10}$; $\frac{1}{9000} = 0{,}000\overline{1}$; $\frac{1}{9900} = 0{,}000\overline{10}$

b) $0{,}0\overline{7} = 7 \cdot 0{,}0\overline{1} = 7 \cdot \frac{1}{90} = \frac{7}{90}$

$0{,}00\overline{4} = 4 \cdot 0{,}00\overline{1} = 4 \cdot \frac{1}{900} = \frac{4}{900} = \frac{1}{225}$

$0{,}0\overline{23} = 23 \cdot 0{,}00\overline{10} == \frac{23}{990}$

$0{,}00\overline{55} = 55 \cdot 0{,}000\overline{10} = \frac{55}{99000} = \frac{1}{1800}$

157

2. c) $0{,}07\overline{5} = 0{,}07 + 0{,}00\overline{5} = \frac{7}{100} + \frac{5}{900} = \frac{68}{900} = \frac{17}{225}$

$0{,}0\overline{34} = \frac{34}{990} = \frac{17}{495}$

$0{,}15\overline{2} = 0{,}1 + 0{,}05 + 0{,}00\overline{2} = \frac{1}{10} + \frac{5}{100} + \frac{2}{900} = \frac{137}{900}$

$0{,}30\overline{18} = 0{,}3 + 0{,}00\overline{18} = \frac{3}{10} + \frac{18}{9900} = \frac{2988}{9900} = \frac{83}{275}$

3. a) $\frac{2}{9}$

$7\frac{7}{9}$

b) $1\frac{5}{9}$

$13\frac{6}{9} = 13\frac{2}{3}$

c) $\frac{9}{99} = \frac{1}{11}$

$2\frac{12}{99} = 2\frac{4}{33}$

d) $2\frac{27}{99} = 2\frac{3}{11}$

$11\frac{11}{99} = 11\frac{1}{9} = 11{,}\overline{1}$

e) $4\frac{33}{999} = 4\frac{11}{333}$

$\frac{123}{999} = \frac{41}{333}$

f) $12\frac{92}{999}$

$10\frac{3}{999} = 10\frac{1}{333}$

4. a) $\frac{3}{10}$

$\frac{3}{9} = \frac{1}{3}$

b) $1\frac{5}{9}$

$\frac{17}{10} = 1\frac{7}{10}$

c) $\frac{5}{100}$

$\frac{5}{99}$

d) $13\frac{7}{20}$

$13\frac{35}{99}$

e) $9\frac{45}{999}$

$9\frac{45}{1000} = 9\frac{9}{200}$

f) $\frac{555}{999} = \frac{5}{9} = 0{,}\overline{5}$

$\frac{555}{1000} = \frac{111}{200}$

5. a) $\frac{8}{90}$; $\frac{8}{100} = \frac{2}{25}$; $\frac{8}{99}$

b) $\frac{27}{99} = \frac{3}{11}$; $\frac{25}{90} = \frac{5}{18}$; $\frac{27}{100}$

c) $2 + \frac{7}{200} + \frac{5}{900} = 2\frac{68}{900} = 2\frac{17}{225}$; $2 + \frac{75}{990} = 2\frac{75}{990} = 2\frac{5}{66}$; $2\frac{75}{999} = 2\frac{25}{333}$

6. a) $\frac{35}{100} + \frac{1}{3} = \frac{205}{300} = \frac{41}{60}$ $\qquad$ $\frac{3}{8} - \frac{1}{6} = \frac{5}{24}$

b) $\frac{8}{9} + \frac{3}{7} = \frac{83}{63} = 1\frac{20}{63}$ $\qquad$ $\frac{9}{20} : \frac{54}{99} = \frac{9}{20} : \frac{6}{11} = \frac{9}{20} \cdot \frac{11}{6} = \frac{33}{40}$

c) $1\frac{5}{90} + 2\frac{1}{6} = 1\frac{1}{18} + 2\frac{3}{18} = 3\frac{4}{18} = 3\frac{2}{9}$ $\qquad$ $\frac{6}{100} - \frac{6}{900} = \frac{48}{900} = \frac{4}{75}$

d) $\frac{4}{100} + \frac{5}{90} + \frac{6}{90} = \frac{146}{900} = \frac{73}{450}$ $\qquad$ $\left(\frac{2}{10} + \frac{6}{90}\right) \cdot \frac{5}{8} \cdot \frac{3}{10} = \frac{4}{15} \cdot \frac{5}{8} \cdot \frac{3}{10} = \frac{1}{20}$

3.9 Berechnen von Termen

158

2. a) $\frac{23}{12} = 1\frac{11}{12}$ $\qquad$ **b)** $\frac{1}{3}$

3. a) $\left(3 \cdot \frac{3}{2}\right) + \frac{1}{2}$

b)

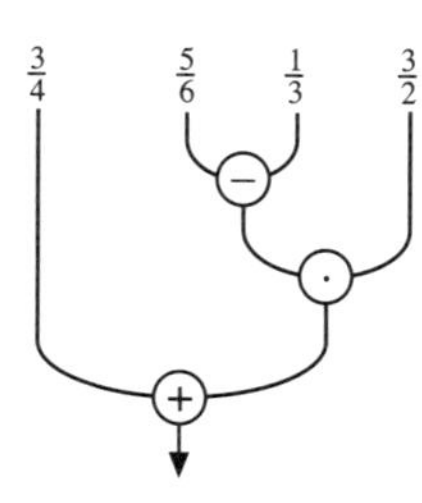

$\frac{3}{4} + \left(\frac{5}{6} - \frac{1}{3}\right) \cdot \frac{3}{2}$

$= \frac{3}{4} + \frac{1}{2} \cdot \frac{3}{2}$

$= \frac{3}{4} + \frac{3}{4}$

$= 1\frac{1}{2}$

158 **4.** *1. Beispiel:* $1{,}8 + 0{,}2 \cdot 0{,}7 = 1{,}8 + 0{,}14 = 1{,}94$ Jonas hat richtig gerechnet.

2. Beispiel: $\frac{4}{5} : \frac{2}{3} : \frac{1}{3} = \left(\frac{4}{5} : \frac{2}{3}\right) : \frac{1}{3} = \left(\frac{4}{5} \cdot \frac{3}{2}\right) : \frac{1}{3} = \frac{6}{5} \cdot \frac{3}{1} = \frac{18}{5} = 3\frac{3}{5}$

Maria hat richtig gerechnet.

159 **5.** **a)** $8\frac{7}{16}$ **b)** $7\frac{14}{15}$ **c)** $9\frac{3}{5}$ **d)** $\frac{16}{135}$ **e)** $10\frac{1}{15}$

6. **a)** $6\frac{1}{5}$; 0,45 **b)** $\frac{7}{18}$; 0,45 **c)** $\frac{1}{6}$; 3 **d)** $2\frac{2}{5}$; 0,51

7. **a)** $\frac{3}{4}$ **b)** $\frac{1}{2}$ **c)** 1,11 **d)** 8 **e)** $\frac{1}{5}$ **f)** 2,1 **g)** $\frac{1}{3}$ **h)** $1\frac{2}{5}$ **i)** 6,58 **j)** $12\frac{1}{3}$ **k)** 2 **l)** 1 **m)** $2\frac{11}{30}$ **n)** $2\frac{3}{20}$ **o)** 5,4

8. $\left(\frac{3}{8} + \frac{1}{2}\right) : 6 = \frac{7}{48}$ Jedes Glas enthält $\frac{7}{48}$ ℓ.

9. $1\frac{1}{4} + 2 \cdot \frac{1}{8} + \frac{1}{4} = \frac{7}{4} = 1\frac{3}{4}$ Man erhält $1\frac{3}{4}$ ℓ Suppe.

10. **a)** $\frac{7}{16}$ **b)** $\frac{3}{14}$ **c)** 9,3 **d)** $\frac{15}{11} = 1\frac{4}{11}$ **e)** $\frac{17}{8} = 2\frac{1}{8}$ **f)** 4,8 **g)** $\frac{469}{100} = 4\frac{69}{100}$ **h)** $\frac{387}{110} = 3\frac{57}{110}$ **i)** 4,6

11. **a)** 1 **b)** 0,52 **c)** $\frac{2}{27}$ **d)** $\frac{3}{5}$ **e)** $\frac{1}{50}$

12. **a)** $\frac{1}{2}$ **b)** $\frac{18}{49}$ **c)** $\frac{46}{5} = 9\frac{1}{5}$ **d)** 5 **e)** $\frac{1}{3}$ **f)** 7,8 **g)** 7,5 **h)** 4 **i)** 2,4

13. **a)** $\frac{1}{7}$ **b)** $\frac{5}{7}$ **c)** $\frac{4}{15}$ **d)** 3 **e)** $\frac{15}{16}$ **f)** $\frac{1}{8}$ **g)** 1 **h)** 6,4 **i)** $\frac{1}{8}$ **j)** 2 **k)** $\frac{2}{3}$ **l)** $\frac{9}{4} = 2\frac{1}{4}$

14. **a)** $\left(\frac{2}{3} \cdot \frac{3}{4}\right) - \frac{1}{2} = 0$ $\frac{2}{3} \cdot \left(\frac{3}{4} - \frac{1}{2}\right) = \frac{1}{6}$ $\frac{2}{3} - \left(\frac{3}{4} \cdot \frac{1}{2}\right) = \frac{7}{24}$

Die Behauptung stimmt.

b) $\left(\frac{3}{4} \cdot \frac{2}{3}\right) - \frac{1}{2} = 0$ $\left(\frac{3}{4} - \frac{2}{3}\right) \cdot \frac{1}{2} = \frac{1}{24}$

$\frac{3}{4} \cdot \left(\frac{2}{3} - \frac{1}{2}\right) = \frac{1}{8}$ $\frac{3}{4} - \left(\frac{2}{3} \cdot \frac{1}{2}\right) = \frac{5}{12}$

Die Ergebnisse sind 0; $\frac{1}{8}$; $\frac{5}{12}$ und $\frac{1}{24}$.

160 **15. a)** $\left(\frac{3}{4}+\frac{1}{2}\right)\cdot\frac{2}{5}=\frac{1}{2}$

b) $(4 \cdot 1{,}9) + 3{,}2 = 10{,}8$

c) $\left(\frac{2}{3}-\frac{1}{6}\right):\frac{1}{3}=\frac{3}{2}=1\frac{1}{2}$

d) $(7{,}3 - 4{,}9) \cdot (0{,}7 + 0{,}8) = 3{,}6$

e) $\left(\frac{1}{2}:\frac{2}{5}\right)-\left(\frac{1}{2}\cdot\frac{2}{5}\right)=\frac{21}{20}=1\frac{1}{20}$

f) $0{,}75+\left(\frac{3}{2}\right)^2=3$

16. Druckfehler in Teilaufgabe a): $\frac{1}{6}$ statt $\frac{5}{6}$

a) $\left(\frac{2}{3}\cdot\frac{3}{8}\right)+\frac{1}{2}-\frac{1}{6}=\frac{7}{12}$

b) $(0{,}9 + 0{,}5) : (0{,}2 + 0{,}3) = 2{,}8$

c) $4-\left[1\frac{1}{2}\cdot\left(3\frac{3}{4}-2\frac{1}{4}\right)\right]=\frac{7}{4}=1\frac{3}{4}$

17. a) Dividiere 7 durch die Summe aus 0,9 und 0,85.

$7 = (0{,}9 + 0{,}85) = 4$

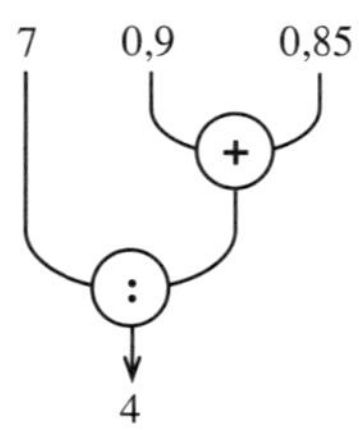

b) Addiere zum Produkt der Zahlen $\frac{3}{5}$ und $\frac{1}{6}$ die Zahl $\frac{7}{10}$.

$\frac{3}{5}\cdot\frac{1}{6}+\frac{7}{10}=\frac{4}{5}$

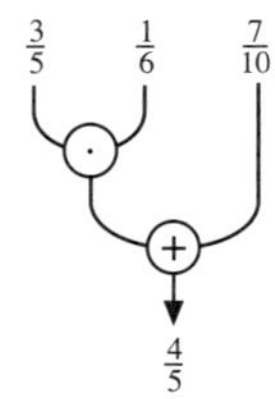

c) Multipliziere die Differenz der Zahlen $\frac{1}{3}$ und $\frac{1}{5}$ mit der 2. Potenz von $\frac{3}{5}$.

$\left(\frac{1}{3}-\frac{1}{5}\right)\cdot\left(\frac{3}{5}\right)^2=\frac{6}{125}$

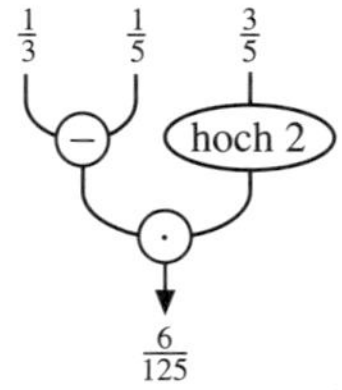

d) Dividiere das Produkt aus $\frac{4}{5}$ und der Differenz der Zahlen $\frac{2}{3}$ und $\frac{5}{9}$ durch die Zahl $\frac{3}{15}$.

$\left[\frac{4}{5}\cdot\left(\frac{2}{3}-\frac{5}{9}\right)\right]:\frac{3}{15}=\frac{4}{9}$

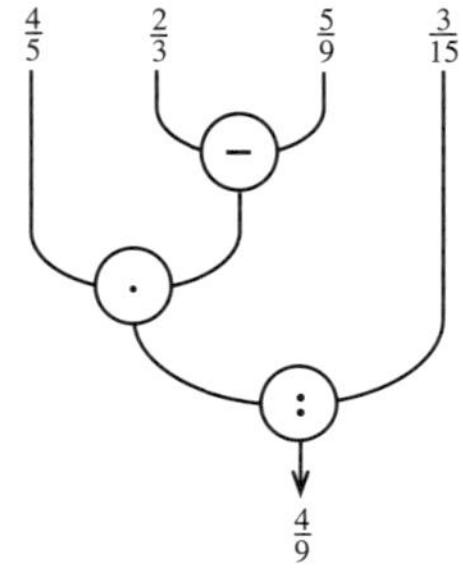

160

18. **a)** $\left(\frac{3}{5}+\frac{2}{3}\right)\cdot\frac{12}{19}=\frac{4}{5}$

b) $\left(6-\frac{3}{4}\right):\frac{7}{8}=6$

c) $\frac{1}{5}\cdot\left(\frac{1}{2}+\frac{1}{3}\right)\cdot\frac{6}{11}=\frac{1}{11}$

d) $\frac{1}{5}\cdot\left(\frac{1}{2}+\frac{1}{3}\cdot\frac{6}{11}\right)=\frac{3}{22}$

e) $\left(\frac{3}{5}+\frac{12}{5}\right):\left(\frac{3}{8}:\frac{9}{4}\right)=18$

f) $\left(\frac{3}{5}+\frac{12}{5}\right):\frac{3}{8}:\frac{9}{4}=3\frac{5}{9}$

19. **a)** $\frac{2}{7}$ **b)** $\frac{1}{3}$

20. $\frac{1}{4}$

21. 16-mal

22. $\frac{2}{3}\cdot\frac{3}{4}+\frac{1}{3}\cdot\frac{2}{3}=\frac{13}{18}$

Es sind $\frac{13}{18}$ aller Kinder, also mehr als $\frac{2}{3}$ aller Kinder krank.

3.10 Rechengesetze für Multiplikation und Division

3.10.1 Kommutativgesetz und Assoziativgesetz der Multiplikation – geschicktes Vertauschen und Verbinden der Bruchzahlen

162

2. **a)** (1) $\frac{7}{20}$; $\frac{7}{20}$ (2) $\frac{5}{3}$; $\frac{5}{3}$

Das Ergebnis bleibt trotz Vertauschung der Faktoren gleich.

b) (1) $\frac{3}{4}\cdot\frac{7}{6}\cdot\frac{2}{5}=\frac{3\cdot7\cdot2}{4\cdot6\cdot5}=\frac{7\cdot3\cdot2}{6\cdot4\cdot5}=\frac{7}{20}$ $\frac{3}{4}\cdot\frac{2}{5}\cdot\frac{7}{6}=\frac{3\cdot2\cdot7}{4\cdot5\cdot6}=\frac{2\cdot3\cdot7}{5\cdot4\cdot6}=\frac{7}{20}$

(2) $\frac{2}{3}\cdot\frac{5}{4}\cdot\frac{2}{1}=\frac{2\cdot5\cdot2}{3\cdot4\cdot1}=\frac{5\cdot2\cdot2}{4\cdot3\cdot1}=\frac{5}{3}$ $\frac{2}{3}\cdot\frac{2}{1}\cdot\frac{5}{4}=\frac{2\cdot2\cdot5}{3\cdot1\cdot4}=\frac{5\cdot2\cdot2}{4\cdot3\cdot1}=\frac{5}{3}$

3. **a)** $\frac{6}{25}\cdot\frac{5}{3}\cdot\frac{8}{7}=\frac{16}{35}$

$\frac{20}{21}\cdot\frac{7}{10}\cdot\frac{9}{11}=\frac{6}{11}$

b) $\frac{9}{40}\cdot\frac{10}{9}\cdot\frac{13}{7}=\frac{13}{28}$

$\frac{11}{8}\cdot\frac{4}{11}\cdot\frac{9}{5}=\frac{9}{10}$

c) $\frac{12}{5}\cdot\frac{12}{35}\cdot\frac{10}{9}=\frac{32}{35}$

$\frac{9}{26}\cdot\frac{17}{23}\cdot\frac{13}{27}=\frac{34}{299}$

d) $2{,}5\cdot4\cdot0{,}7=7$

$0{,}4\cdot2{,}5\cdot3{,}4=3{,}4$

4. **a)** $\frac{4}{9}\cdot\frac{9}{4}\cdot\frac{5}{7}\cdot\frac{3}{11}=\frac{15}{77}$

$\frac{15}{4}\cdot\frac{4}{15}\cdot\frac{6}{7}\cdot\frac{7}{12}=\frac{1}{2}$

b) $\frac{14}{5}\cdot\frac{15}{7}\cdot\frac{22}{3}\cdot\frac{18}{11}=72$

$\frac{21}{4}\cdot\frac{12}{7}\cdot\frac{26}{5}\cdot\frac{15}{13}=54$

c) $0{,}4\cdot0{,}2\cdot2\cdot1{,}5\cdot3{,}4=10{,}2$

$1{,}25\cdot8\cdot1{,}5\cdot5{,}9=88{,}5$

d) $\frac{25}{4}\cdot\frac{16}{5}\cdot\frac{9}{8}\cdot\frac{32}{3}=240$

$\frac{5}{6}\cdot\frac{4}{5}\cdot\frac{7}{8}\cdot\frac{6}{7}\cdot\frac{3}{4}=\frac{3}{8}$

162 **5.** **a)** $\frac{11}{45}$ **b)** $\frac{13}{21}$ **c)** $1\frac{3}{8} = 1{,}375$

6. **a)** $\frac{3}{5} \cdot \frac{5}{3} : \frac{8}{17} = \frac{17}{8} = 2\frac{1}{8}$

b) $\frac{25}{44} \cdot \frac{11}{5} : \frac{35}{36} = \frac{9}{7} = 1\frac{2}{7}$

c) $\frac{8}{9} : \frac{4}{9} \cdot \frac{17}{7} = \frac{34}{7} = 4\frac{6}{7}$

d) $\frac{8}{39} : \frac{2}{13} \cdot \frac{5}{9} = \frac{20}{27}$

e) $\frac{10}{7} : \frac{5}{7} \cdot \frac{3}{11} = \frac{6}{11}$

f) $\frac{21}{38} : \frac{7}{19} \cdot \frac{10}{9} = \frac{5}{3} = 1\frac{2}{3}$

g) $\frac{5}{9} \cdot \frac{9}{5} : \frac{9}{7} = \frac{7}{9}$

h) $\frac{7}{8} \cdot \frac{3}{4} : \frac{21}{64} = 2$

i) $2\frac{4}{9} : 1\frac{2}{9} \cdot \frac{3}{5} = \frac{6}{5} = 1\frac{1}{5}$

j) $6\frac{3}{4} : 2\frac{1}{4} \cdot \frac{4}{9} = \frac{4}{3} = 1\frac{1}{3}$

7. -

3.10.2 Distributivgesetz – geschicktes Multiplizieren einer Summe bzw. Differenz

163 **2.** **a)**

$$\frac{21}{25} \cdot \left(\frac{5}{7} + \frac{10}{3}\right) = \frac{21}{25} \cdot \left(\frac{15}{21} + \frac{70}{21}\right) = \frac{21}{25} \cdot \frac{15 + 70}{21}$$
$$= \frac{21 \cdot (15 + 70)}{25 \cdot 21}$$
$$= \frac{21 \cdot 15 + 21 \cdot 70}{25 \cdot 21}$$
$$= \frac{21}{25} \cdot \frac{15}{25} + \frac{21}{25} \cdot \frac{70}{21}$$
$$= \frac{1}{5} \cdot \frac{3}{1} + \frac{1}{5} \cdot \frac{14}{1}$$
$$= \frac{3}{5} + \frac{14}{5}$$
$$= \frac{17}{5} = 3\frac{2}{5}$$

b) $\frac{15}{17} \cdot \frac{28}{37} + \frac{15}{17} \cdot \frac{9}{37} = \frac{15}{17} \cdot \left(\frac{28}{37} + \frac{9}{37}\right) = \frac{15}{7} \cdot 1 = \frac{15}{7}$

3. **a)** Wenn man eine Summe oder Differenz durch einen Faktor dividieren soll, dann kann man jede Zahl der Summe bzw. der Differenz durch diesen Faktor dividieren und dann die Ergebnisse addieren bzw. subtrahieren.

b) (1) $\frac{19}{17} : \frac{19}{17} + \frac{38}{17} : \frac{19}{17} = 1 + 2 = 3$

(2) $\frac{10}{3} : \frac{17}{15} - \frac{7}{3} : \frac{17}{15} = \frac{50}{17} - \frac{35}{17} = \frac{15}{17}$

164 **4.** *1. Weg:*

$\frac{5}{4} \cdot \frac{2}{5} = \frac{1}{2}$

$\frac{5}{8} \cdot \frac{2}{5} = \frac{1}{4}$

$\frac{1}{2} + \frac{1}{4} = \frac{3}{4}$

2. Weg:

$\left(\frac{5}{4} + \frac{5}{8}\right) \cdot \frac{2}{5} = \frac{3}{4}$

Es werden $\frac{3}{4}$ m² vom roten Stoff benötigt.

164

5. a) $\frac{4}{5} \cdot \left(\frac{5}{8} + \frac{15}{4}\right)$

$= \frac{4}{5} \cdot \left(\frac{5}{8} + \frac{30}{8}\right)$

$= \frac{4}{5} \cdot \frac{35}{8}$

$= \frac{7}{2} = 3\frac{1}{2}$

$\frac{4}{5} \cdot \left(\frac{5}{8} + \frac{15}{4}\right)$

$= \frac{4}{5} \cdot \frac{5}{8} + \frac{4}{5} \cdot \frac{15}{4}$

$= \frac{20}{40} + \frac{60}{20}$

$= \frac{1}{2} + \frac{3}{1}$

$= \frac{7}{2} = 3\frac{1}{2}$

Der 1. Weg ist vorteilhafter.

b) $\frac{45}{14} \cdot \left(\frac{14}{15} - \frac{7}{9}\right)$

$= \frac{45}{14} \cdot \left(\frac{42}{45} - \frac{35}{45}\right)$

$= \frac{45}{14} \cdot \frac{7}{45}$

$= \frac{1}{2}$

$\frac{45}{14} \cdot \left(\frac{14}{15} - \frac{7}{9}\right)$

$= \frac{45}{14} \cdot \frac{14}{15} - \frac{45}{14} \cdot \frac{7}{9}$

$= 3 - \frac{5}{2}$

$= \frac{1}{2}$

Der 2. Weg ist vorteilhafter.

c) $\frac{3}{11} \cdot \left(\frac{4}{7} - \frac{5}{21}\right)$

$= \frac{3}{11} \cdot \left(\frac{12}{21} - \frac{5}{21}\right)$

$= \frac{3}{11} \cdot \frac{7}{21}$

$= \frac{1}{11}$

$\frac{3}{11} \cdot \left(\frac{4}{7} - \frac{5}{21}\right)$

$= \frac{3}{11} \cdot \frac{4}{7} - \frac{3}{11} \cdot \frac{5}{21}$

$= \frac{12}{77} - \frac{5}{77}$

$= \frac{7}{77}$

$= \frac{1}{11}$

Der 1. Weg ist vorteilhafter.

d) $\left(\frac{8}{5} + \frac{2}{3}\right) : \frac{8}{15}$

$= \left(\frac{24}{15} + \frac{10}{15}\right) : \frac{8}{15}$

$= \frac{34}{15} : \frac{8}{15}$

$= \frac{17}{4}$

$= 4\frac{1}{4}$

$\left(\frac{8}{5} + \frac{2}{3}\right) : \frac{8}{15}$

$= \frac{8}{5} : \frac{8}{15} + \frac{2}{3} : \frac{8}{15}$

$= 3 + \frac{5}{4}$

$= 4\frac{1}{4}$

Der 2. Weg ist vorteilhafter.

e) $\left(\frac{3}{4} - \frac{1}{7}\right) : \frac{3}{28}$

$= \left(\frac{21}{28} - \frac{4}{28}\right) : \frac{3}{28}$

$= \frac{17}{28} : \frac{3}{28}$

$= \frac{17}{3}$

$= 5\frac{2}{3}$

$\left(\frac{3}{4} - \frac{1}{7}\right) : \frac{3}{28}$

$= \frac{3}{4} : \frac{3}{28} - \frac{1}{7} : \frac{3}{28}$

$= 7 - \frac{4}{3}$

$= \frac{17}{3}$

$= 5\frac{2}{3}$

Der 2. Weg ist vorteilhafter.

164

5. f) $\left(\frac{3}{8}+\frac{1}{2}\right):\frac{7}{5}$

$=\left(\frac{3}{8}+\frac{4}{8}\right):\frac{7}{5}$

$=\frac{7}{8}:\frac{7}{5}$

$=\frac{5}{8}$

$\left(\frac{3}{8}+\frac{1}{2}\right):\frac{7}{5}$

$=\frac{3}{8}:\frac{7}{5}+\frac{1}{2}:\frac{7}{5}$

$=\frac{15}{56}+\frac{5}{14}$

$=\frac{15}{56}+\frac{20}{56}$

$=\frac{35}{56}$

$=\frac{5}{8}$

Der 1. Weg ist vorteilhafter.

g) $\frac{1}{3}\cdot\left(\frac{3}{5}-\frac{3}{10}\right)$

$=\frac{1}{3}\cdot\left(\frac{6}{10}-\frac{3}{10}\right)$

$=\frac{1}{3}\cdot\frac{3}{10}$

$=\frac{3}{30}$

$=\frac{1}{10}$

$\frac{1}{3}\cdot\left(\frac{3}{5}-\frac{3}{10}\right)$

$=\frac{1}{3}\cdot\frac{3}{5}-\frac{1}{3}\cdot\frac{3}{10}$

$=\frac{3}{15}-\frac{3}{30}$

$=\frac{6}{30}-\frac{3}{30}$

$=\frac{3}{30}$

$=\frac{1}{10}$

Der 1. Weg ist vorteilhafter.

h) $\left(\frac{9}{8}-\frac{1}{4}\right)\cdot\frac{1}{7}$

$=\left(\frac{9}{8}-\frac{2}{8}\right)\cdot\frac{1}{7}$

$=\frac{7}{8}\cdot\frac{1}{7}$

$=\frac{7}{56}$

$=\frac{1}{8}$

$\left(\frac{9}{8}-\frac{1}{4}\right)\cdot\frac{1}{7}$

$=\frac{9}{8}\cdot\frac{1}{7}-\frac{1}{4}\cdot\frac{1}{7}$

$=\frac{9}{56}-\frac{1}{28}$

$=\frac{9}{56}-\frac{2}{56}$

$=\frac{7}{56}$

$=\frac{1}{8}$

Der 1. Weg ist vorteilhafter.

i) $\left(\frac{7}{5}-\frac{5}{13}\right):5$

$=\left(\frac{91}{65}-\frac{25}{65}\right):5$

$=\frac{66}{65}:5$

$=\frac{66}{325}$

$\left(\frac{7}{5}-\frac{5}{13}\right):5$

$=\frac{7}{5}:5-\frac{5}{13}:5$

$=\frac{7}{25}-\frac{1}{13}$

$=\frac{66}{325}$

Der 1. Weg ist vorteilhafter.

164

5. j) $\left(\frac{8}{9}-\frac{5}{18}\right):\frac{1}{3}$
$=\left(\frac{16}{18}-\frac{5}{18}\right):\frac{1}{3}$
$=\frac{11}{18}:\frac{1}{3}$
$=\frac{11}{6}$
$=1\frac{5}{6}$

$\left(\frac{8}{9}-\frac{5}{18}\right):\frac{1}{3}$
$=\frac{8}{9}:\frac{1}{3}-\frac{5}{18}:\frac{1}{3}$
$=\frac{8}{3}-\frac{5}{6}$
$=\frac{16}{6}-\frac{5}{6}$
$=\frac{11}{6}$
$=1\frac{5}{6}$

Der 1. Weg ist vorteilhafter.

6. a) $\frac{14}{9}=1\frac{5}{9}$ **b)** $\frac{5}{3}=1\frac{2}{3}$ **c)** $\frac{19}{11}=1\frac{8}{11}$ **d)** $\frac{17}{7}=2\frac{3}{7}$ **e)** 1 **f)** $\frac{7}{79}$ **g)** $\frac{10}{3}=3\frac{1}{3}$ **h)** $\frac{5}{4}=1\frac{1}{4}$

7. Günstig ist z. B.:
$\frac{8}{9}\cdot\left(\frac{1}{3}+\frac{2}{3}\right)$
$=\frac{8}{9}\cdot 1$
$=\frac{8}{9}$

Ungünstig ist z. B.:
$\frac{7}{8}\cdot\left(\frac{4}{21}-\frac{8}{49}\right)$
$=\frac{7}{8}\cdot\left(\frac{28}{147}-\frac{24}{147}\right)$
$=\frac{7}{8}\cdot\frac{4}{147}$
$=\frac{1}{42}$

8. a) $\frac{4}{9}\cdot\left(\frac{3}{7}+\frac{4}{7}\right)$
$=\frac{4}{9}\cdot 1$
$=\frac{4}{9}$

b) $\frac{4}{5}\cdot\left(\frac{7}{9}-\frac{2}{9}\right)$
$=\frac{4}{5}\cdot\frac{5}{9}$
$=\frac{20}{45}=\frac{4}{9}$

c) $\left(\frac{5}{8}+\frac{3}{8}\right):\frac{2}{3}$
$=\frac{8}{8}:\frac{2}{3}$
$=\frac{3}{2}=1\frac{1}{2}$

d) $\left(\frac{11}{25}+\frac{3}{25}\right)\cdot\frac{3}{7}$
$=\frac{14}{25}\cdot\frac{3}{7}$
$=\frac{6}{25}$

e) $\left(\frac{15}{4}-\frac{10}{3}\right)\cdot\frac{12}{5}$
$=\left(\frac{45}{12}-\frac{40}{12}\right)\cdot\frac{12}{5}$
$=\frac{5}{12}\cdot\frac{12}{5}$
$=1$

f) $\left(\frac{23}{7}-\frac{2}{7}\right):\frac{3}{5}$
$=\frac{21}{7}:\frac{3}{5}$
$=5$

g) $\left(\frac{8}{9}+\frac{4}{3}\right):\frac{2}{3}$
$=\left(\frac{8}{9}+\frac{12}{9}\right):\frac{2}{3}$
$=\frac{20}{9}:\frac{2}{3}$
$=\frac{10}{3}$
$=3\frac{1}{3}$

h) $\left(\frac{9}{10}-\frac{3}{20}\right):\frac{3}{5}$
$=\left(\frac{18}{20}-\frac{3}{20}\right):\frac{3}{5}$
$=\frac{15}{20}:\frac{3}{5}$
$=\frac{5}{4}$
$=1\frac{1}{4}$

i) $\left(\frac{5}{6}+\frac{1}{6}\right):\frac{3}{7}$
$=\frac{6}{6}:\frac{3}{7}$
$=\frac{7}{3}$
$=2\frac{1}{3}$

164

9. **a)** 194,35 **b)** 5,87675 **c)** 68,8608 **d)** 99,72 **e)** 1,3206 **f)** 99,753 **g)** 121,25 **h)** 24 **i)** 8,875

10. **a)** $\frac{11}{4} = 2\frac{3}{4}$ **b)** $\frac{11}{2} = 5\frac{1}{2}$ **c)** $\frac{2}{5}$ **d)** 2 **e)** $\frac{5}{6}$ **f)** $\frac{1}{3}$ **g)** $\frac{1}{5}$ **h)** $\frac{1}{3}$

11. **a)** $\left(2\frac{1}{2}+1\frac{3}{4}\right):\frac{1}{8}$
$=\left(\frac{5}{2}+\frac{7}{4}\right):\frac{1}{8}$
$=\left(\frac{10}{4}+\frac{7}{4}\right):\frac{1}{8}$
$=\frac{17}{4}:\frac{1}{8}$
$=34$

$\left(2\frac{1}{2}+1\frac{3}{4}\right):\frac{1}{8}$
$=\frac{5}{2}:\frac{1}{8}+\frac{7}{4}:\frac{1}{8}$
$=20+14$
$=34$

b) Das Distributivgesetz.

3.11 Vergleich der Zahlbereiche IN und IB

166

1. **a)** $\frac{5}{10}$; $\frac{6}{10}$ **b)** $\frac{7}{10}$; $\frac{8}{10}$ **c)** $\frac{3}{6}$; $\frac{4}{6}$ **d)** $\frac{1}{9}$; $\frac{1}{10}$ **e)** $\frac{65}{8}$; $\frac{66}{8}$ **f)** $\frac{31}{330}$; $\frac{32}{330}$ **g)** $\frac{109}{48}$; $\frac{110}{48}$ **h)** 0,183; 0,184 **i)** 7,23; 7,28 **j)** 0,94; 1,09

2. **a)** Ja, die 0.
b) 0 ist die kleinste Bruchzahl.
c) Nein.
d) Nein.

3. (1) Die Vermutung stimmt. Der Dividend ist dann ein Vielfaches des Divisors.
(2) Die Vermutung ist falsch. *Gegenbeispiel:* $\frac{1}{2}:\frac{1}{4}=2$

4. **a)** Die Addition ist in der Menge der natürlichen Zahlen und in der Menge der von 0 verschiedenen Bruchzahlen immer ausführbar.
b) Die Subtraktion ist in beiden Fällen nicht immer ausführbar.
c) Die Multiplikation ist in beiden Fällen immer ausführbar.

3.12 Aufgaben zur Vertiefung

167

1. **a)** 2 384,81 ℓ
b) Bauchumfang: 27 · 25,4 mm = 685,8 mm ≈ 68,6 cm
Schrittlänge: 30 · 25,4 mm = 762 mm = 76,2 cm
c) Bildschirm: 17 · 2,54 cm = 43,18 cm
Diskette: 3,5 · 2,54 cm = 8,89 cm ≈ 8,9 cm

167

1. **d)** 149,722 g

e) (1) 11 000 m : 1 609,3 m ≈ 6,8 Meilen ≈ 7 Meilen
Die Brücke trägt den Namen zu Recht.

(2) 11 000 m : 547 ≈ 20,11 m = 20 m
Der Abstand der Pfeiler beträgt ungefähr 20 m.

2. **a)** Z. B.: Wie viel m ist 1 ft? Antwort: 1 ft ≈ 0,3 m

b) Z. B.: In welcher Höhe (in Meter) befanden sich jeweils die beiden Lager?
Antwort: 1. Basislager: 6 797,04 m ≈ 6 800 m
2. Basislager: 7 498,08 m ≈ 7 500 m

c) Z. B.: In einer Höhe von wie viel Metern befindet sich das Flugzeug?
Antwort: 10 363,2 m ≈ 10 400 m

3. Der Scheich hatte nur $\frac{1}{2}+\frac{1}{3}+\frac{1}{9}=\frac{17}{18}$ seines Vermögens verteilt.
Der Älteste erhält von den 18 Kamelen 9 Kamele, der Mittlere 6 Kamele und der Jüngste 2 Kamele. Da nur $\frac{17}{18}$ der Kamele verteilt wurden, bleibt das Kamel des guten Freundes übrig.
Die Söhne erhalten aber so $\frac{9}{17}$, $\frac{6}{17}$ bzw. $\frac{2}{17}$ der vererbten Kamele.

4. Winkel in Figuren – Dreiecke

4.1 Winkel an Geradenkreuzungen

4.1.1 Winkel an einer Geradenkreuzung

171

2. Sie muss ihre Blickrichtung um 72° nach rechts ändern. Käme Sie aus der Mozartstraße, so müsste sie ihre Blickrichtung um 108° nach rechts ändern. Auch Verkehrsteilnehmer auf der Mozartstraße müssen ihre Blickrichtung um 72° bzw. 108° ändern, um die Goethestraße einzusehen.

3. a) Scheitelwinkel: α und γ; β und δ
Nebenwinkel: α und β; β und γ; γ und δ; α und δ

b)

	α	β	γ	δ
(1)	42°	138°	42°	138°
(2)	134°	46°	134°	46°
(3)	150°	30°	150°	30°
(4)	88°	92°	88°	92°
(5)	23°	157°	23°	157°
(6)	4°	176°	4°	176°

4. Ein Winkel ist Scheitelwinkel und damit auch 90° groß. Die beiden anderen Winkel sind Nebenwinkel und wegen 180° – 90° = 90° auch 90° groß.

5. a) α und β ergänzen sich nicht zu 180°.
b) Weil nicht jeder Schenkel des einen Winkels mit dem Schenkel des anderen Winkels eine Gerade bildet.

6.

	α	β	γ	δ	ε
a)	37°	91°	52°	37°	143°
b)	63°	19°	98°	63°	117°
c)	84°	34°	62°	84°	96°
d)	105°	45°	30°	105°	75°

7. a) $\alpha = 75°$; $\beta = 105°$ **b)** $\alpha = 45°$; $\beta = 135°$

8. Hier ohne Zeichnung:
a) $\alpha = \gamma = 60°$
$\beta = \delta = 120°$
b) $\alpha = \gamma = 60°$
$\beta = \delta = 120°$
c) $\alpha = \beta = \gamma = \delta = 90°$

4.1.2 Winkel an geschnittenen Parallelen

173

1. a) (1) $\alpha = \beta_1$, da Scheitelwinkel an geschnittenen Parallelen gleich groß sind.
$\beta + \beta_1 = 180°$, da Nebenwinkel zusammen 180° groß sind.
Also gilt auch $\beta + \alpha = 180°$.
Entsprechend gilt auch $\gamma + \delta = 180°$.
(2) $\alpha = \delta_1$, da Scheitelwinkel an geschnittenen Parallelen gleich groß sind.
$\delta_1 = \gamma$, da Stufenwinkel an geschnittenen Parallelen gleich groß sind.
Also gilt auch $\alpha = \gamma$.
Entsprechend gilt auch $\beta = \delta$.
(3) $\alpha + \beta = 180°$ und $\gamma + \delta = 180°$, also $\alpha + \beta + \gamma + \delta = 360°$.
b) Annahme $\alpha = 90°$.
Wegen $\alpha + \beta = 180°$ ist auch $\beta = 90°$. Da $\alpha = \gamma$ und $\beta = \delta$ sind alle vier Winkel 90° groß.

174

2. a) $\delta = 180° - \alpha = 110°$; $\gamma = 180° - \beta = 130°$
$[\alpha = 180° - \delta = 45°$; $\gamma = 180° - \beta = 140°]$
$\alpha + \delta = 180°$ und $\beta + \gamma = 180°$

b) In jedem Trapez ergänzen sich zwei Winkel, die an einem gemeinsamen Schenkel des Trapezes, liegen zu 180°.
α und α_1 sind Nebenwinkel, also α und $\alpha_1 = 180°$.

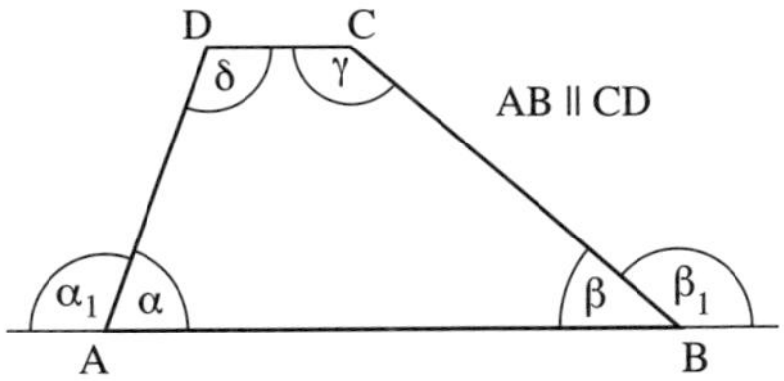

α_1 und δ sind Wechselwinkel an den Parallelen AB und DC, also $\alpha_1 = \delta$.
Damit gilt auch $\alpha + \delta = \alpha + \alpha_1 = 180°$.
β und β_1 sind Nebenwinkel, also β und $\beta_1 = 180°$.
β_1 und γ sind Wechselwinkel an den Parallelen AB und DC, also $\beta_1 = \gamma$.
Damit gilt auch $\beta + \gamma = \beta + \beta_1 = 180°$.

3. $\alpha_1 = \alpha_2 = \gamma_2 = \gamma_1 = 37°$ $\quad$ $\delta_2 = \beta_2 = \beta_1 = \delta_1 = 180° - 37° = 143°$

4. Wenn die Geraden a und b parallel zueinander sind, dann sind Stufenwinkel bzw. Wechselwinkel gleich groß. (Siehe Sätze auf Seite 172 des Schülerbandes.)

175

5. a) -
b)

Stufenwinkel:		Wechselwinkel:	
	α_1 und α_2		α_1 und γ_2
	β_1 und β_2		β_1 und δ_2
	γ_1 und γ_2		γ_1 und α_2
	δ_1 und δ_2		δ_1 und β_2

175

6. a) α_1 und γ_1
β_1 und δ_1
α_2 und γ_2
β_2 und δ_2
α_3 und δ_3
β_3 und γ_3

b) α_1 und β_1
β_1 und γ_1
γ_1 und δ_1
δ_1 und α_1
α_2 und β_2
β_2 und γ_2
γ_2 und δ_2
δ_2 und α_2
α_3 und γ_3
γ_3 und δ_3
δ_3 und β_3
β_3 und α_3

c) α_1 und δ_2
β_1 und α_2
γ_1 und β_2
δ_1 und γ_2
α_1 und α_3
β_1 und δ_3
γ_1 und γ_3
δ_1 und β_3
α_2 und α_3
β_2 und γ_3
γ_2 und δ_3
δ_2 und β_3

d) α_1 und β_2
β_1 und γ_2
γ_1 und δ_2
δ_1 und α_2
α_1 und δ_3
β_1 und β_3
γ_1 und α_3
δ_1 und γ_3
α_2 und δ_3
β_2 und β_3
γ_2 und α_3
δ_2 und γ_3

7. a)

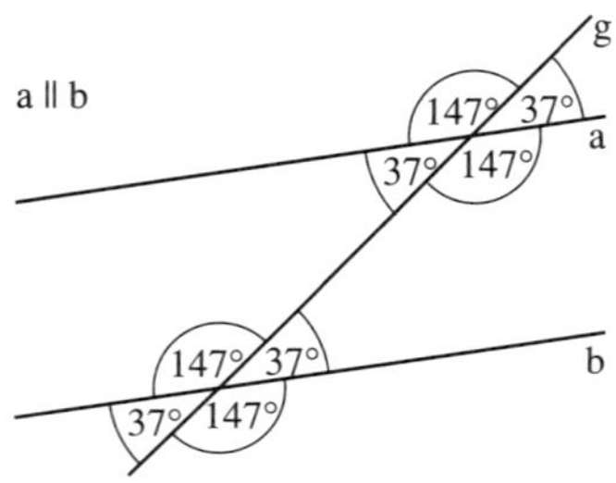

c) a || b

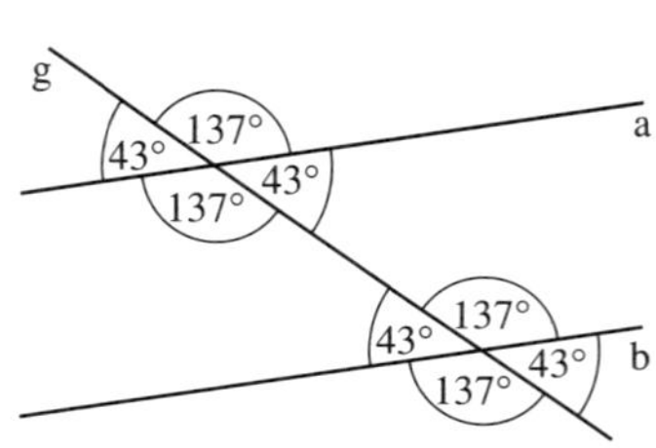

b)

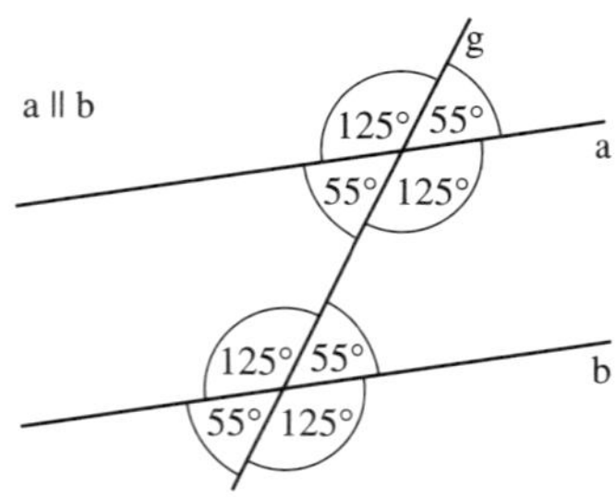

d) a || b

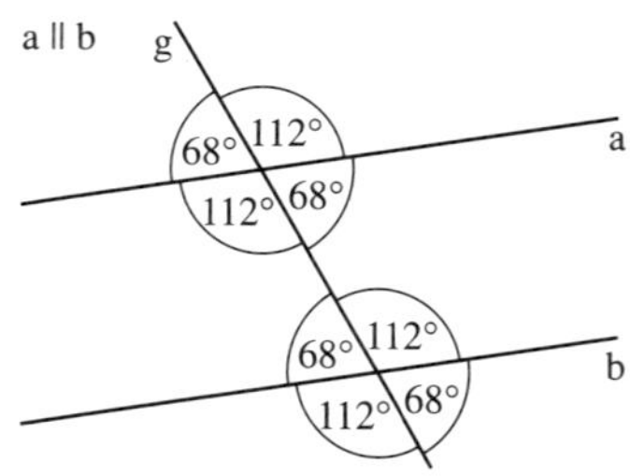

8. a) $\delta_1 = \delta_2$ (Stufenwinkel)
δ_1 ist doppelt so groß wie α_1.
Zusammen sind α_1 und δ_1 180° groß, also $\alpha_1 = 60°$ und $\delta_1 = 120°$.
$\alpha_1 = \alpha_2 = \gamma_1 = \gamma_2 = 60°$; $\beta_1 = \beta_2 = \delta_1 = \delta_2 = 120°$

b) β_1 ist dreimal so groß wie α_1.
Zusammen sind α_1 und β_1 180° groß, also $\alpha_1 = 45°$ und $\beta_1 = 135°$.
$\alpha_1 = \alpha_2 = \gamma_1 = \gamma_2 = 45°$; $\beta_1 = \beta_2 = \delta_1 = \delta_2 = 135°$

c) δ_1 ist 60° größer als γ_1.
Zusammen sind γ_1 und δ_1 180° groß, also $\gamma_1 = 60°$ und $\delta_1 = 120°$.
$\alpha_1 = \alpha_2 = \gamma_1 = \gamma_2 = 60°$; $\beta_1 = \beta_2 = \delta_1 = \delta_2 = 120°$

9. Zeichne die Parallele zu g durch P, nenne sie h. Zeichne durch P eine Gerade k, die mit der Geraden h einen Winkel der Größe 35° [115°] bildet.
k bildet auch mit g einen Winkel der Größe 35° [115°].

175

10. Zeichne eine zur Geraden b parallele Gerade c, welche die Gerade a auf dem Zeichenblatt schneidet. Die Winkel der Geradenkreuzung aus a und c sind genauso groß, wie die Winkel der Geradenkreuzung aus a und b.

11. a) A: Trapez
B: Parallelogramm (Trapez)
C: -
D: Trapez
E: Parallelogramm (Trapez)
F: Trapez

b) -

176

12. a) (1) $\gamma = \alpha = 59°$
$\beta = \delta = 121°$
(2) $\beta = \delta = 117°$
$\alpha = \gamma = 63°$
(3) $\alpha = \gamma = 23°$
$\beta = \delta = 157°$
(4) $\alpha = \beta = \gamma = \delta = 90°$
(5) $\alpha = \gamma = 1°$
$\beta = \delta = 179°$
(6) $\beta = \delta = 60°$
$\alpha = \gamma = 120°$

b) $\alpha = \gamma = 120°$
$\beta = \delta = 60°$
[$\alpha = \gamma = 135°$
$\beta = \delta = 45°$]

13. a)/b) Wegen $AB \parallel CD$ und $BC \parallel AD$ gilt:
$\alpha_1 = \gamma_2$ (Wechselwinkel)
$\alpha_2 = \gamma_1$ (Wechselwinkel)
$\beta_1 = \delta_1$ (Wechselwinkel)
$\beta_2 = \delta_2$ (Wechselwinkel)
Auch die Scheitelwinkel am Schnittpunkt der Diagonalen sind gleich groß.

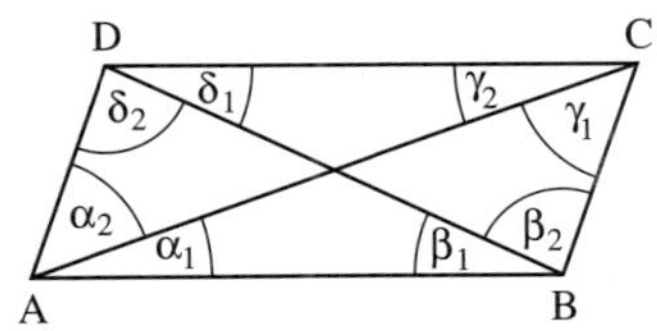

14.

α	57°	72°	85°	125°	127°	175°	61°
β	46°	63°	42°	150°	99°	25°	141°
γ	134°	117°	138°	30°	81°	155°	39°
δ	123°	108°	95°	55°	53°	5°	119°

15. Vom Leuchtturm Roter Sand (R) aus befindet sich das Schiff in Richtung S 22° W und vom Leuchtturm Gelber Sand (G) aus befindet es sich in Richtung S 60° W. Der Schnittpunkt der beiden Halbgeraden gibt die Position des Schiffes an.

16. a) $\alpha = 128°$ (Wechselwinkel) $\beta = \gamma = 52°$ (Nebenwinkel)
b) $180° - 105° = 75° = 3 \cdot \alpha$ (Wechselwinkel) $\alpha = 25°$
c) $135° = 3 \cdot \alpha$ (Stufenwinkel), also $\alpha = 45°$
Probe: $3 \cdot \alpha + \alpha = 3 \cdot 45° + 45° = 180°$

176 **16. d)**

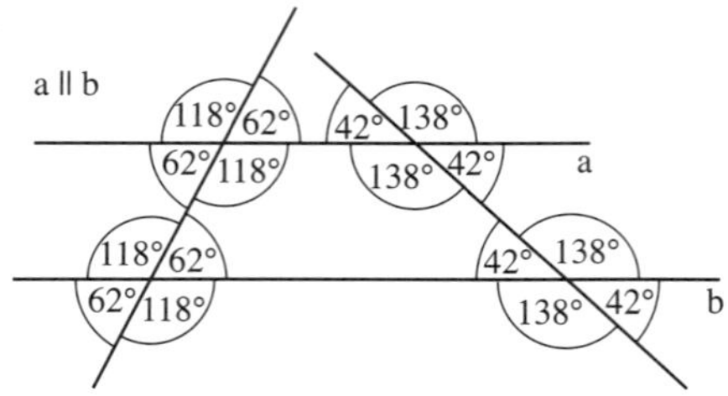

e)

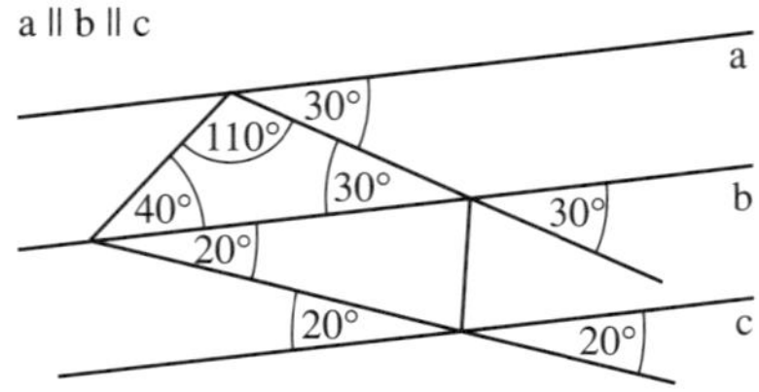

f)

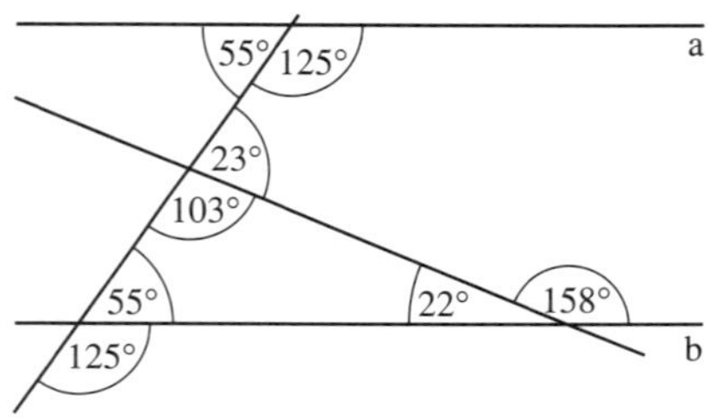

4.2 Winkelsumme in Dreiecken

178 **2. a)** Ein Deckel mit 2 oder 3 rechten (stumpfen) Winkeln hätte eine Winkelsumme über 180°.
Ein Dreieck hat mindestens 2 und höchstens 3 spitze Winkel.

b) (1) rechtwinklig (3) spitzwinklig (5) stumpfwinklig
(2) stumpfwinklig (4) rechtwinklig (6) rechtwinklig

3. Der Bleistift wurde insgesamt um 180° gedreht.

179 **4.** *Vermutung:* In jedem Dreieck sind die drei Innenwinkel zusammen 180° groß.

5. (1) 39° (3) 47° (5) 43° (7) 43° (9) 3°
(2) 29° (4) 63° (6) 11° (8) 12°

6. a) Siehe Satz im Schülerband Seite 178 oben.

b) (1) ja; $\gamma = 2°$ (2) nein; $\alpha + \beta = 180°$, also wäre $\gamma = 0$. (3) ja; $\gamma = 69°$

179 **7.** $90° + 39° + 51° = 180°$; $112° + 27° + 41° = 180°$; $76° + 43° + 61° = 180°$

8. **a)** (1) $\beta = 53°$ (2) $\alpha = 41°$ (3) $\alpha = 19°$ (4) $\beta = 37°$
b) Die Winkelsumme von α und β ist 90°, also gilt: $\beta = 90° - \alpha$ und $\alpha = 90° - \beta$.

9. Es handelt sich um ein rechtwinkliges Dreieck, z. B. $\alpha = 90°$; $\beta = \gamma = 45°$

10. Die Winkelsumme wäre dann höchstens $3 \cdot 58° = 174°$. Es kann also kein Dreieck geben, in dem der größte Innenwinkel 58° groß ist.

11. **a)**

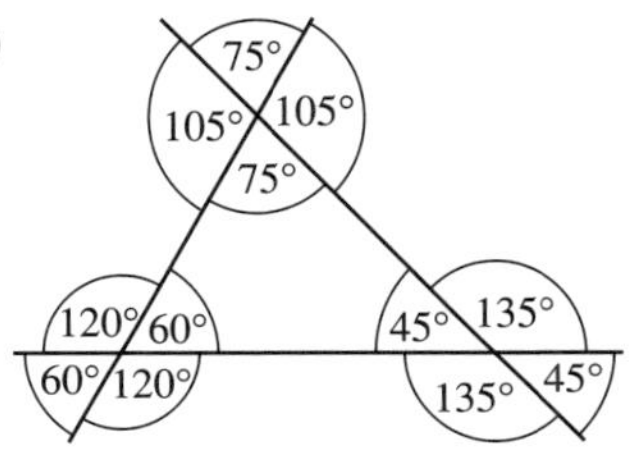

b)

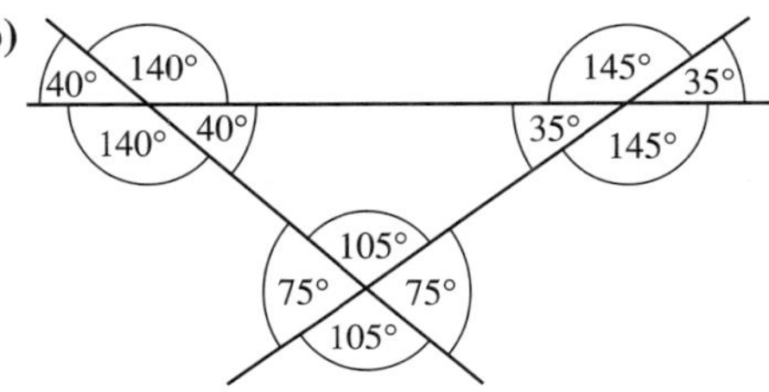

c)

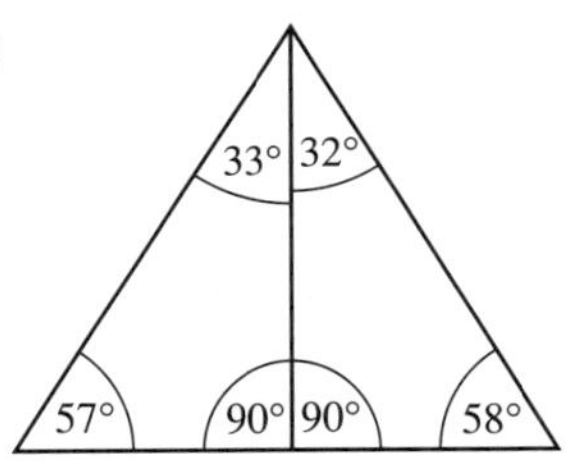

4.3 Winkelsumme in Vierecken und anderen Vielecken

180 **1.** Der Bleistift wurde insgesamt um 360° gedreht.

181 **2.** Tim hat die vier Winkel an den sich kreuzenden Achsen mitgezählt.

3. (1) 121° (2) 80° (3) 206° (4) 75°; 105°; 105°

4. **a)** $\alpha = 50°$; $\gamma = 2 \cdot \alpha = 100°$; $\beta + \delta = 210°$, also $\beta = 210° : 3 = 70°$; $\delta = 140°$
b) $\alpha = 360° : 10 = 36°$; $\beta = 72°$; $\gamma = 108°$; $\delta = 144°$

5. **a)** (1) Mindestens einen spitzen Winkel
Begründung: Falls kein Winkel spitz wäre, müssten alle vier Winkel größer oder gleich 90° sein. Da kein Rechteck vorliegt, müsste mindestens ein Winkel größer als 90° sein. Damit wäre die Winkelsumme größer als 360°.
Dies ist nach dem Winkelsummensatz nicht möglich.
(2) Höchstens drei spitze Winkel.
Begründung: Falls alle Winkel spitz, also kleiner als 90° wären, wäre die Winkelsumme auch kleiner als 360°.
Dies ist nach dem Winkelsummensatz nicht möglich.

181

5. **b)** (1) Mindestens einen stumpfen Winkel.
Begründung: Falls kein Winkel stumpf wäre, wären alle vier Winkel kleiner oder gleich 90°. Da kein Rechteck vorliegt, müsste mindestens einer der Winkel kleiner als 90° sein.
Die Winkelsumme wäre also kleiner als 360°.
Dies ist nach dem Winkelsummensatz nicht möglich.
(2) Höchstens drei stumpfe Winkel.
Begründung: Falls alle Winkel stumpf wären, wären alle Winkel größer als 90°. Die Winkelsumme wäre größer als 360°. Dies ist nach dem Winkelsummensatz nicht möglich.
c) (1) Ein Viereck, das kein Rechteck ist, muss keinen überstumpfen Winkel (einspringende Ecken) aufweisen.
(2) Höchstens zwei überstumpfe Winkel.
Begründung: Wären drei oder mehr Winkel überstumpf, so wären mindestens zwei Winkel größer als 180° und die Winkelsumme wäre größer als 360°.

6. **a)**

Vieleck	Winkelsumme
Dreieck	180°
Viereck	360°
Fünfeck	540°
Sechseck	720°
Siebeneck	900°
Achteck	1 080°

b) Winkelsumme $\alpha = (n - 2) \cdot 180°$; n = Anzahl der Ecken

7. Der Innenwinkel in der Mitte oben ist 270° groß (nicht 90°).

8. 22 [12]

4.4 Gleichschenklige Dreiecke – Basiswinkelsatz

184

2. **a)** Jedes gleichseitige Dreieck ist auch gleichschenklig. Im gleichschenkligen Dreieck ist die Mittelsenkrechte zur Basis Symmetrieachse. Da im gleichseitigen Dreieck jede Seite Basis eines gleichschenkligen Dreiecks ist, sind die Mittelsenkrechten Symmetrieachsen des Dreiecks und auch die Winkelhalbierenden der Dreieckswinkel.
b) Jedes gleichseitige Dreieck ist auch gleichschenklig, aus a = b folgt also $\alpha = \beta$.
Entsprechend folgt aus a = c auch $\alpha = \gamma$ bzw. aus b = c auch $\beta = \gamma$.
Also gilt $\alpha = \beta = \gamma$.
Nach dem Winkelsummensatz ist die Summe der Winkel 180° groß.
Also gilt sogar: $\alpha = \beta = \gamma = 60°$.

184

3. **a)** Die linke Neigung ist ebenfalls 40° groß. Der Winkel an der Spitze beträgt 100°.
Begründung: Der Giebel ist ein gleichschenkliges Dreieck, also ist auch der Neigungswinkel 40° groß. Mithilfe der Winkelsumme im Dreieck lässt sich der dritte Winkel berechnen.
b) Der Winkel an der Spitze ist zwischen 90° und 120°.

4. **a)** Ein Eckpunkt ist Mittelpunkt eines Kreises, auf dem die beiden anderen Eckpunkte liegen. Zwei Seiten sind Radien des Kreises, also gleich lang. Das Dreieck bleibt gleichschenklig.
b) Gegenüber Teilaufgabe 4 a) ist ein weiterer Eckpunkt Mittelpunkt eines Kreises, auf dem die anderen Eckpunkte liegen. Die Kreise haben gleich große Radien.

185

5. -

6. wahr: (1), (2), (4), (6) falsch: (3), (5)

7.

	a)	**b)**	**c)**	**d)**
Basis	c	a	c	c
Schenkel	a, b	b, c	a, b	a, b
Basiswinkel	$\alpha = \beta = 45°$	$\beta = \gamma = 70°$	$\alpha = \beta = 35°$	$\alpha = \beta = 60°$
Winkel an der Spitze	$\gamma = 90°$	$\alpha = 40°$	$\gamma = 110°$	$\gamma = 60°$

Das Dreieck in Teilaufgabe d) ist gleichseitig, alle Seiten können also Basis sein.

8. **a)** α und γ [β und γ] **b)** δ und ε [ε und φ]

9. Es gilt $\beta = \gamma = 30°$. Das Dreieck ist gleichschenklig mit b = c.

10. Anne: Die anderen beiden Winkel sind je 43,5° groß.
Tim: Die anderen beiden Winkel sind 52° und 76° bzw. jeweils 64° groß.

11. **a)** $\beta = 53°$ **b)** $\alpha = 41°$ **c)** $\alpha = 19°$ **d)** $\beta = 37°$

12. Es handelt sich um ein rechtwinkliges Dreieck, z. B. $\alpha = 90°$; $\beta = \gamma = 45°$

13. 30°, 60° und 90°

14. Unter 60°.

185 **15.** (1) *gleichschenkliges*

Begründung: In diesem Fall ist auch der dritte Winkel 45° groß. Das Dreieck ist gleichschenklig, denn:
Bei einer Achsenspiegelung schneiden sich Gerade und Bildgerade auf der Spiegelachse.
β ist Bild von α bei Spiegelung an der Mittelsenkrechten, die freien Schenkel der beiden Winkel schneiden sich auf der Spiegelachse in einem Punkt C. Da $\overline{BC}$ Bild von $\overline{AC}$ ist, sind beide Schenkel des Dreiecks gleich lang.

(2) *45 ° groß*

Begründung: Die Winkelsumme beträgt 180°. Weil ein Winkel ein rechter ist, verteilen sich die übrigen 90° auf beide Basiswinkel.

4.5 Berechnen von Winkeln mithilfe der Winkelsätze

187 **3. a)** a ∥ b

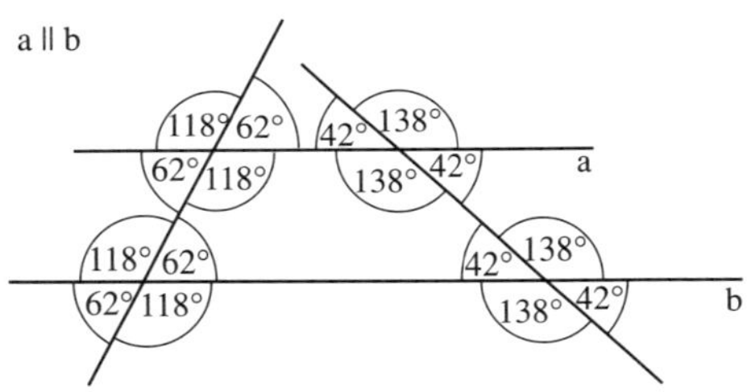

b) a ∥ b

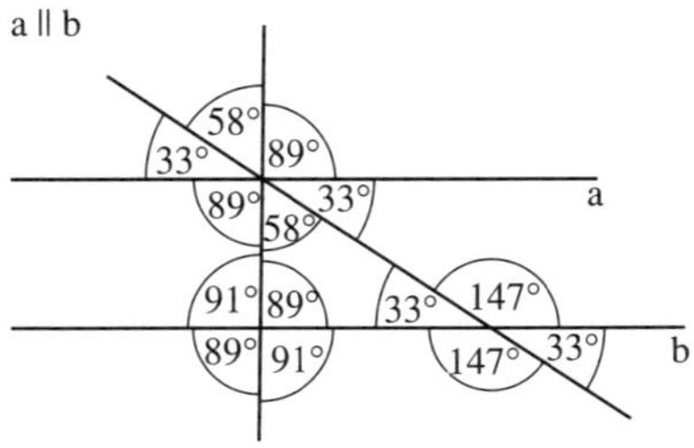

c) a ∥ b ∥ c

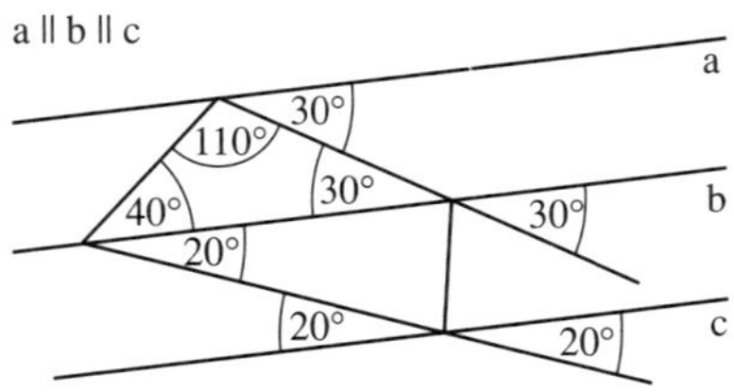

187 **3. d)** a ∥ b

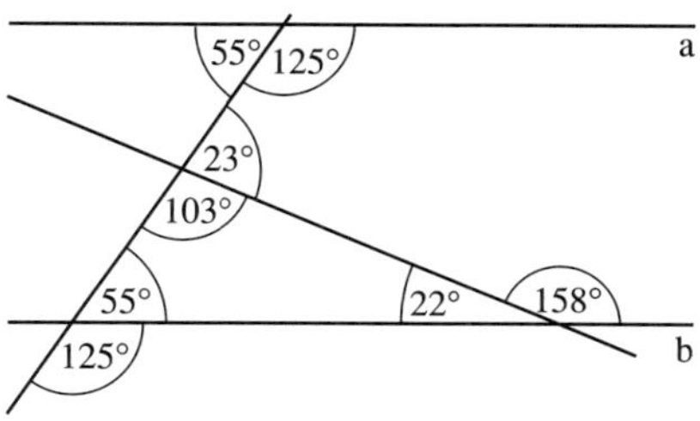

4. Beim Heben des Kranarms wird γ kleiner. Beim Senken des Kranarms wird γ größer.

5. a) $\beta = 140°$

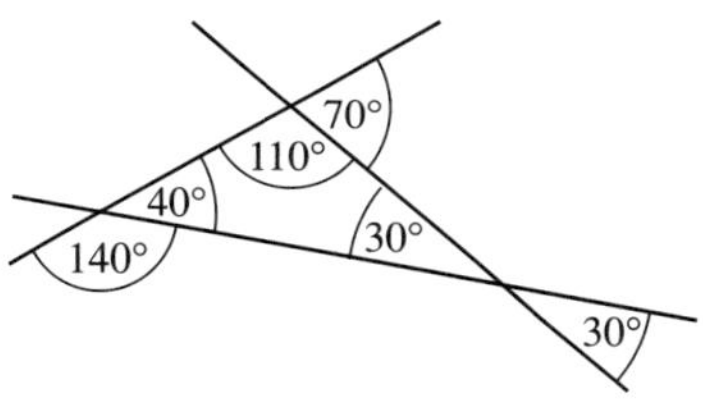

b) $\beta = 110°$

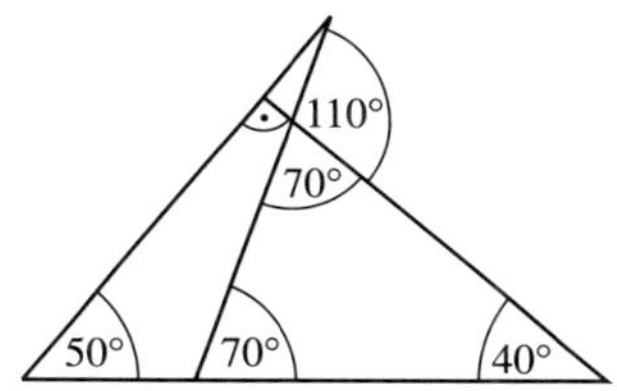

c) $\beta = 105°$

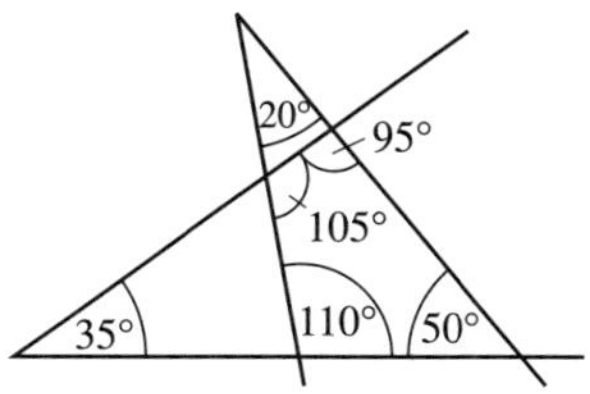

6. a) $\alpha = 30°$

b) $\beta = 32°$, $\gamma = 100°$

188 **7.** (1)

$\alpha = 20°$	(gegeben)
$\alpha_1 = 70°$	(Winkelsumme im Dreieck ABC)
$\alpha_2 = 110°$	(Nebenwinkel zu α_1)
$\alpha_3 = 35°$	(Basiswinkel im gleichschenkligen Dreieck DFB)
$\alpha_4 = 55°$	(Winkelsumme im Dreieck CEF)
$\beta = 125°$	(Nebenwinkel zu α_4)

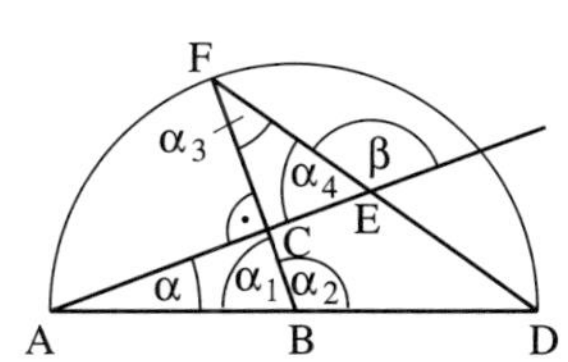

188

7. (2) $\alpha = 150°$ (gegeben)

$\alpha_1 = 30°$ (Nebenwinkel zu α)

$\alpha_2 = 120°$ (Winkel an der Spitze im gleichschenkligen Dreieck CAD)

$\alpha_3 = 60°$ (Nebenwinkel zu α_2)

$\alpha_4 = \alpha_1 = 30°$ (Basiswinkel im Dreieck CAD)

$\alpha_5 = 60°$ (Winkel an der Spitze im gleichschenkligen, sogar gleichseitigen Dreieck DBC)

$\beta = \alpha_4 + \alpha_5 = 90°$

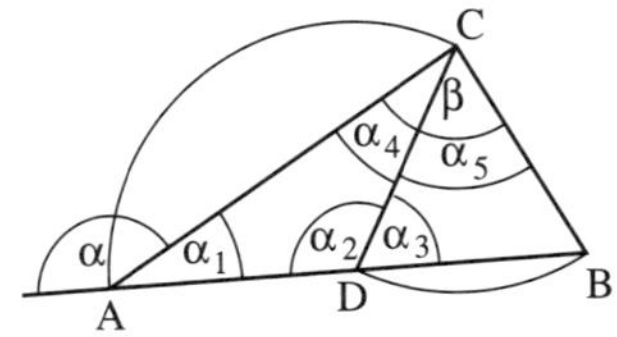

(3) $\alpha = 40°$ (gegeben)

$\alpha_1 = 70°$ (Basiswinkel im gleichschenkligen Dreieck BEA)

$\alpha_2 = 55°$ (Basiswinkel im gleichschenkligen Dreieck FDE)

$\alpha_3 = 125°$ (Nebenwinkel zu α_2)

$\beta = 15°$ (Winkelsumme im Dreieck ACF)

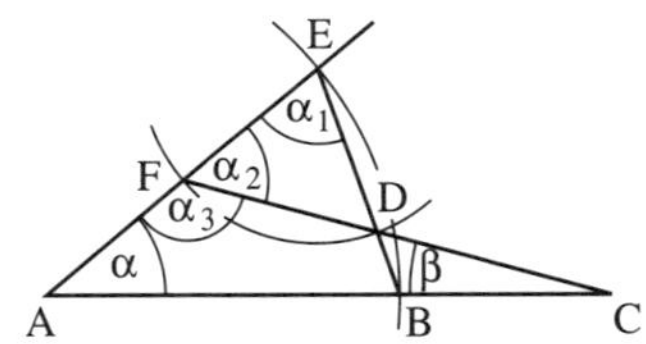

8. a) Hilfslinie: Strecke $\overline{AC}$

$\alpha = 112°$ (gegeben)

$\alpha_1 = 34°$ (Basiswinkel im gleichschenkligen Dreieck ACD)

$\alpha_2 = \alpha = 112°$ (Wechselwinkel)

$\alpha_3 = 180° - \alpha_1 - \alpha_2 = 34°$

$\beta = 73°$ (Basiswinkel im gleichschenkligen Dreieck BCA)

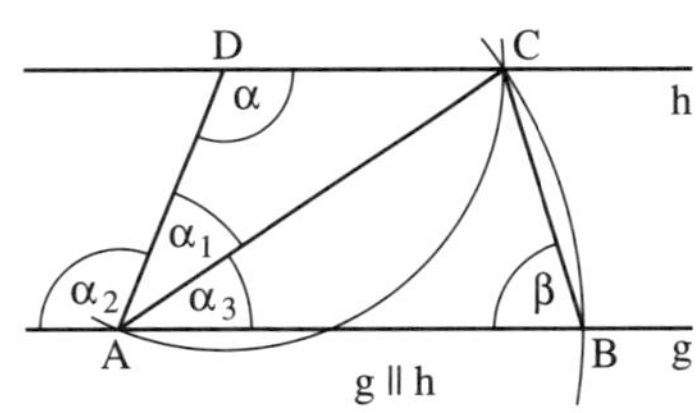

b) (1) Hilfslinie: Strecke $\overline{BE}$

$\alpha = 28°$ (gegeben)

$\alpha_1 = 76°$ (Basiswinkel im gleichschenkligen Dreiecke BCA)

$\alpha_2 = 60°$ (Winkel im gleichseitigen Dreieck ABE)

$\beta = 180° - \alpha_1 - \alpha_2 = 44°$ (Winkelsumme im Dreieck ABD)

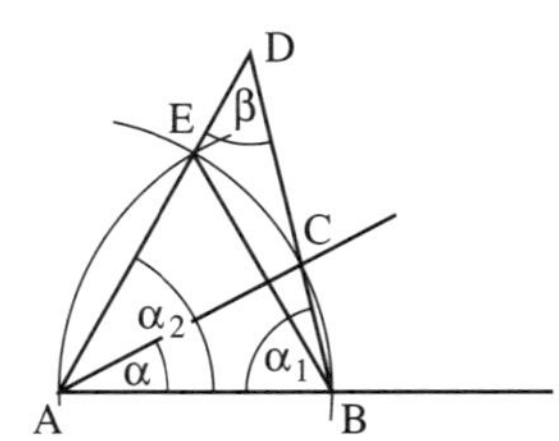

188

8. b) (2) Hilfslinien: Strecken $\overline{BE}$ und $\overline{BC}$

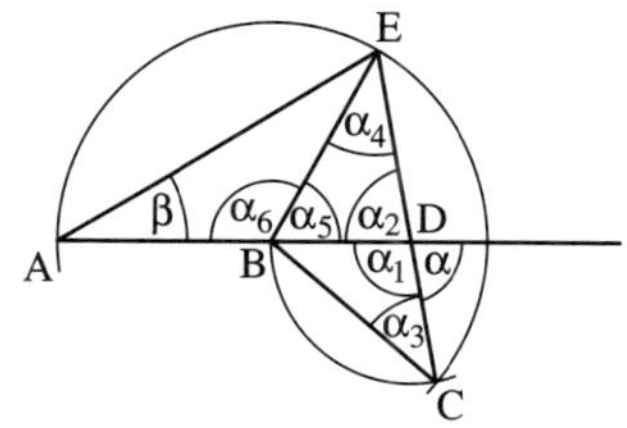

$\alpha = 80°$ (gegeben)
$\alpha_1 = 100°$ (Nebenwinkel zu α)
$\alpha_2 = 80°$ (Scheitelwinkel zu α)
$\alpha_3 = 40°$ (Basiswinkel im gleichschenkligen Dreieck BCD)
$\alpha_4 = \alpha_3 = 40°$ (Basiswinkel im gleichschenkligen Dreieck CEB)
$\alpha_5 = 60°$ (Winkelsumme im Dreieck BDE)
$\alpha_6 = 120°$ (Nebenwinkel zu α_5)
$\beta = 30°$ (Basiswinkel im gleichschenkligen Dreieck EAB)

(3) Hilfslinien: Strecken $\overline{AF}$ und $\overline{DF}$

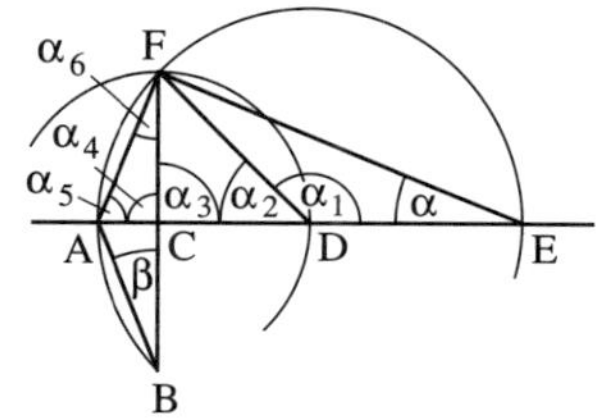

$\alpha = 22°$ (gegeben)
$\alpha_1 = 136°$ (Winkel an der Spitze im gleichschenkligen Dreieck EFD)
$\alpha_2 = 44°$ (Nebenwinkel zu α_1)
$\alpha_3 = 92°$ (Winkel an der Spitze im gleichschenkligen Dreieck DFC)
$\alpha_4 = 88°$ (Nebenwinkel zu α_3)
$\alpha_5 = 68°$ (Basiswinkel im gleichschenkligen Dreieck FAD)
$\alpha_6 = 180° - \alpha_4 - \alpha_5 = 24°$ (Winkelsumme im Dreieck ACF)
$\beta = \alpha_6 = 24°$ (Basiswinkel im gleichschenkligen Dreieck BFA)

9. a) ABC, BDA und CAD sind gleichschenklige Dreiecke.

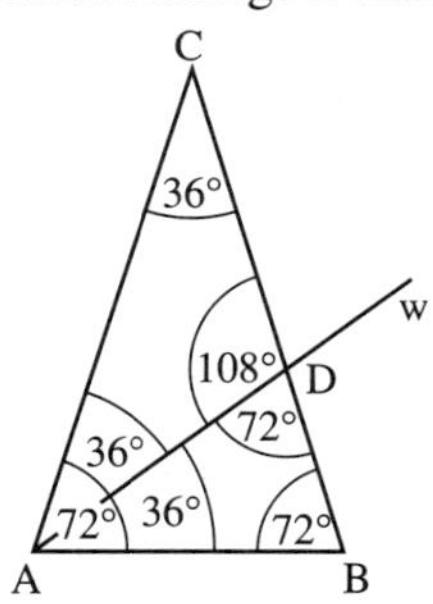

b) ECF ist ein gleichschenkliges Dreieck.

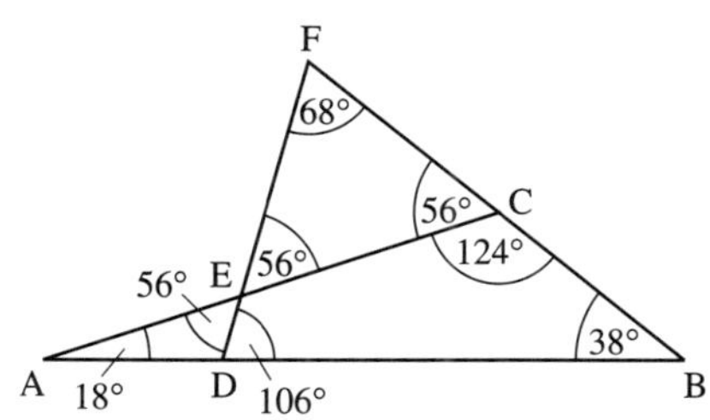

c) Die Figur enthält keine gleichschenkligen Dreiecke.

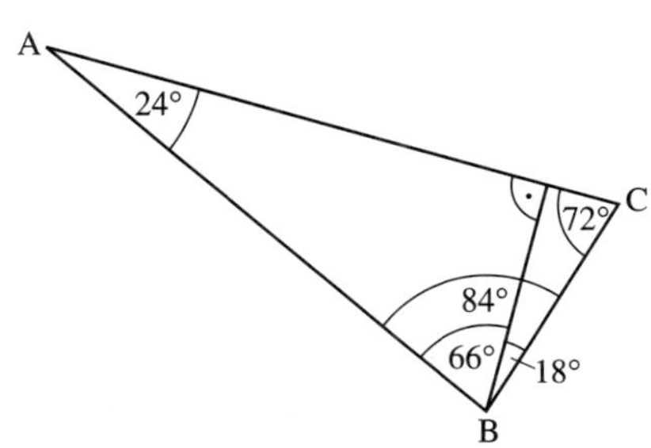

188

10. **a)** Die Dreiecke ABM, BCM, CAM sind gleichschenklig, da die Schenkel Radien des Kreises sind. Dreieck ABC ist gleichschenklig, da MC Symmetrieachse ist.
$\alpha = 20°$

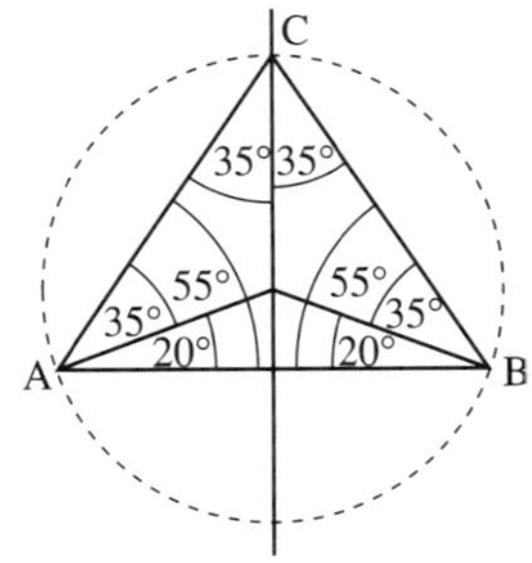

b) Die Dreiecke ABM, BCM und CAM sind gleichschenklig, da die Schenkel Radien des Kreises sind. Dreieck ABC ist gleichschenklig, da DC Symmetrieachse ist.
Die Dreiecke ADC und DBC sind rechtwinklig, da DC Symmetrieachse ist.
$\alpha = \beta = 67{,}5°$; $\gamma = 45°$

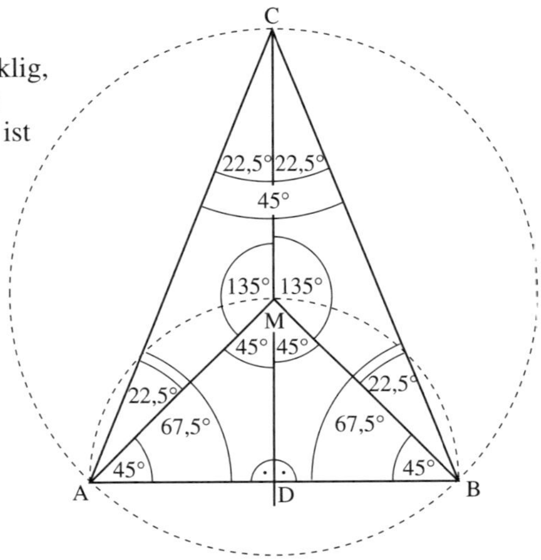

c) Die Dreiecke BCA und DAC sind gleichschenklig (Radien des Kreisbogens). Die Dreiecke ABM und CDM sind gleichschenklig, da DE Symmetrieachse ist. Die Dreiecke ADM, MDB, CEM und MED sind rechtwinklig, da DE Symmetrieachse ist.

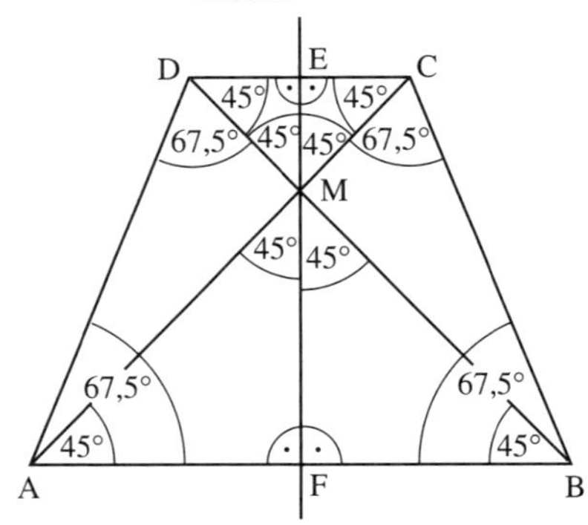

11. Das Dreieck ABC ist gleichschenklig mit der Basis $\overline{AB}$ und $\alpha = \beta$.
∢ ECA = ∢ BAC (Wechselwinkel)
∢ CDB = ∢ ECA (Stufenwinkel)
Also: ∢ CDB = ∢ ECA = ∢ BAC = α
∢ BCD = ∢ CBA (Wechselwinkel)
∢ AEC = ∢ BCD (Stufenwinkel)
Also: ∢ AEC = ∢ BCD = ∢ CBA = β
Das Dreieck DEF hat also die gleich großen Winkel α und β und ist damit gleichschenklig.

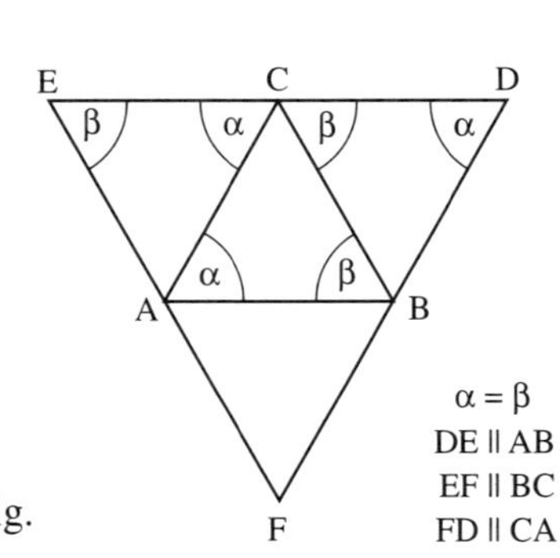

4.6 Besondere Linien und Punkte des Dreiecks

4.6.1 Die Mittelsenkrechten des Dreiecks – Umkreis

190 **3.** Bei stumpfwinkligen Dreiecken liegt der Mittelpunkt des Umkreises außerhalb des Dreiecks, bei rechtwinkligen Dreiecken liegt er auf der dem rechten Winkel gegenüberliegenden Seite (Mittelpunkt der Seite). Sonst liegt er innerhalb der Dreiecke.

191 **4.** Konstruiere die Mittelsenkrechte zur Torlinie und trage auf ihr vom Tor aus 7 m ab (Kreisbogen und den Schnittpunkt der Torlinie mit der Mittelsenkrechten; Maßstab z. B. 1 cm für 1 m).

5. Man erhält die Mittelsenkrechte zu $\overline{AB}$.

6. **a)** M_1 ist der Mittelpunkt der Seite $\overline{AB}$. Konstruiere die Mittelsenkrechte a zu $\overline{PM_1}$.

b) M_1 und M_3 sind die Mittelpunkte der Seiten $\overline{BC}$ bzw. $\overline{AC}$. Konstruiere die Mittelsenkrechte b zu $\overline{M_2M_3}$.

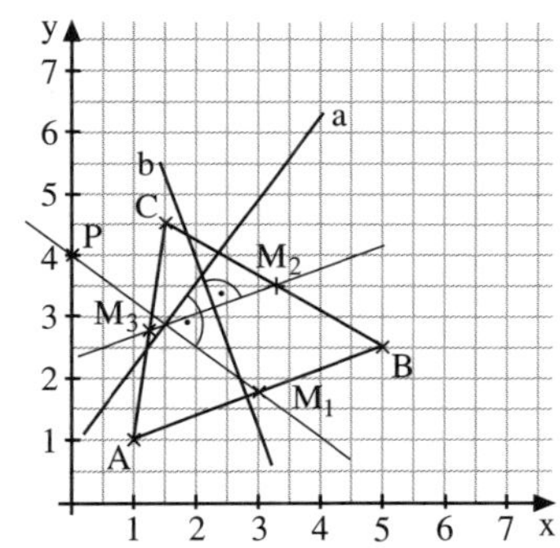

7. Die Anschlussstelle liegt an den Schnittpunkten der Straße mit der Mittelsenkrechten zu der Verbindungsstrecke beiden Ortschaften.

8. **a)** Alle Punkte „rechts" der Mittelsenkrechten m von $\overline{PQ}$ sind von P weiter entfernt als von Q.

b) Alle Punkte „links" der Mittelsenkrechten m von $\overline{PQ}$ und auf m liegen von P höchstens so weit entfernt wie von Q.

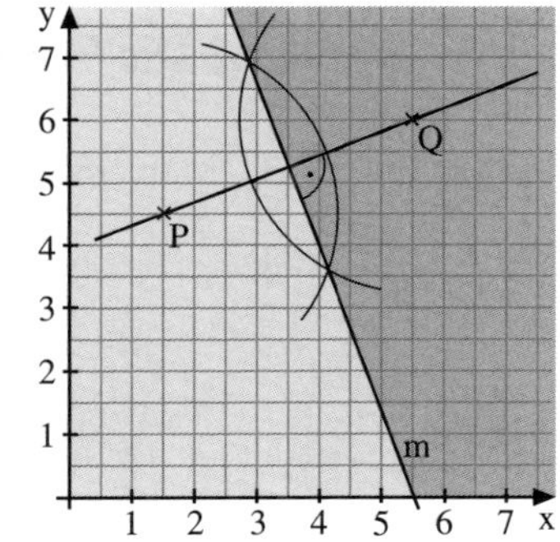

191

9. Konstruktion mithilfe der Mittelsenkrechten.
Sie schneiden sich in einem Punkt und teilen so den Wald in 6 Teile. Je 2 für einen Jäger.

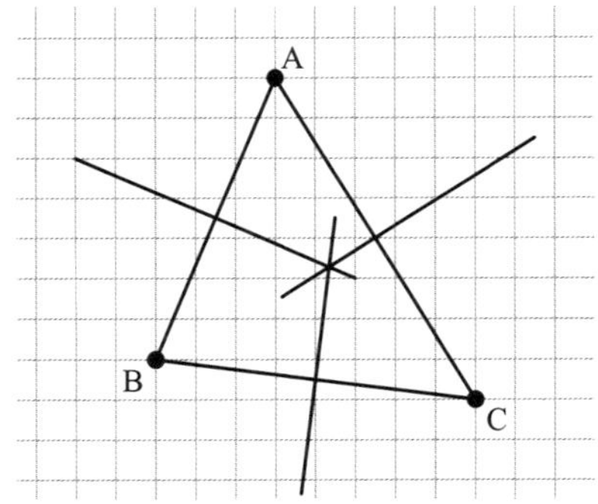

192

10. Die Mittelsenkrechten schneiden sich in einem Punkt (dem Mittelpunkt des Umkreises).

11. **a)** M (5,5 | 3,5), r ≈ 4,5 cm
b) M (3,3 | 9,7), r ≈ 9,0 cm
c) M (6,3 | 5,7), r ≈ 4,9 cm
d) M (5,1 | 2,9), r ≈ 4,1 cm

12. Die Entfernung beträgt 5,0 km.

13. -

14. Für ein stumpfwinkliges Dreieck ist der Umkreis nicht der kleinste Kreis, der das Dreieck enthält. Für alle anderen Dreiecke ist der Umkreis der kleinste Kreis, der das Dreieck enthält.

15. Stich 4,5 m, Radius 21,48 m

16. Radius der Holzscheibe 7,45 cm

17. **a)** Z. B. Quadrat
b) Z. B. Raute, die kein Quadrat ist.

4.6.2 Die Winkelhalbierenden des Dreiecks – Inkreis

195

3. Man erhält die Winkelhalbierende des Winkels.

4. -

195

5. **a)** Man erhält die Punkte S_1, S_2, S_3 und S_4 als Schnittpunkte der Winkelhalbierenden der Geradenkreuzung mit den Kreisen um den Schnittpunkt von AB und CD mit dem Radius 2,5 cm.

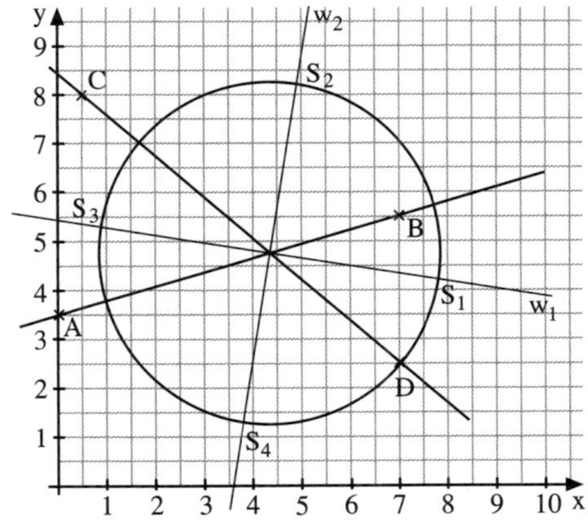

b) Man erhält die Punkte S_1, S_2, S_3 und S_4 als Schnittpunkte der Winkelhalbierenden der Geradenkreuzung mit dem Kreis um P mit dem Radius 4,2 cm.

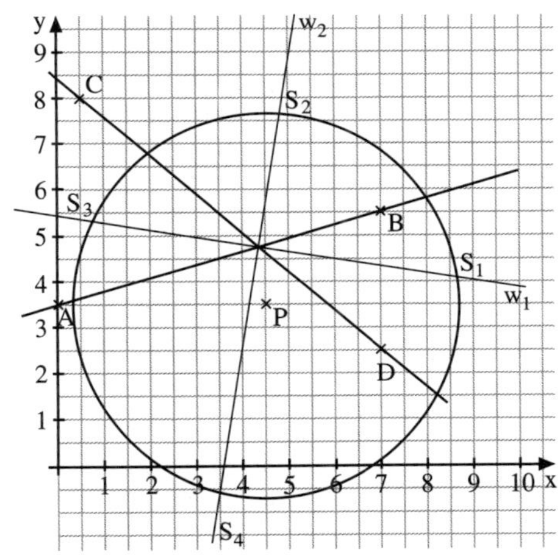

c) Man erhält die Punkte S_1 und S_2 als Schnittpunkte der Winkelhalbierenden der Geradenkreuzung mit der Mittelsenkrechten zu $\overline{PQ}$.

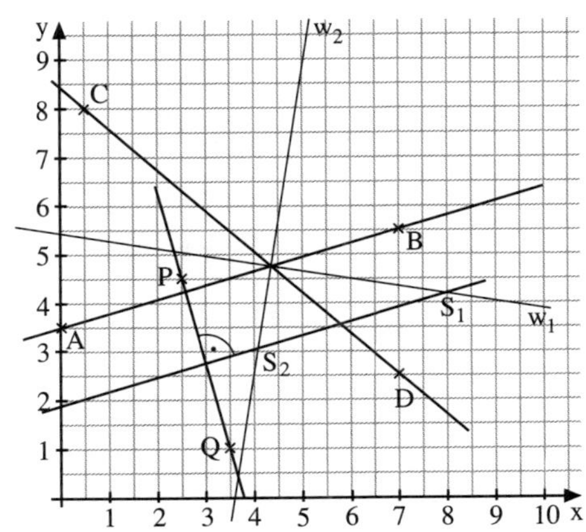

6. Der Mittelpunkt liegt auf der Winkelhalbierenden des Winkels, den die Weggabelung bildet.
Begründung: Da Punkte auf der Winkelhalbierenden den gleichen Abstand zu den Winkelschenkeln haben.

196 **7.** Die Winkelhalbierenden schneiden sich in einem Punkt.

8. **a)** W (6,6 | 3,8), $\rho \approx 0{,}8$ cm **c)** W (4,4 | 8,1), $\rho \approx 2{,}3$ cm
b) W (6,4 | 7,4), $\rho \approx 1{,}7$ cm

9. Dies ist der Mittelpunkt des Inkreises.

10. Der Durchmesser ist der Durchmesser des Inkreises der dreieckigen Korkplatte mit $d \approx 9{,}1$ cm.

11. *Konstruktionsbeschreibung:*
(1) Zeichne die Winkel und einen Punkt A auf einen Schenkel.
(2) Konstruiere die Winkelhalbierende des Winkels.
(3) Konstruiere die Orthogonale zu dem Schenkel, auf dem A liegt, durch A. Den Schnittpunkt der Orthogonalen mit der Winkelhalbierenden nenne M.
(4) Zeichne den Kreis um M mit Radius $\overline{AM}$.
Der Kreis berührt den Schenkel im Punkt A, aber auch den anderen Schenkel, da M von beiden Schenkeln gleichen Abstand hat.

12. *1. Fall:* $a \parallel b \parallel c$
Es gibt keine Kreise, die alle 3 Geraden berühren.
2. Fall: $a \parallel b$, $a \nparallel c$ (also auch $b \nparallel c$)
Die Gerade c schneidet die Geraden a und b in den Punkten S_a bzw. S_b.
Die Mittelpunkte der Kreise sind die Schnittpunkte der Winkelhalbierenden zwischen a und c bei S_a bzw. b und c bei S_b.

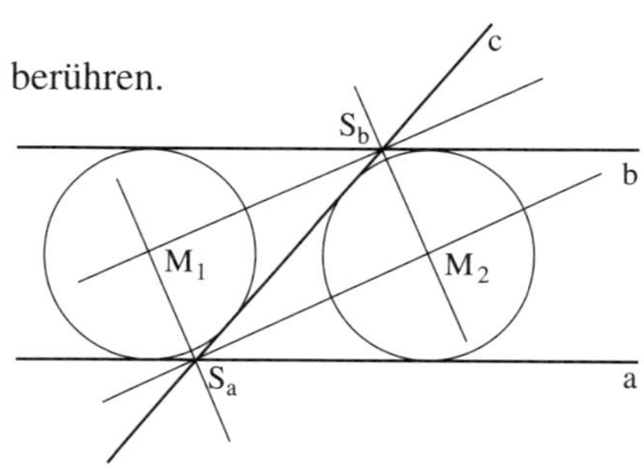

3. Fall: Alle Geraden sind nicht parallel zueinander und schneiden sich in drei Punkten A, B und C. Man erhält dann ein Dreieck ABC mit den Kreisen wie in Aufgabe 14.

13. Bei gleichseitigen Dreiecken fallen die Mittelpunkte von In- und Umkreis zusammen.

14. 9,82 m

15. Die Mittelsenkrechte geht durch den Kreismittelpunkt. Man benötigt also nur zwei verschiedene Stellungen des Zentriwinkels.

4.6.3 Die Höhengeraden des Dreiecks

198 **2.** Die Höhen schneiden sich in einem Punkt.

198 3. a) a ≈ 9,2 cm, b ≈ 7,1 cm, c ≈ 6,1 cm
$\alpha \approx 89°$, $\beta \approx 50°$, $\gamma \approx 41°$, H (2,1 | 1,2)
b) a ≈ 8,2 cm, b ≈ 4,2 cm, c ≈ 7,1 cm
$\alpha \approx 90°$, $\beta \approx 31°$, $\gamma \approx 59°$, H (0 | 5)
c) a ≈ 10,0 cm, b ≈ 4,5 cm, c ≈ 6,1 cm
$\alpha \approx 144°$, $\beta \approx 15°$, $\gamma \approx 21°$, H (2,6 | −11,7)

4. Beim gleichschenkligen Dreieck ist die Symmetrieachse Mittelsenkrechte, Winkelhalbierende und Höhengerade.
[Beim gleichseitigen Dreieck fallen Mittelsenkrechte, Winkelhalbierende und Höhengeraden zusammen.]

4.6.4 Die Seitenhalbierenden des Dreiecks – Schwerpunkt

199 2. Die Linien schneiden sich in einem Punkt.

3. a) Die Linien schneiden sich in einem Punkt.
b) Der Schnittpunkt teilt die Seitenhalbierende in zwei Teilstrecken, von denen die eine doppelt so lang wie die andere ist.

4. a) a ≈ 9,2 cm, b ≈ 7,1 cm, c ≈ 6,1 cm, $\alpha \approx 89°$, $\beta \approx 50°$, $\gamma \approx 41°$, S (2,7 | 3,7)
b) a ≈ 8,3 cm, b ≈ 4,2 cm, c ≈ 7,1 cm, $\alpha = 98°$, $\beta \approx 31°$, $\gamma \approx 59°$, S (2,7 | 5,3)
c) a ≈ 3,2 cm, b ≈ 5,7 cm, c ≈ 3,2 cm, $\alpha \approx 26{,}5°$, $\beta \approx 127°$, $\gamma \approx 26{,}5°$, S (3,3 | 2,6)

5. Im gleichschenkligen Dreieck liegt der Schnittpunkt der Seitenhalbierenden auf der Höhe zur Basis.
Im gleichseitigen Dreieck ist der Schwerpunkt identisch mit dem Mittelpunkt des In- und Umkreises.

Im Blickpunkt: Eine Eigenschaft der besonderen Linien im Dreieck

200 1. -

2. Die Punkte M, S und H liegen immer auf einer Geraden.

3. Rechtwinkliges Dreieck: H ist der Eckpunkt des Dreiecks, an dem der rechte Winkel liegt, und M liegt auf der dem rechten Winkel gegenüberliegenden Seite.
Gleichschenkliges Dreieck: H, S, M liegen auf der Symmetrieachse des Dreiecks.
Gleichseitiges Dreieck: H, W, S, M fallen zusammen.

4. Die Strecke $\overline{SH}$ ist doppelt so lang wie die Strecke $\overline{SM}$.

200 5. Beim gleichschenkligen Dreieck ist die Symmetrieachse auch Mittelsenkrechte zur Basis, Höhe zur Basis und Winkelhalbierende des Winkels an der Spitze. Die drei Punkte M, H und S liegen also auf der Symmetrieachse. Beim rechtwinkligen Dreieck ist H ein Eckpunkt und M der Mittelpunkt der gegenüberliegenden Seite. HM ist also auch Seitenhalbierende und S liegt auf HM, also liegen alle drei Punkte auf dieser Geraden. Der Schwerpunkt M teilt die Strecke $\overline{HM}$ so, dass $\overline{SH}$ doppelt so lang ist wie $\overline{SM}$ (siehe Satz auf Seite 195 des Schülerbandes).

4.7 Aufgaben zur Vertiefung

201 1. **a)** M wandert auf der Mittelsenkrechten der Seite $\overline{AB}$.

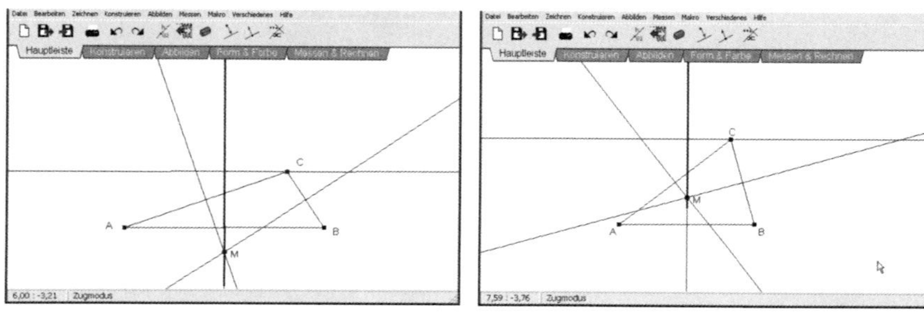

b) H wandert auf einer nach unten offenen Kurve, die durch die Punkte A und B geht (rechte Winkel bei A und B).

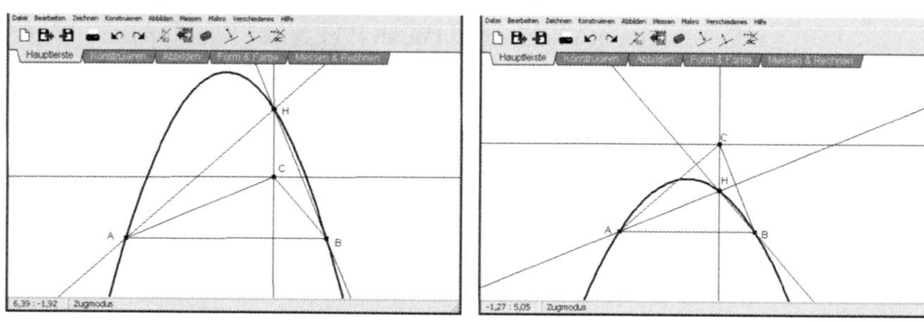

c) W wandert auf einer nach oben gekrümmten Linie.

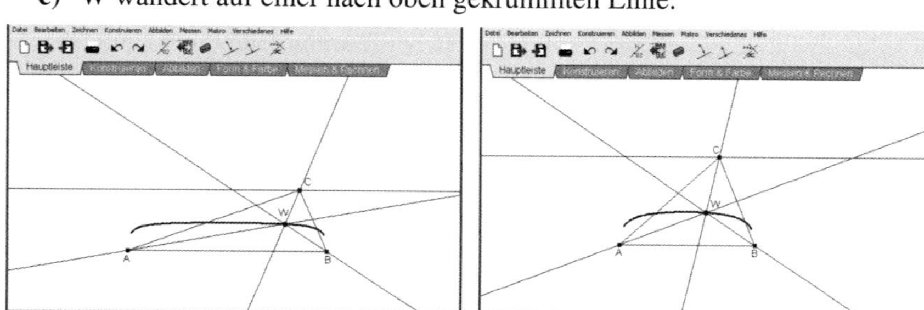

201

1. d) S wandert auf einer Parallelen zu AB im Abstand $\frac{h_c}{3}$.

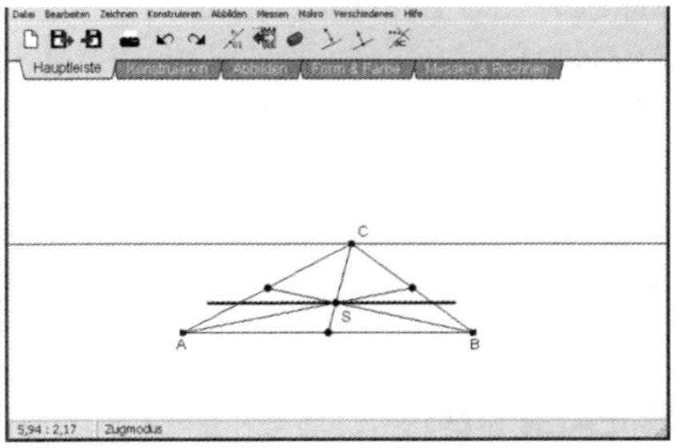

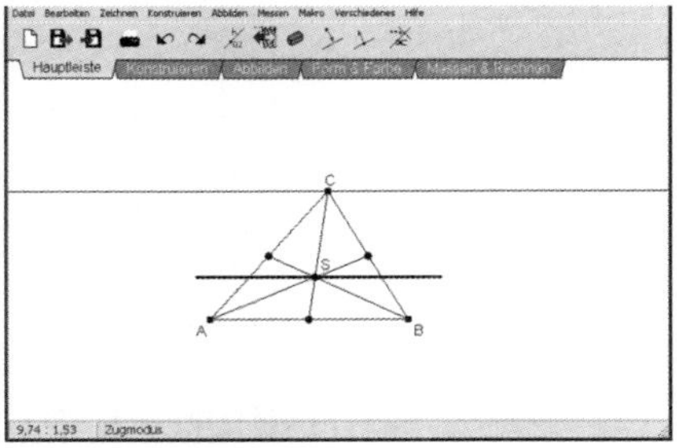

2. a) Innenwinkel und Außenwinkel sind Nebenwinkel.
Verlängert man die Seiten eines Dreiecks, so nennt man die Nebenwinkel zu den Innenwinkeln des Dreiecks die Außenwinkel des Dreiecks.

b) Wegen $\alpha' = 180° - \alpha$ und $\beta + \gamma = 180° - \alpha$ folgt $\alpha' = \beta + \gamma$.
$\alpha'_1 = \alpha'_2 = \beta + \gamma$; $\beta'_1 = \beta'_2 = \alpha + \gamma$; $\gamma'_1 = \gamma'_2 = \alpha + \beta$; also
$\alpha'_1 + \alpha'_2 + \beta'_1 + \beta'_2 + \gamma'_1 + \gamma'_2$
$= (\beta + \gamma) + (\beta + \gamma) + (\alpha + \gamma) + (\alpha + \gamma) + (\alpha + \beta) + (\alpha + \beta)$
$= 4 \cdot \alpha + 4 \cdot \beta + 4 \cdot \gamma$
$= 4 \cdot (\alpha + \beta + \gamma)$
$= 4 \cdot 180°$
$= 720°$

3. a) Die Mittelpunkte der Ankreise sind die Schnittpunkte der Winkelhalbierenden der Außenwinkel. Sie liegen auch auf der Winkelhalbierenden des gegenüber liegenden Winkels.

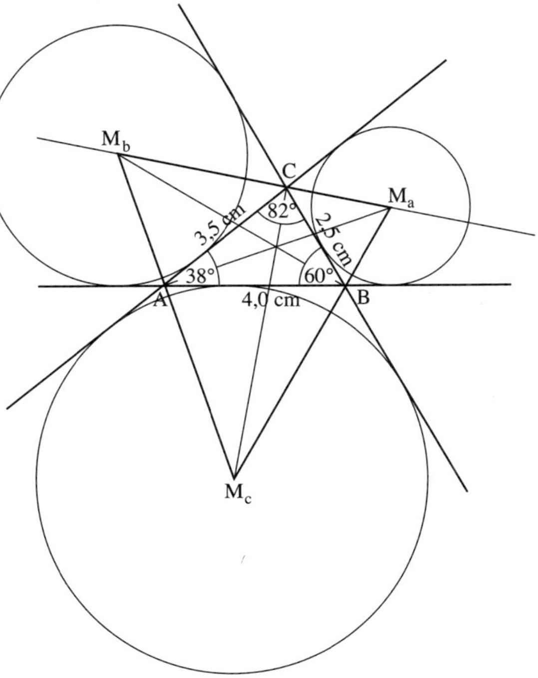

201 **3. b)** Die Winkelhalbierenden von je zwei Außenwinkeln schneiden sich in einem Punkt, da sie nicht zueinander parallel sind. Es gibt also drei Ankreise, die je eine Seite des Dreiecks berühren.

c) Die Winkelhalbierenden der Außenwinkel sind orthogonal zu der Winkelhalbierenden des zugehörigen Innenwinkels, also ist M_cM_b orthogonal zu AM_a (siehe Bild zu Teilaufgabe a). Entsprechendes gilt für die anderen Winkelhalbierenden. Der Höhenschnittpunkt der Winkelhalbierenden im Dreieck ABC wird damit Mittelpunkt des Inkreises von Dreieck ABC.

4. (1) Zeichne die 3 Punkte A, B und H in ein Koordinatensystem;
(2) Zeichne die Strecke $\overline{AB}$.
(3) Zeichne die Halbgerade $\overline{AH}$ und $\overline{BH}$.
(4) Konstruiere die Orthogonale zu AH durch B.
(5) Konstruiere die Orthogonale zu BH durch A.
(6) Nenne die Schnittpunkte der beiden Orthogonalen aus (4) und (5) C; ungefähre Koordinaten C(4 | 17).
ABC ist das gesuchte Dreieck.

5. *Konstruktionsbeschreibung:*

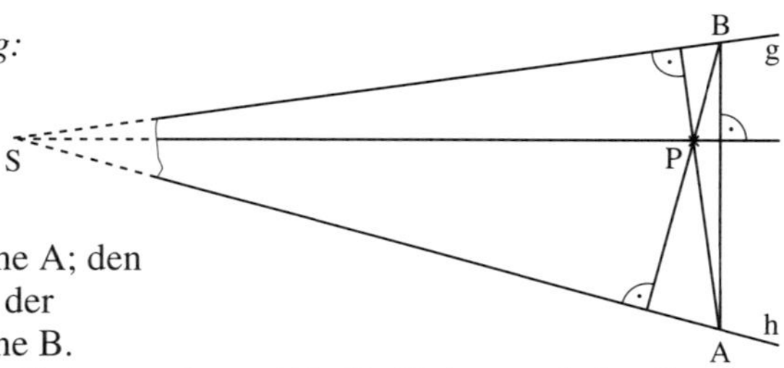

(1) Konstruiere durch P die Orthogonalen zu g und h; den Schnittpunkt von h mit der Orthogonalen zu g nenne A; den Schnittpunkt von g mit der Orthogonalen zu h nenne B.
(2) Konstruiere durch P die Orthogonale zu AB; die Orthogonale ist die Gerade PS.

Begründung: P ist Höhenschnittpunkt im Dreieck ABS.

5. Prozentrechnung

5.1 Absoluter und relativer Vergleich – Anteile in Prozent

205 **2.** **a)** $1{,}5\% = \frac{1{,}5}{100} = \frac{15}{1\,000} = \frac{3}{200} = 0{,}015$

$12{,}5\% = \frac{12{,}5}{100} = \frac{125}{1\,000} = \frac{1}{8} = 0{,}125$

$\frac{1}{2}\% = \frac{0{,}5}{100} = \frac{5}{1000} = \frac{1}{120} = 0{,}005$

$5\frac{3}{4} = \frac{23}{4} = \frac{5{,}75}{100} = \frac{575}{1000} = \frac{23}{400} = 0{,}0575$

$0{,}7\% = \frac{7}{10} = 0{,}7$

$20{,}16\% = \frac{20{,}16}{100} = \frac{2\,016}{10\,000} = \frac{126}{625} = 0{,}216$

$74{,}25\% = \frac{74{,}25}{100} = \frac{7\,425}{10\,000} = \frac{297}{400} = 0{,}7425$

$0{,}08\% = \frac{0{,}08}{100} = \frac{8}{10\,000} = 0{,}0008$

b) $0{,}428 = \frac{428}{1\,000} = \frac{42{,}8}{100} = 42{,}8\%$

$0{,}036 = \frac{36}{1\,000} = \frac{3{,}6}{100} = 3{,}6\%$

$0{,}003 = \frac{3}{1\,000} = \frac{0{,}3}{100} = 0{,}3\%$

$0{,}408 = \frac{408}{1\,000} = \frac{40{,}8}{100} = 40{,}8\%$

$0{,}020 = \frac{20}{1\,000} = \frac{2}{100} = 2\%$

$0{,}7002 = \frac{7\,002}{10\,000} = \frac{70{,}02}{100} = 70{,}02\%$

3. Gebäude und Freiflächen: 35%; $\frac{35}{100}$ von 10 700 ha = 3 745 ha = 37,45 km²

Wald: 22%; $\frac{22}{100}$ von 10 700 ha = 2 354 ha = 23,54 km²

Landwirtschaft: 17%; $\frac{17}{100}$ von 10 700 ha = 1 819 ha = 18,19 km²

Verkehr: 13%; $\frac{13}{100}$ von 10 700 ha = 1 391 ha = 13,91 km²

Erholungs- und Wasserflächen: 13%; $\frac{13}{100}$ von 10 700 ha = 1 391 ha = 13,91 km²

206

4. 1. Woche: $\frac{1\,100}{2\,200} = \frac{1}{2} = 50\%$ 5. Woche: $\frac{630}{2\,100} = \frac{3}{10} = 30\%$

2. Woche: $\frac{1\,000}{2\,500} = \frac{2}{5} = 40\%$ 6. Woche: $\frac{1\,260}{2\,800} = \frac{9}{20} = 45\%$

3. Woche: $\frac{945}{2\,700} = \frac{7}{20} = 35\%$ 7. Woche: $\frac{600}{2\,400} = \frac{1}{4} = 25\%$

4. Woche: $\frac{900}{1\,500} = \frac{3}{5} = 60\%$ 8. Woche: $\frac{1\,170}{1\,800} = \frac{13}{20} = 65\%$

In der 8. Woche war der Top-Hit am erfolgreichsten.

5. **a)** rot: $\frac{40}{100} = 40\%$ **c)** rot: $\frac{1}{2} = 50\%$

blau: $\frac{26}{100} = 26\%$ blau: $\frac{1}{4} = 25\%$

gelb: $\frac{34}{100} = 34\%$ gelb: $\frac{1}{4} = 25\%$

b) rot: $\frac{15}{100} = 15\%$ **d)** rot: $\frac{3}{10} = 30\%$

blau: $\frac{20}{100} = 20\%$ blau: $\frac{2}{10} = 20\%$

gelb: $\frac{65}{100} = 65\%$ gelb: $\frac{5}{10} = 50\%$

6. **a)** rot: 20%, grün: 30%, blau: 40%, gelb: 10%
b) rot: 10%, grün: 35%, blau: 25%, gelb: 30%
c) rot: 28%, grün: 28%, blau: 16%, gelb: 28%
d) rot: 20%, grün: 40%, blau: 20%, gelb: 20%

7. Rasen: 46% Gemüse: 16% Blumen: 34% Gartenhaus: 4%

8. **a)** 20% grün: 2 cm = 20 mm 40% rot: 4 cm = 40 mm
7% blau: 0,7 cm = 7 mm 33% ungefärbt: 3,3 cm = 33 mm

b) Auf Karopapier (5 mm mal 5 mm):
rot: 48 Kästchen grün: 28 Kästchen
blau: 76 Kästchen ungefärbt: 48 Kästchen

9. **a)**
$17\% = 0{,}17 = \frac{17}{100}$
$48\% = 0{,}48 = \frac{48}{100} = \frac{24}{50}$
$8\% = 0{,}08 = \frac{8}{100} = \frac{2}{25}$
$60\% = 0{,}6 = \frac{60}{100} = \frac{3}{5}$
$95\% = 0{,}95 = \frac{95}{100} = \frac{19}{20}$
$16\% = 0{,}16 = \frac{16}{100} = \frac{4}{25}$
$1\% = 0{,}01 = \frac{1}{100}$

b)
0,26 = 26%
0,12 = 12%
0,09 = 9%
0,70 = 70%
0,9 = 90%
1 = 100%
0,1 = 10%
0,05 = 5%

206

9. c) (1) $\frac{7}{10} = \frac{70}{100} = 70\%$

$\frac{3}{5} = \frac{60}{100} = 60\%$

$\frac{4}{20} = \frac{20}{100} = 20\%$

$\frac{1}{25} = \frac{4}{100} = 4\%$

$\frac{9}{25} = \frac{36}{100} = 36\%$

$\frac{7}{50} = \frac{14}{100} = 14\%$

$\frac{60}{200} = \frac{30}{100} = 30\%$

$\frac{60}{300} = \frac{20}{100} = 20\%$

$\frac{35}{500} = \frac{7}{100} = 7\%$

$\frac{240}{1000} = \frac{24}{100} = 24\%$

(2) $\frac{6}{8} = \frac{3}{4} = \frac{75}{100} = 75\%$

$\frac{12}{15} = \frac{4}{5} = \frac{80}{100} = 80\%$

$\frac{3}{25} = \frac{12}{100} = 12\%$

$\frac{8}{20} = \frac{40}{100} = 40\%$

$\frac{18}{150} = \frac{6}{50} = \frac{12}{100} = 12\%$

$\frac{81}{90} = \frac{9}{10} = \frac{90}{100} = 90\%$

$\frac{33}{55} = \frac{3}{5} = \frac{60}{100} = 60\%$

$\frac{81}{135} = \frac{3}{5} = \frac{60}{100} = 60\%$

$\frac{9}{60} = \frac{3}{20} = \frac{15}{100} = 15\%$

$\frac{498}{996} = \frac{1}{2} = \frac{50}{100} = 50\%$

$\frac{25}{1250} = \frac{1}{50} = \frac{2}{100} = 2\%$

207

10. a) $\frac{1}{2} = 50\%$; $\frac{9}{20} = 45\%$; $\frac{13}{25} = 52\%$; $\frac{3}{5} = 60\%$; $\frac{27}{50} = 54\%$; $\frac{8}{10} = 80\%$

$\frac{9}{20} < \frac{1}{2} < \frac{13}{25} < \frac{27}{50} < \frac{3}{5} < \frac{8}{10}$

b) $\frac{1}{5} = 20\%$; $\frac{3}{20} = 15\%$; $\frac{1}{10} = 10\%$; $\frac{2}{25} = 8\%$; $\frac{6}{40} = 15\%$; $\frac{3}{12} = 25\%$

$\frac{2}{25} < \frac{1}{10} < \frac{3}{20} = \frac{6}{40} < \frac{1}{5} < \frac{3}{12}$

c) $\frac{3}{4} = 75\%$; $\frac{8}{25} = 32\%$; $\frac{26}{40} = 65\%$; $\frac{18}{45} = 40\%$; $\frac{54}{120} = 45\%$

$\frac{8}{25} < \frac{18}{45} < \frac{54}{120} < \frac{26}{40} < \frac{3}{4}$

11. a) $24,5\% = \frac{24,5}{100} = 0,245$

$30,7\% = \frac{30,7}{100} = 0,307$

$46,1\% = \frac{46,1}{100} = 0,461$

$97,6\% = \frac{97,6}{100} = 0,976$

b) $4,2\% = \frac{4,2}{100} = 0,042$

$9,5\% = \frac{9,5}{100} = 0,095$

$1,3\% = \frac{1,3}{100} = 0,013$

$0,5\% = \frac{0,5}{100} = 0,005$

$0,8\% = \frac{0,8}{100} = 0,008$

c) $12,75\% = \frac{12,75}{100} = 0,1275$

$20,25\% = \frac{20,25}{100} = 0,2025$

$3,25\% = \frac{3,25}{100} = 0,0325$

$4,86\% = \frac{4,86}{100} = 0,0486$

d) $4,85\% = \frac{4,85}{100} = 0,0485$

$6,75\% = \frac{6,75}{100} = 0,0675$

$7,24\% = \frac{7,24}{100} = 0,0724$

$0,75\% = \frac{0,75}{100} = 0,0075$

$0,04\% = \frac{0,04}{100} = 0,0004$

207

12. 47,5%; 60,4%; 23,6%; 7,5%; 10,9%; 0,5%; 2,4%; 97,4%

13. 0,561 = 56,1% ≈ 56%
0,386 = 38,6% ≈ 39%
0,249 = 24,9% ≈ 25%
0,094 = 9,4% ≈ 9%
0,0086 = 0,86% ≈ 1%
0,1043 = 10,43% ≈ 10%
0,0013 = 0,13% ≈ 0%

14. **a)** $33\frac{1}{3}\%$; 25%; 12,5%; 62,5%; $8\frac{1}{3}\%$; $22\frac{2}{9}\%$; $36\frac{4}{11}\%$

b) 80%; $66\frac{2}{3}\%$; 37,5%; $41\frac{2}{3}\%$; $14\frac{2}{7}\%$; $13\frac{1}{3}\%$; $7\frac{1}{7}\%$

15. *Beispiele:*

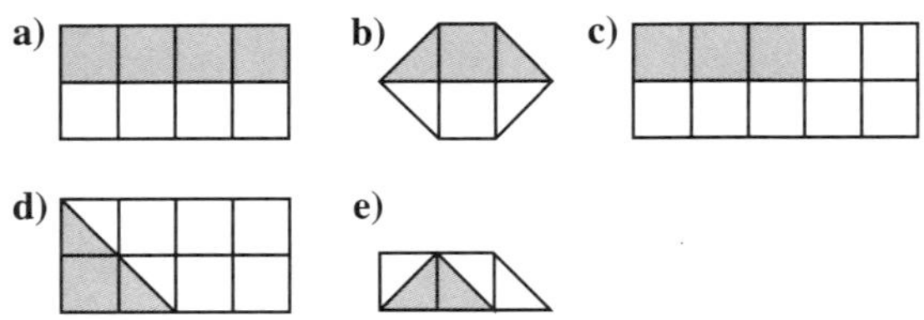

16. Klassenstufe 7: $\frac{27}{75} = 36\%$ Klassenstufe 9: $\frac{25}{75} = 33\frac{1}{3}\%$

Klassenstufe 8: $\frac{28}{80} = 35\%$ Klassenstufe 10: $\frac{26}{78} = 33\frac{1}{3}\%$

17. Erich Kästner-Schule: $\frac{87}{580} = 15\%$ Zuwachs

Wilhelm Busch-Gymnasium: $\frac{112}{784} \approx 14\%$ Zuwachs

18. In Klassenstufe 6 tragen $\frac{36}{150} = 24\%$ der Schüler(innen) regelmäßig einen Helm und in Klassenstufe 7 tragen $\frac{33}{132} = 25\%$ der Schüler(innen) regelmäßig einen Helm.
In der 7. Klassenstufe sind die Schüler(innen) etwas sicherheitsbewusster.

19. -

20. -

5.2 Grundaufgaben der Prozentrechnung

5.2.1 Berechnen des Prozentsatzes – Anteil am Ganzen

209

1. Sascha: 24% Henrike: 32% Lucas: 44%

2. **a)** 50%; 75%; 25%; 5%; 10%; 20%
b) 25%; 10%; 75%; 1%; 5%; 90%

3. **a)** 25%, 20% **b)** 20%, 15% **c)** 100%, 5% **d)** 12,5%, 20%

4. **a)** 15%, 10% **b)** 5%, 100% **c)** 25%, $33\frac{1}{3}\%$

5. **a)** 40 m von 80 m sind 50%.
6 ℓ von 30 ℓ sind 20%.
b) 25 kg von 50 kg sind 50%.
60 € von 600 € sind 10%.
c) 10 m² von 40 m² sind 25%.
40 km von 200 km sind 20%.

6. Es sind rund 14% ihres Gehaltes.

7. 60%

8.

Fettfleisch:	48% Wassergehalt
Roggenbrot:	41% Wassergehalt
Kartoffeln:	75% Wassergehalt
Magerkäse:	44% Wassergehalt

9. Champignons: $56\frac{2}{3}\%$ Wasser: $43\frac{1}{3}\%$

210

10. **a)** 16% **b)** 20%, also etwas mehr. **c)** 84%

11. **a)** 11%
b) Z. B.: Wie viel Prozent der Ausgaben entfielen auf Spanien, Österreich, Frankreich, Niederlande und Türkei?
Antwort: Spanien 12%; Österreich 12%; Frankreich 7%; Niederlande 5%; Türkei 5%

12. Siehe auch Information auf Seite 209 des Schülerbandes.

5.2.2 Berechnen des Prozentwertes – Vom Ganzen zum Teil

211

2. a) -

b) (1) 40 kg; 12 min; 320 m; 540 m²
(2) 54 €; 54 kg; 77 m; 24,3 ℓ
(3) 8 h; 6,6 kg; 17,6 m²; 24 m²

3. a) -

b) (1) Ungefähr 750 Zuschauer; (50% von 1 500 Zuschauern)
(2) Ungefähr 120 m²; ($66\frac{2}{3}$ % von 180 m²)
(3) Ungefähr 12,5 kg; (25% von 50 kg)

4. a) Der Anteil der Lkw an allen Fahrzeugarten beträgt 15%, also muss auch die Größe des Mittelpunktwinkels für Lkw 15% der Größe des Vollwinkels (360°) betragen.

b) Pkw: $360° \cdot \frac{75}{100} = 270°$ Sonstige: $360° \cdot \frac{10}{100} = 36°$

5. Es sind 256 richtige Lösungen eingegangen.

212

6. a) 86 € [602 €; 3 139 €; 4 042 €; 946 €; 1 548 €]
b) 54 ℓ [378 ℓ ; 1 971 ℓ ; 2 538 ℓ ; 594 ℓ ; 972 ℓ]
c) 13,6 m [95,2 m; 496,4 m; 639,2 m; 149,6 m; 244,8 m]
d) 26,8 kg [187,6 kg; 978,2 kg; 1 259,6 kg; 294,8 kg; 482,4 kg]
e) 0,016 m² [0,112 m²; 0,584 m²; 0,752 m²; 0,176 m²; 0,288 m²]

7. a) (1) 30 kg [60 kg; 90 kg; 12 kg; 24 kg; 1,2 kg]
(2) 200 € [400 €; 600 €; 80 €; 160 €; 8 €]
(3) 12,5 m [25 m; 37,5 m; 5 m; 10 m; 0,5 m]

b) (1) 80 € [160 €; 30 €]
(2) 160 kg [320 kg; 60 kg]
(3) 48 ℓ [96 ℓ ; 18 ℓ]

8. a) 70 kg
700 m²
68 €

b) 45 €
25,2 m
30 cm

c) 120 €
24,75 m
100 m²

9. a) 10% von 26 ℓ = 2,6 ℓ — genau: 9% von 26 ℓ = 2,34 ℓ
50% von 2 600 t = 1 300 t — genau: 52% von 2 600 t = 1 352 t

b) $66\frac{2}{3}$ % von 900 € = 600 € — genau: 65% von 930 € = 604,50 €
20% von 100 € = 20 € — genau: 17% von 98 € = 16,66 €

c) 25% von 1 000 m = 250 m — genau: 28% von 985 m = 275,8 m
60% von 1 m² = 0,6 m² — genau: 61% von 0,9 m² = 0,549 m²

d) 20% von 600 € = 120 € — genau: 20% von 583 € = 116,60 €
25% von 400 ℓ = 100 ℓ — genau: 25% von 409 ℓ = 102,25 ℓ

10. Es sind 2,20 € Steuern enthalten.

212 **11.** **a)** 30 kg **b)** - **c)** 1,5 kg [1,14 kg]

12. 75 mg

13. **a)** (1) 201 g (2) 445 g (3) 1 500 g (4) 235 g
b) Z. B.: Wie viel g Wasser sind in 500 g Brot enthalten?
Antwort: 205 g Wasser.
Z. B.: Wie viel g Wasser sind in 250 g Butter enthalten?
Antwort: 42,5 g Wasser.
Z. B.: Wie viel g Wasser sind in 1 kg Äpfel enthalten?
Antwort: 840 g Wasser.

14. 451 Schüler(innen) hatten keine Haltungsschäden.

15. (1) 2,4498 € ≈ 2,45 € (nicht gerundet).
(2) richtig
(3) 8,704 m² ≈ 8,7 m² (nicht gerundet).

213 **16.** **a)** 117 Mitglieder (Badminton)
b) 156 Mitglieder (Basketball) 377 Mitglieder (übrige Abteilungen)
c) Streifendiagramm: 1 cm für 10%
Badminton: 1,8 cm
Basketball: 2,4 cm
übrige Abteilungen: 5,8 cm

17. **a)** 15%
b) Stablänge: 1 cm für 10% — Mittelpunktswinkel:

Baden/Duschen:	3 cm	30% = 108°
Toilettenspülung:	2,5 cm	25% = 90°
Wäschereinigung:	1,5 cm	15% = 54°
Kochen/Küchenbed.:	1 cm	10% = 36°
Pflanzen/Gärten:	0,5 cm	5% = 18°
Sonstiges:	1,5 cm	15% = 54°

c)

Baden/Duschen:	42 ℓ
Toilettenspülung:	35 ℓ
Wäschereinigung:	21 ℓ
Kochen/Küchenbed.:	14 ℓ
Pflanzen/Gärten:	7 ℓ
Sonstiges:	21 ℓ

d) Der Anteil beträgt 50%.

213

18. a)

Rot:	$\frac{1}{20}$
Grün:	$\frac{1}{20}$
Schwarz:	$\frac{1}{4}$
Blau:	$\frac{1}{5}$
Grau:	$\frac{9}{20}$
Sonstige:	$\frac{1}{20}$

b)

Grau:	45%
Blau:	18,6%
Schwarz:	22,5%
Grün:	5%
Rot:	4,7%
Sonstige:	4,2%

c) -

19. a) Mittelpunktswinkel: Stickstoff 280,8°; Sauerstoff 75,6°; restliche Stoffe 3,6°
b) 0,21 m³ = 210 dm³ = 210 ℓ
c) -

20. Siehe auch Information auf Seite 210 des Schülerbandes.

21.

CD-Spieler:	28,80 €	Skateboard:	7,20 €
Walkman:	11,20 €	Eishockey-Schuhe:	15,20 €
Mountain-Bike:	62,40 €	Fotoapparat:	36,00 €

5.2.3 Berechnen des Grundwertes – Vom Teil zum Ganzen

215

2. 60 mg

3. a) 900 kg **b)** 300 kg **c)** 30 € **d)** 900 € **e)** 125 km **f)** 22,5 ℓ

4. a) G = 24 € [48 €; 120 €; 16 €; 60 €; 1 200 €]
b) G = 60 € [120 €; 300 €; 40 €; 150 €; 3 000 €]
c) G = 150 € [300 €; 750 €; 100 €; 375 €; 7 500 €]

5. a) 2 600 km; 20 kg **b)** 5 625 m²; 8 kg **c)** 937,5 m; 564 €

6. a) 433,3 m; 839,3 kg; 223,9 € **b)** 67,9 m³; 878,2 m²; 111,6 ℓ **c)** 1 296 g; 4 333 kg; 778 m

7. a)

300 € sind 20% von 1 500 €	genauer: G = 1 455 €
60 ℓ sind 25% von 240 ℓ	genauer: G = 232 ℓ
30 kg sind 75% von 40 kg	genauer: G = $37\frac{1}{3}$ kg

b)

70 m sind 10% von 700 m	genauer: G = $583\frac{1}{3}$ m
350 € sind 50% von 700 €	genauer: G ≈ 729,17 €
800 kg sind $66\frac{2}{3}$ % von 1 200 kg	genauer: G ≈ 1 230,769 kg

215

7. c) 300 m² sind 30% von 1 000 m — genauer: G ≈ 1 085,19 m²
300 € sind 75% von 400 € — genauer: G ≈ 429,73 €
500 km sind $33\frac{1}{3}$ % von 1 500 km — genauer: G ≈ 458,824 km

8. Siehe auch Information auf Seite 214 des Schülerbandes.

9. Überschlag: ungefähr 6 000 t Eisenerz; genau: $6\,666\frac{2}{3}$ t Eisenerz

10. Die Klasse hat noch einen Weg von 2 Stunden und 3 Minuten vor sich.

11. Blauwahl: 250 000;
Pottwal: ≈ 629 630 ≈ 630 000
Zwergwal: ≈ 863 636 ≈ 860 000
Grönlandwal: 30 000;
Südlicher Glattwal: 100 000;
Finnwal: 562 500;
Buckelwal: ≈ 82 609 ≈ 80 000
Seiwal: ≈ 261 905 ≈ 260 000

Im Blickpunkt: Prozentrechnung mit Tabellenkalkulation

216

1.

Grundwert	250	360	450	680	745	84,8	42,55
Prozentsatz	12	35	64	12	78	13	16
Prozentwert	30	126	288	81,6	581,1	11,024	6,808

2.

Prozentwert	36	45	16	9	133	143	66
Prozentsatz	12	18	64	15	19	26	88
Grundwert	300	250	25	60	700	550	75

3.

Grundwert	52	69	160	740	685	74,5	12,6
Prozentwert	13	13,9	27,2	170,2	89,05	6,09	3,15
Prozentsatz	25	20,145	17	23	13	8,1745	25

4. a)

	Verkehr	Wirtschaft	Haushalt	Energie-erzeugung
Prozentsatz	20,70	20,16	14,38	44,75
Ausstoß (in Mio. t)	172,555	168,054	119,872	373,036

b) -

5.3 Vermischte Übungen zu den Grundaufgaben

217

1. Ungefähr 28 571 Einwohner – 2 000 Einwohner, also ungefähr 26 570 Einwohner.

2. 400 Fahrgäste

3. a) Prozentsatz b) Prozentsatz c) Grundwert

217

4. Das Rad kostete ursprünglich 560 €.

5. Kupfer: 65% Zinn: 35%

6. **a)** Das Getränk wiegt 996 g; ≈ 60%
b) Z. B.: Wie viel Prozent Milch enthält das Getränk?
Antwort: ≈ 21%
Z. B.: Wie viel Prozent Himbeeren enthält das Getränk?
Antwort: ≈ 15%
Z. B.: Wie viel Prozent Vanillezucker enthält das Getränk?
Antwort: ≈ 4%

7. Der Tank fasst 72 ℓ.

8. (1) richtig; $\frac{1}{10} = 10\%$
(2) richtig; $1 : 10 = 10\%$
(3) falsch; $1 \cdot 10 \neq 10\%$
(4) richtig; $0{,}10 = 10\%$
(5) falsch: $1 + 10 \neq 10\%$
(6) falsch; $1 : 0{,}10 \neq 10\%$

9. Das Grundstück muss mindestens 270 m² haben.

218

10. Der „Gegenstand" muss ungefähr einen Wert (Grundwert) von 3 022 € haben.

11. **a)** 18% **b)** 72 t **c)** $333\frac{1}{3}$ kg

12. Z. B.: Wie viele Fahrräder hatten defekte Beleuchtung?
Antwort: 27 Fahrräder.
Z.B.: Wie viele Motorräder hatten eine zu laute Auspuffanlage?
Antwort: Bei einem Motorrad war die Auspuffanlage zu laut.
Z. B.: Wie viele Fahrer waren nicht angeschnallt?
Antwort: 46 Fahrer waren nicht angeschnallt.

13. **a)** 77 Männer **b)** 30% **c)** 175 Beschäftigte

14. **a)** Z. B.:Herr Meier möchte sich einen DVD-Player kaufen. 3% des Gesamtpreises muss er sofort anzahlen, das sind 21 €. Wie teuer ist der DVD-Player?
Antwort: Der DVD-Player kostet 700 €.
b) Z. B.: Familie Brandt fährt mit dem Auto in den Urlaub. Die Gesamtstrecke beträgt 240 km. Nach 150 km möchte Frau Brand nicht mehr fahren und bittet ihren Mann den Rest der Strecke zu übernehmen. Gib die gefahrene Strecke von Frau Brand in Prozent an.
Antwort: Frau Brand ist 62,5% der Strecke gefahren.
c) Z. B.: Frau Soppke erntet in ihrem Garten 36 kg Äpfel. 5% der Äpfel sind faul. Wie viel kg sind faul?
Antwort: 1,8 kg der Äpfel sind faul.

15. **a)** 576 Schüler(innen)
b) 209 Schüler(innen)
c) 85% aller Schüler(innen)

218 **16.** Orangennektar: 1,05 ≈ 1 ℓ gezuckertes Wasser
Orangen-Fruchtsaftgetränke: 1,974 ≈ 2 ℓ gezuckertes Wasser
Orangenlimonade: 2,037 ≈ 2 ℓ gezuckertes Wasser

17. Schachtel: 59,4 g Kakao
1 Tafel Vollmilch: ≈ 2,9 g Kakao
1 Tafel Zartbitter: 4,5 g Kakao

219 **18.** Beispiele für einen Taschenrechner:
(1) 20% von 50 = 10
(2) 40 + 10% von 40 = 40 + 4 = 44
(3) 12% von 0 = 0

19. **a)** Alle Artikel sind um 50% billiger.
b) Z. B.: Bleistift: 1,20 € regulär — 50%: 0,60 €
Z. B.: Tuschkasten: 6,60 € regulär — 50%: 3,30 €
Z. B.: Zirkel: 9,80 € regulär — 50%: 4,90 €

20. Die Gurke enthält 360 g Wasser. Es verdunsten 100 g Wasser. Es sind dann noch 260 g Wasser. 260 g von 300 g sind $86\frac{2}{3}$ %, also ungefähr 87%.

21. **a)**

Kernenergie:	168 000 Mrd. kWh
Braunkohle:	156 800 Mrd. kWh
Steinkohle:	134 400 Mrd. kWh
Erdgas:	39 200 Mrd. kWh
Erneuerbare Energie:	50 400 Mrd. kWh
Heizöl/Sonstige:	11 200 Mrd. kWh

b) 20 012,2 Mrd. kWh; Ungefähr 3,6%
c) Ungefähr 39,7%
d) Z. B.: Wie viel Prozent der gesamten Stromerzeugung stammte 2003 aus Windkraftanlagen?
Antwort: Ungefähr 1,7%.

22. Streifendiagramm: 1 cm für 10%; Kreisdiagramm: Mittelpunktswinkel
Oper: 12%; 1,2 cm; 43°
Konzert: 14%; 1,4 cm; 50°
Jazz: 22%; 2,2 cm; 79°
Pop: 48%; 4,8 cm; 173°
Sonstige: 4%; 0,4 cm; 14°

23. **a)**

Calcium:	800 µg	Vitamin B1:	1 400 µg
Phosphor:	≈ 792 µg	Vitamin B2:	≈ 1 593 µg
Vitamin A:	≈ 804 µg	Vitamin B6:	2 000 µg
Vitamin C:	60 000 µg	Vitamin B12:	≈ 4 µg
Vitamin E:	10 000 µg		

b) Z. B. Wie viel Liter Milch muss man trinken, um den täglichen Bedarf an Calcium nur damit zu decken?
Antwort: 500 ml sind 75% von 750 ml, also $\frac{3}{4}$ ℓ Milch.

24. Zwischen 6 410 ℓ und 10 000 ℓ Wasser.

6. Berechnungen an Vielecken

6.1 Flächeninhalt eines Parallelogramms

223

2. Die Länge der anderen Seite entspricht der Höhe h. Der Flächeninhalt des Parallelogramms ist genauso groß wie der Flächeninhalt des Rechtecks (siehe Zerlegung im Bild).

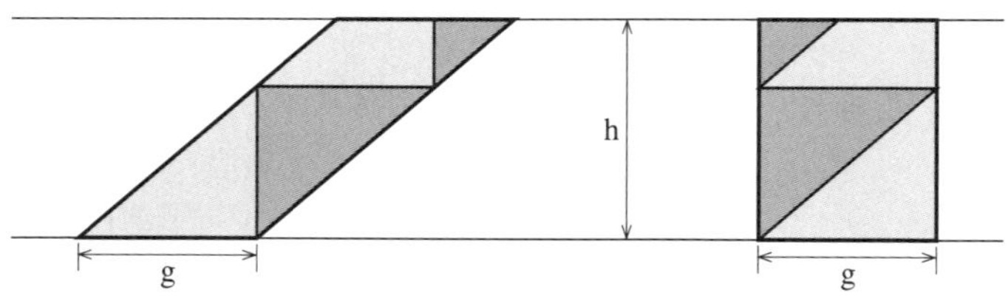

3. a) Die Parallelogramme haben alle denselben Flächeninhalt A = 3,3 cm², da sie alle gleich lange Grundseiten und Höhen besitzen.
Satz: Parallelogramme mit gleich langer Grundseite und gleicher Höhe besitzen denselben Flächeninhalt.
b) Zum Beispiel Parallelogramme mit der Grundseite g = 5,3 cm und der Höhe h = 5,3 cm.

224

4. Die Höhe ist $h_a \approx 4{,}3$ cm. Der Flächeninhalt beträgt 36 cm².

5. a) 9 000 m²
12 000 a
24 a
36 km²

b) 800 mm²
9 dm²
450 000 dm²
30 000 000 mm²

c) 9 ha
90 000 m²
40 000 a
4 km²

d) 20 000 dm²
2 a
7 ha
70 000 m²

e) 7 000 000 m²
290 000 a
24 000 000 cm²
3 ha

f) 90 000 a
800 000 000 m²
800 km²
8 km²

g) 7 300 000 cm²
7 300 000 000 mm²
0,73 cm²
0,073 dm²

h) 5 600 000 m²
0,56 km²
560 000 m²
56 ha

224

6. **a)** 375 a
752 m²
1 659 ha
2 538 dm²

b) 2 350 a
1 705 m²
470 ha
1 307 dm²

c) 85 a
375 cm²
804 mm²
580 mm²

d) 3 709 dm²
940 mm²
7 cm²
8 151 a

e) 1 740 ha
804 ha
2 405 m²
3 140 dm²

7. -

8. **a)** Zum Beispiel 6 000 m und 5 100 m.
b) Zum Beispiel etwa 200 km und 238 km [etwa 4000 m und 510 m].

9. 5,7 ha = 570 a = 57 000 m²; 57 000 m² : 600 m² = 95
Man kann das Neubaugebiet in 95 Grundstücke aufteilen, die 600 m² groß sind.

10. Man konstruiert jeweils ein Rechteck, dessen Seitenlängen die Grundseite und die entsprechende Höhe des Parallelogramms sind.
a) 3 cm² **b)** 6,25 cm² **c)** 3 cm² **d)** 3,75 cm² **e)** 3 cm²

225

11. **a)** 12,6 cm² **b)** 8,36 cm² **c)** 16,8 cm² **d)** 10,8 cm²

12.

Seite	Länge der Seite	zugehörige Höhe	Flächeninhalt
$\overline{AB}$	3,0 cm	1,7 cm	5,1 cm²
$\overline{BC}$	2,1 cm	2,5 cm	5,25 cm²
$\overline{CD}$	3,0 cm	1,7 cm	5,1 cm²
$\overline{DA}$	2,1 cm	2,5 cm	5,25 cm²

Die Unterschiede beim Flächeninhalt entstehen durch Messungenauigkeiten (Rundungen). Der genaue Flächeninhalt beträgt 5,25 cm².

13. Richtig ist: A = 300 cm · 15 cm = 4 500 cm²
Sophie hätte den Wert 3 m umrechnen müssen.
Felix hat den halben Umfang berechnet.
Laura hat mit der Seitenlänge statt mit der Höhe gerechnet.

14. **a)** A = 4,5 cm²
u ≈ 9,9 cm
b) A = 2,0 cm²
u ≈ 6,0 cm
c) A = 1,75 cm²
u ≈ 6,4 cm
d) A = 2,5 cm²
u ≈ 6,4 cm
e) A = 5,25 cm²
u ≈ 10,5 cm

15. **a)** A = 28 cm²
b) A = 12 cm²
c) A = 20 cm²
d) A = 15,84 cm²
e) A = 22 cm²

225 **16.** **a)** $g = 8{,}5$ cm **b)** $g = \frac{A_P}{h}$

226 **17.**

	a)	b)	c)	d)	e)
Seitenlänge g	16,2 cm	4,3 cm	150 cm	25,5 m	$6\frac{1}{9}$ m ≈ 6 m
zugehörige Höhe h	3,5 cm	5,2 cm	650 cm	18,0 m	4,5 km
Flächeninhalt A_P	56,7 cm²	22,36 cm²	9,75 m²	4,59 a	2,75 ha

18. **a)** Der erste Streifen hat die Länge:
$l = 20\text{ cm} + 10 \cdot 5\text{ cm} + 9 \cdot 20\text{ cm} = 250\text{ cm}$.
Der Flächeninhalt beträgt: $A = 250\text{ cm} \cdot 15\text{ cm} = 3\,750\text{ cm}^2$.
Der Flächeninhalt der grünen Streifen beträgt:
$A_{grün} = 10 \cdot 5\text{ cm} \cdot 15\text{ cm} = 750\text{ cm}^2$.
Das sind 20% der Gesamtfläche.
Der zweite Streifen hat die Länge:
$l = 15\text{ cm} + 13 \cdot 5\text{ cm} + 12 \cdot 20\text{ cm} = 320\text{ cm}$.
Der Flächeninhalt beträgt: $A = 320\text{ cm} \cdot 15\text{ cm} = 4\,800\text{ cm}^2$.
Der Flächeninhalt der grünen Streifen beträgt:
$A_{grün} = 13 \cdot 5\text{ cm} \cdot 15\text{ cm} = 975\text{ cm}^2$.
Das sind ungefähr 20,3% der Gesamtfläche.

b) Ein halbes braunes Feld ist 26 cm lang, ein grüner Streifen 14 cm breit, insgesamt also 40 cm.
Das Ornament besitzt also 40 m : 40 cm = 100 grüne Streifen.
Die grünen Streifen haben den Flächeninhalt:
$A_{grün} = 100 \cdot 14\text{ cm} \cdot 36\text{ cm} = 50\,400\text{ cm}^2 = 5{,}04\text{ m}^2$.
Der Flächeninhalt des Ornaments beträgt:
$A = 40\text{ m} \cdot 36\text{ m} = 144\,000\text{ cm}^2 = 14{,}40\text{ m}^2$.
Der Flächeninhalt der braunen Fläche beträgt:
$A_{braun} = A - A_{grün} = 9{,}36\text{ m}^2$.
65% des Ornaments sind braun, 35% sind grün.

19. $A = 2 \cdot 2{,}40\text{ m} \cdot 3{,}20\text{ m} + 3{,}16\text{ m} \cdot 3{,}20\text{ m} = 25{,}472\text{ m}^2 \approx 25{,}5\text{ m}^2$
Die Kosten betragen 318,40 €, also ungefähr 320 €.

20. **a)** Der Flächeninhalt verdoppelt [verdreifacht; vervierfacht] sich.
b) Der Flächeninhalt versechsfacht [verachtfacht] sich.

21. $A_P = a \cdot h_a = 14{,}25\text{ cm}^2$; $h_b = \frac{A_P}{b} \approx 4{,}1$ cm.

22. Das Rechteck hat den größten Flächeninhalt, nämlich 17,5 cm².

226 **23.** $h_a = 20\ cm^2 : 4\ cm = 5\ cm$; $h_b = 20\ cm^2 : 6\ cm = 3\frac{1}{3}\ cm \approx 3{,}33\ cm$

$u = 2 \cdot 4\ cm + 2 \cdot 6\ cm = 20\ cm$

6.2 Flächeninhalt eines Dreiecks

227 **1.** Die Dreiecke haben alle denselben Flächeninhalt $A = 2{,}3\ cm^2$, da sie alle gleich lange Grundseiten und Höhen besitzen.
Satz: Dreiecke mit gleich langen Grundseiten und gleicher Höhe besitzen denselben Flächeninhalt.

228 **2.** $h_c \approx 6\ cm$; $A \approx 22{,}80\ cm^2 \approx 23\ cm^2$

3. **a)** 18 cm² **b)** 12 cm² **c)** 4,5 cm² **d)** 4,73 cm²

4.

Seite	Länge der Seite	zugehörige Höhe	Flächeninhalt
$\overline{PQ}$	4,1 cm	2,3 cm	4,72 cm²
$\overline{QR}$	2,6 cm	3,7 cm	4,81 cm²
$\overline{RP}$	3,8 cm	2,5 cm	4,75 cm²

Die Unterschiede beim Flächeninhalt entstehen durch Messungenauigkeiten (Rundungen). Der genaue Flächeninhalt beträgt 4,75 cm².

5.

	a	h_a	b	h_b	c	h_c	A	u
a)	2,5 cm	2,0 cm	2,2 cm	2,2 cm	2,5 cm	2,0 cm	2,50 cm²	7,2 cm
b)	3,6 cm	1,8 cm	2,1 cm	3,2 cm	3,2 cm	2,1 cm	3,25 cm²	8,9 cm
c)	2,5 cm	1,2 cm	3,6 cm	0,8 cm	1,5 cm	20 cm	1,50 cm²	7,6 cm
d)	2,1 cm	2,7 cm	3,2 cm	1,7 cm	2,7 cm	2,0 cm	2,75 cm²	8,0 cm

229 **6.** **a)** $A = 10\ cm^2$ **c)** $A = 12\ cm^2$ **e)** $A = 17{,}42\ cm^2$
b) $A = 15\ cm^2$ **d)** $A = 12{,}72\ cm^2$

7. Die Ortslinie von C ist eine Parallele zu $\overline{AB}$ (durch C).
Siehe Satz in der Lösung zu Aufgabe 1 von Seite 227 des Schülerbandes.

8. $A = 50{,}32\ m^2$; $50{,}32 \cdot 44{,}98\ € = 2\,263{,}40\ €$

9. $A = 4{,}75\ m^2$

229

10. **a)** $h_c = b$; $h_b = c$; $A = 6\ cm^2$

b) $|BC| = 5\ cm$

$h_a = \frac{6\ cm^2 \cdot 2}{5\ cm} = 2{,}4\ cm$

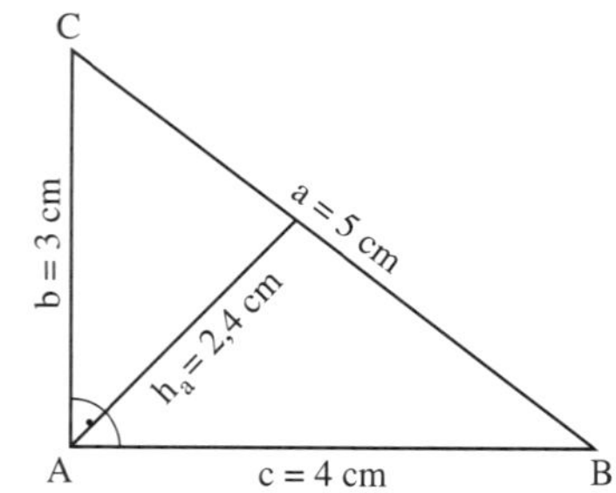

c) Beim rechtwinkligem Dreieck sind zwei Seiten zueinander orthogonal. Der Flächeninhalt ist gleich der Hälfte des Produkts aus den beiden Längen dieser zueinander orthogonalen Seiten.

11. **a)** 6,56 cm²
b) 16,08 cm²
c) 7,08 cm²
d) 6,7405 m² ≈ 6,74 m²

12. **a)** $g = \frac{875\ m^2 \cdot 2}{35\ m} = 50\ m$
b) $h = \frac{875\ m^2 \cdot 2}{45{,}5\ m} \approx 38{,}5\ m$

230

13. $h = \frac{A}{g} \cdot 2$ $\quad h = \frac{18}{4} \cdot 2$

$h = 9\ cm$

Marie hat vergessen, das Ergebnis mit 2 zu multiplizieren.
Patrick hätte mit 2 multiplizieren, satt durch 2 dividieren müssen.
Lea hat richtig gerechnet.

14.

	a)	b)	c)	d)	e)	f)
Seitenlänge g	3,2 cm	3,2 m	4,6 m	127 m	2,2 m	3,5 m
Höhe h	1,9 cm	1,2 m	4,1 m	50 m	14 cm	3,6 cm
Flächeninhalt A_D	3,04 cm²	1,92 m²	9,43 m²	3175 m²	0,154 m²	630 cm²

15. A ≈ 62,35 ha Die Aufforstung kostet also 149 640 €, also etwa 150 000 €.

16. Grob geschätzt: $A \approx \frac{1}{2} \cdot 2\ m \cdot 5\ m = 7{,}5\ m^2$

17. $\overline{MF}$ ist die Mittellinie des Dreiecks ABC. Das Dreieck AMG ist Bild des Dreiecks CMF bei Spiegelung am Punkt M. Die Dreiecke sind zueinander kongruent, haben also gleichen Flächeninhalt.

Das Parallelogramm ABFG hat die Grundseite g und die Höhe $\frac{h}{2}$. Es hat denselben Flächeninhalt wie das Dreieck ABC. Also gilt: $A_D = A_P = g \cdot \frac{h}{2}$.

18. $A_D = \frac{b \cdot h_b}{2} = \frac{c \cdot h_c}{2}$

19. **a)** $h_b \approx 6{,}5\ cm$
b) $h_a \approx 1{,}6\ cm$

6.3 Flächeninhalt eines Trapezes

232

2. $h \approx 3{,}1$ cm

3. **a)** $A_T = 16{,}5$ cm²
b) $A_T = 15$ cm²
c) $A_T = 14$ cm²
d) $A_T = 65{,}6$ cm²

4. **a)** $A = 3{,}375$ cm²
$u \approx 7{,}9$ cm
b) $A = 4{,}5$ cm²
$u \approx 8{,}6$ cm
c) $A = 5$ cm²
$u \approx 10{,}5$ cm
d) $A = 5{,}5$ cm²
$u \approx 10{,}0$ cm

5. **a)** 20 cm²
b) 24 cm²

6. (1) $A_T = 36$ cm²
(2) $A_T = 83{,}64$ m²
(3) $h = 19{,}2$ cm
(4) $h = 5{,}0$ m
(5) $c = 7{,}5$ cm
(6) $a = 16{,}6$ cm

7. $A = 0{,}56$ m²
Die Kosten betragen 16,80 € ohne Mehrwertsteuer, mit Mehrwertsteuer sind es 19,49 €.

8. **a)** Parallelogramm EBCF und Trapez ABCD sind flächeninhaltsgleich, da Dreieck MDF Bild von Dreieck MAE bei Spiegelung an M ist. Das Parallelogramm hat die gleich langen Seiten $\overline{EB}$ und $\overline{CF}$. Es gilt:
$|EB| + |CF| = a - |AE| + c + |DF| = a + c$ (wegen $|AE| = |DF|$).
Das Parallelogramm hat den Flächeninhalt $A_P = |EB| \cdot h = \frac{1}{2}(a+c) \cdot h$.
Wegen $A_T = A_P$ gilt auch $A_T = \frac{1}{2}(a+c) \cdot h$
b) $A = \frac{ah}{2} + \frac{ch}{2} = \frac{1}{2}(a+c) \cdot h$

6.4 Vermischte Übungen

233

1. **a)** $A = 23{,}2$ m²; Gesamtkosten: 2 039,28 € + 326,28 € = 2 365,56 €
b) $A = 7{,}6$ m²; Gesamtkosten: 423,32 € + 67,73 € = 491,05 €
c) $A = 7{,}75$ m²; Gesamtkosten: 497,55 € + 79,61 € = 577,16 €

2. Die Höhe der Parallelogramme beträgt 8,75 m : 6 ≈ 1,46 m.
$A_{gesamt} = 6 \cdot 2{,}60 \text{ m} \cdot 1{,}46 \text{ m} \approx 22{,}78$ m²
Die Kosten betragen 2 958,82 €, also knapp 3 000 €.

3. **a)** $O = 2 \cdot 112{,}97$ cm² + $2 \cdot 67{,}21$ cm² + $2 \cdot 37{,}13$ cm² = 434,62 cm²
b) $O = 2 \cdot 3\,168$ cm² + $2 \cdot 864$ cm² + $2 \cdot 297$ cm² = 8 658 cm²

4. $A = 7{,}14$ m²; Hierfür braucht man 36 (genau 35,7) Rosenpflanzen.
Diese kosten einschließlich Mehrwertsteuer 265,79 €.

233

5. A = 200 088 m² Der Acker kostet 150 066 €.

6. A_{min} = 4 050 m² A_{max} = 10 800 m²
Das größte Fußballfeld ist um $166\frac{2}{3}$ % größer als das kleinste.

7.

Wohnzimmer:	A = 3,60 m · 2,50 m = 9 m²
Benötigte Fliesen:	9 m² · 1,15 = 10,35 m²
Schlafzimmer:	A = 2,60 m · 2,50 m = 6,5 m²
Benötigte Fliesen:	6,5 m² · 1,15 ≈ 7,5 m²
Küche:	A = 2,80 m · 1,40 m = 3,92 m²
Benötigte Fliesen:	3,92 m² · 1,15 ≈ 4,5 m²
Flur:	A = 1,50 m · 1,40 m ≈ 2,1 m²
Benötigte Fliesen:	2,1 m² · 1,15 ≈ 2,4 m²
Bad/WC:	A = 1,90 m · 1,40 m = 2,66 m²
Benötigte Fliesen:	2,66 m² · 1,15 ≈ 3,1 m²

234

8. Z. B.: Wie teuer wird der doppelte Anstrich? A ≈ 17,4 m²
Für zwei Anstriche benötigt man 2 088 ml Farbe.
Die Gesamtkosten betragen einschließlich 16% Mehrwertsteuer 635,79 €.

9. A = 10,66 cm²; h_b ≈ 6,1 cm

10. **a)** h = 8,4 cm **b)** h = 16,8 cm

11. s = 3,6 cm, h = 3,1 cm

12. **a)** a = 4,8 cm, α = 51,3°, β = 128,7° [a* = 5,3 cm, α = 64,9°, β = 115,1°]
b) Die Höhe des Parallelogramms beträgt ca. 2,96 cm, der Flächeninhalt ca. 14,23 cm². Die Höhen von Parallelogramm und Raute sind die gleichen.
Raute: a = 4,8 cm, α = 38,1°, β = 141,9°
[nicht konstruierbar]
A_{max} = 9,61 cm²

13. (1) $A = \ell \cdot b$ (2) $A = \frac{x \cdot d}{2}$ (3) $A = \frac{(x+y) \cdot d}{2}$

14. (1) 2 784 cm² (2) 4 875 cm² + 300 cm² = 5 175 cm²

6.5 Flächeninhalt eines Vielecks

236

1. (1) $|AC| \approx 3{,}2$ cm; $h_D \approx 0{,}5$ cm; $h_B \approx 3{,}1$ cm

$A \approx \frac{3{,}2\text{ cm} \cdot 0{,}5\text{ cm}}{2} + \frac{3{,}2\text{ cm} \cdot 3{,}1\text{ cm}}{2} = 5{,}76\text{ cm}^2$

(2) $|BD| \approx 3{,}6$ cm; $h_A \approx 1{,}5$ cm; $h_B \approx 1{,}7$ cm

$A \approx \frac{3{,}6\text{ cm} \cdot 1{,}5\text{ cm}}{2} + \frac{3{,}6\text{ cm} \cdot 1{,}7\text{ cm}}{2} = 5{,}76\text{ cm}^2$

Die genaue Fläche des Vierecks beträgt 5,75 cm².

237

2. **a)** $A = 3{,}69\text{ m}^2 + 28{,}80\text{ m}^2 = 32{,}49\text{ m}^2$
Man benötigt ungefähr 4,55 kg Farbe, also einen Eimer.
Dieser kostet 49,98 €.

b) $A = 41{,}31\text{ m}^2 + 157{,}43\text{ m}^2 = 198{,}74\text{ m}^2$
Man benötigt ungefähr 27,82 kg Farbe, also drei Eimer.
Diese kosten 149,94 €.

3. $A = 110\text{ cm} \cdot 110\text{ cm} - 4 \cdot \frac{1}{2} \cdot 18{,}25\text{ cm} \cdot 18{,}25\text{ cm} \approx 11\,433{,}88\text{ cm}$

$\approx 1{,}14\text{ m}^2$

Insgesamt sind ungefähr 4,6 m² zu streichen. Eine kleine Dose reicht also nicht aus.

4. **a)** $A = 3\,600\text{ cm}^2 = 36\text{ dm}^2 = 0{,}36\text{ m}^2$

b) Die Grundseite und die Höhe der Dreiecke ändern sich nicht.
Der Flächeninhalt ändert sich also auch nicht.

5. Bei der Einheit 1 cm erhält man den Flächeninhalt 33 cm².

6. $A_D = \frac{1}{2} \cdot 14\text{ cm} \cdot 20\text{ m} = 140\text{ m}^2$

$A_E = \frac{1}{2} \cdot 12\text{ cm} \cdot 24\text{ m} = 144\text{ m}^2$

$A_F + A_G = \frac{1}{2} \cdot (14\text{ m} + 23\text{ m} + 12\text{ m}) \cdot 13\text{ m} = \frac{1}{2} \cdot 49\text{ m} \cdot 13\text{ m} = 318{,}5\text{ m}^2$

$A_T = \frac{1}{2} \cdot (24\text{ m} + 20\text{ m}) \cdot 23\text{ m} = \frac{1}{2} \cdot 44\text{ m} \cdot 23\text{ m} = 506\text{ m}^2$

$A = 1\,108{,}5\text{ m}^2$

Im Blickpunkt: Flächeninhalt von krummlinig begrenzten Figuren

238

1. a) Von oben links nach rechts:

Dreieck: $A_1 \approx \frac{700\text{ m} \cdot 1\,700\text{ m}}{2} = 595\,000\text{ m}^2$

Trapez: $A_2 \approx \frac{(2\,000\text{ m} + 1\,800\text{ m}) \cdot 1\,000\text{ m}}{2} = 1\,900\,000\text{ m}^2$

Trapez: $A_3 \approx \frac{(2\,700\text{ m} + 2\,100\text{ m}) \cdot 1\,500\text{ m}}{2} = 3\,600\,000\text{ m}^2$

Trapez: $A_4 \approx \frac{(2\,250\text{ m} + 2\,800\text{ m}) \cdot 1\,500\text{ m}}{2} = 3\,787\,500\text{ m}^2$

Trapez: $A_5 \approx \frac{(2\,100\text{ m} + 2\,250\text{ m}) \cdot 4\,450\text{ m}}{2} = 9\,678\,750\text{ m}^2$

Trapez: $A_6 \approx \frac{(2\,200\text{ m} + 1\,300\text{ m}) \cdot 5\,300\text{ m}}{2} = 9\,275\,000\text{ m}^2$

$A \approx 28\,836\,250\text{ m}^2 \approx 28{,}84\text{ km}^2$

b) Norderney ist ungefähr 26,29 km² groß.

2. a) Von links nach rechts:

Trapez: $A_1 \approx \frac{(250\text{ m} + 1\,200\text{ m}) \cdot 1\,000\text{ m}}{2} = 725\,000\text{ m}^2$

Trapez: $A_2 \approx \frac{(1\,200\text{ m} + 1\,900\text{ m}) \cdot 1\,000\text{ m}}{2} = 1\,550\,000\text{ m}^2$

Parallelogramm $A_3 \approx 1\,900\text{ m} \cdot 1\,000\text{ m} = 1\,900\,000\text{ m}^2$

Trapez: $A_4 \approx \frac{(1\,900\text{ m} + 1\,550\text{ m}) \cdot 1\,000\text{ m}}{2} = 1\,725\,000\text{ m}^2$

Trapez: $A_5 \approx \frac{(1\,600\text{ m} + 400\text{ m}) \cdot 1\,000\text{ m}}{2} = 1\,000\,000\text{ m}^2$

$A_{gesamt} \approx 6\,900\,000\text{ m}^2 = 6{,}9\text{ km}^2$

b) Baltrum ist ungefähr 6,50 km² groß.

6.6 Aufgaben zur Vertiefung

239

1. $A = A_{ADEF} - A_{ADB} - A_{BEC} - A_{ACF}$

$= 4{,}5\text{ cm} \cdot 2{,}5\text{ cm} - \frac{1}{2} \cdot 4{,}5\text{ cm} \cdot 0{,}5\text{ cm} - \frac{1}{2} \cdot 2\text{ cm} \cdot 2{,}5\text{ cm}$

$- \frac{1}{2} \cdot 2{,}5\text{ cm} \cdot 2\text{ cm}$

$= 11{,}25\text{ cm}^2 - 1{,}125\text{ cm}^2 - 2{,}5\text{ cm}^2 - 2{,}5\text{ cm}^2 = 5{,}125\text{ cm}^2$

2. a) 2,25 cm² **b)** 4,5 cm² **c)** 7,875 cm² **d)** 7,0 cm²

3.

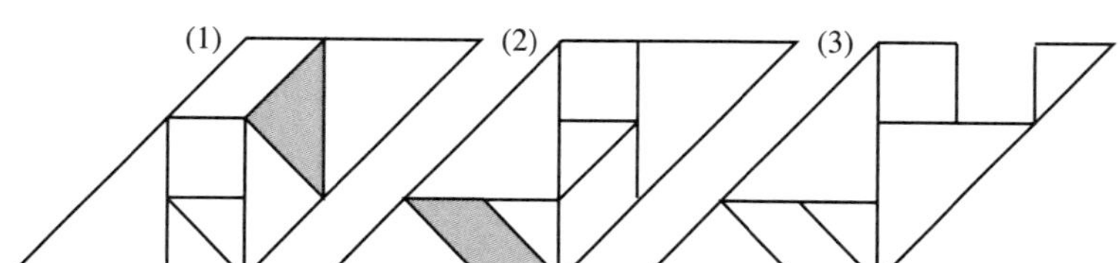

239

4. a) $b = \frac{2 \cdot A}{a} = \frac{24\ \text{cm}^2}{3\ \text{cm}} = 8\ \text{cm}$

$c = \frac{2 \cdot B}{b} = \frac{32\ \text{cm}^2}{8\ \text{cm}} = 4\ \text{cm}$

$F = \frac{1}{2} \cdot (a + c) \cdot b = \frac{1}{2} \cdot 7\ \text{cm} \cdot 8\ \text{cm} = 28\ \text{cm}^2$

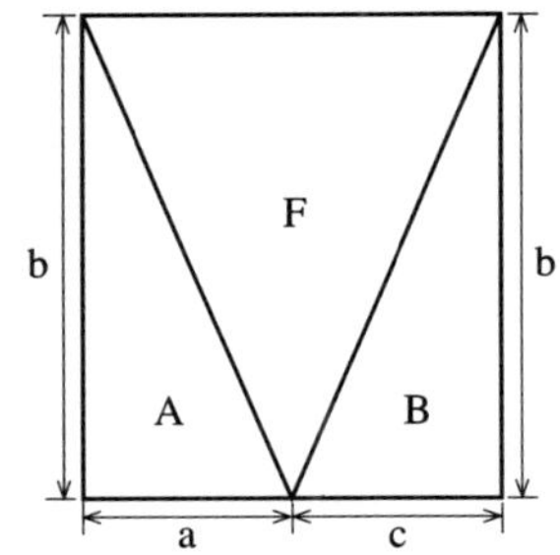

b) (1) $c = \frac{2 \cdot B}{b} = \frac{48\ \text{cm}^2}{3\ \text{cm}} = 16\ \text{cm}$

$A = \frac{1}{2} \cdot a \cdot c = \frac{1}{2} \cdot 5\ \text{cm} \cdot 16\ \text{cm} = 40\ \text{cm}^2$

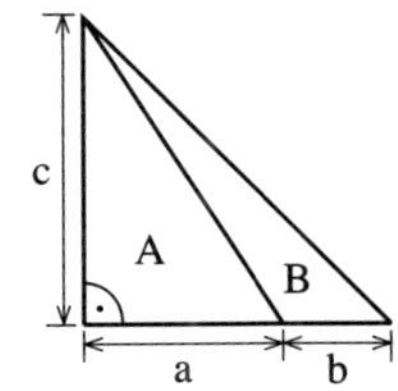

(2) $c = \frac{2 \cdot B}{b} = \frac{30\ \text{cm}^2}{3\ \text{cm}} = 10\ \text{cm}$

$A = a \cdot c = 5\ \text{cm} \cdot 10\ \text{cm} = 50\ \text{cm}^2$

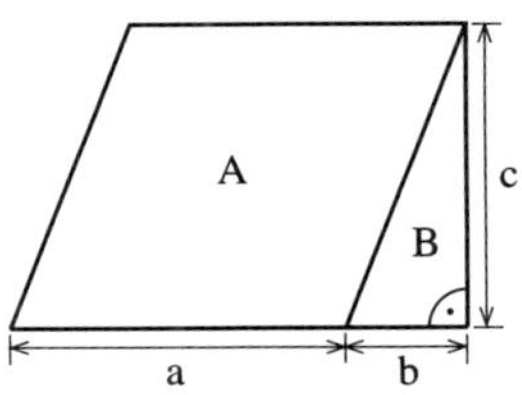

7. Zufallsversuche und Wahrscheinlichkeit

7.1 Absolute und relative Häufigkeiten

243

2. a) (1) $\frac{17}{28}$; $\frac{2}{7}$; $\frac{1}{14}$; $\frac{1}{28}$ Die Summe der relativen Häufigkeiten ist 1.

(2) $\frac{9}{28}$; $\frac{3}{14}$; $\frac{1}{7}$; $\frac{4}{7}$; $\frac{5}{28}$ Die Summe der relativen Häufigkeiten ist $1\frac{3}{7}$, da die Schüler(innen) mehr als eine Freizeitgestaltung nennen konnten.

b) (1) 61% [60,7%]; 29% [28,6%]; 7% [7,1%]; 4% [3,6%]
Die Summe der relativen Häufigkeiten ist 101% [100%]. Die Summe der gerundeten Werte kann von 100%, also von 1 abweichen.

c) *Werte für die Diagramme in (1)*

Anzahl der Geschwister	Säulenlänge bei 1 cm für 2 Schüler(innen)	Kreisdiagramm (Mittelpunktswinkel)
0	8,5 cm	219°
1	4,0 cm	103°
2	1,0 cm	26°
mehr als 2	0,5 cm	13°

Durch das Runden auf volle Grad erhält man als Summe 361°. Man muss also zum Zeichnen mindestens einen Wert ändern.

Werte für ein Säulen-bzw. Streifendiagramm in (2); 1 cm für 2 Schüler(innen)

Lesen:	4,5 cm	Reiten:	2,0 cm	Tennis:	2,5 cm
Fußball:	3,0 cm	Fernsehen:	8,0 cm		

Ein Kreisdiagramm ist bei der Erhebung (2) mit Mehrfachnennungen nicht möglich, weil die Summe der relativen Häufigkeiten größer als 1 ist.

244

3. a) Anna: $\frac{68}{112} \approx 61\%$ sind für die Erweiterung.

Christoph: $\frac{62}{86} \approx 72\%$ sind für die Erweiterung.

Hanna: $\frac{12}{64} \approx 19\%$ sind für die Erweiterung.

b) Sie müssten z. B. darauf achten, dass alle Altersgruppen, alle Berufe, … berücksichtigt werden.

245

4. a) Fruchtsaft [Limonade; Limonade]

b)

Getränk	relative Häufigkeit		
	5	6	7
Milch	14,3%	11,1%	8,2%
Kakao	22,1%	18,5%	18,8%
Fruchtsaft	29,9%	25,9%	29,4%
Mineralwasser	9,1%	11,1%	12,9%
Limonade	24,7%	33,3%	30,6%

Am beliebtesten sind Milch in Klasse 5; Kakao in Klasse 5; Fruchtsaft in Klasse 5; Mineralwasser in Klasse 7; Limonade in Klasse 6.

c) Z. B. ein Streifendiagramm (1 mm für 2%) bzw. ein Kreisdiagramm

Getränk	Streifenlänge für Klasse			Größe des Mittelpunktwinkels für Klasse		
	7	8	9	7	8	9
Milch	7 mm	5,5 mm	4 mm	51°	40°	30°
Kakao	11 mm	9,5 mm	9,5 mm	80°	67°	68°
Fruchtsaft	15 mm	13 mm	14,5 mm	108°	93°	106°
Mineralwasser	4,5 mm	5,5 mm	6,5 mm	33°	40°	46°
Limonade	12,5 mm	16,5 mm	15,5 mm	89°	120°	110°

Durch Rundungen können beim Kreisdiagramm in der Summe der Winkelgrößen Abweichungen von 360° entstehen.

5. a)

Freizeitbeschäftigung	relative Häufigkeit
Sport treiben	16%
Fernsehen	18,4%
Spielen	21,6%
Musik hören	12,8%
Lesen	16,8%
Sonstiges	14,4%

Z. B. Säulendiagramm: 1 cm für 10%

Freizeitbeschäftigung	Säulendiagramm	Kreisdiagramm
Sport treiben	1,6 cm	58°
Fernsehen	1,8 cm	66°
Spielen	2,2 cm	78°
Musik hören	1,3 cm	46°
Lesen	1,7 cm	60°
Sonstiges	1,4 cm	52°

b) -

245

6. a) Vorher wurden 300 Personen, hinterher 320 Personen befragt.

Meinung	relative Häufigkeit in der Stichprobe	
	vorher	nachher
sehr gut	8,0%	12,5%
gut	36,0%	45,0%
unentschieden	27,0%	17,5%
schlecht	26,0%	22,5%
sehr schlecht	3,0%	2,5%

b) *Vorher:*

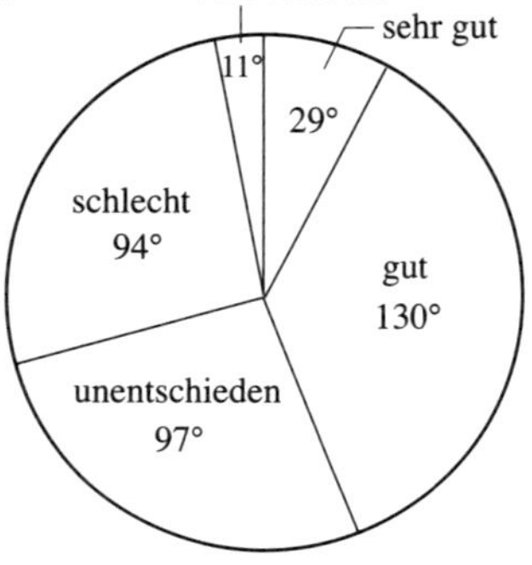

Nachher:

Die Kreisdiagramme zeigen deutlich, dass sich die Meinung zur Verkehrsberuhigung nach dessen Einführung deutlich verbessert hat.

7. Die Summe der relativen Häufigkeiten ist 110%. Entweder sind Mehrfachnennungen erfolgt oder es liegt ein Rechenfehler vor.

8. a) Es sind 53 Schüler(innen).

Gewicht (in kg)	Relative Häufigkeit
40	1,9%
41	3,8%
42	5,7%
43	9,4%
44	11,3%
45	15,1%

Gewicht (in kg)	Relative Häufigkeit
46	17,0%
47	17,0%
48	9,4%
49	5,7%
50	1,9%
51	1,9%

Die Summe der gerundeten Werte in a) ergibt 100,1%.

245 **8. b)**

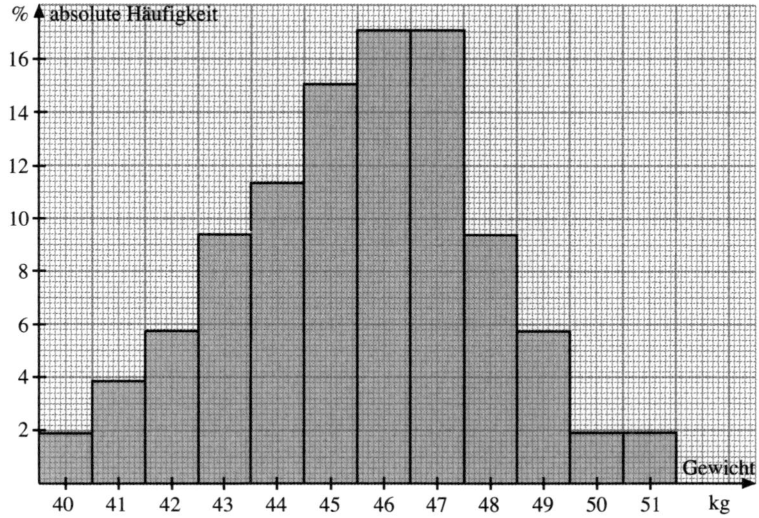

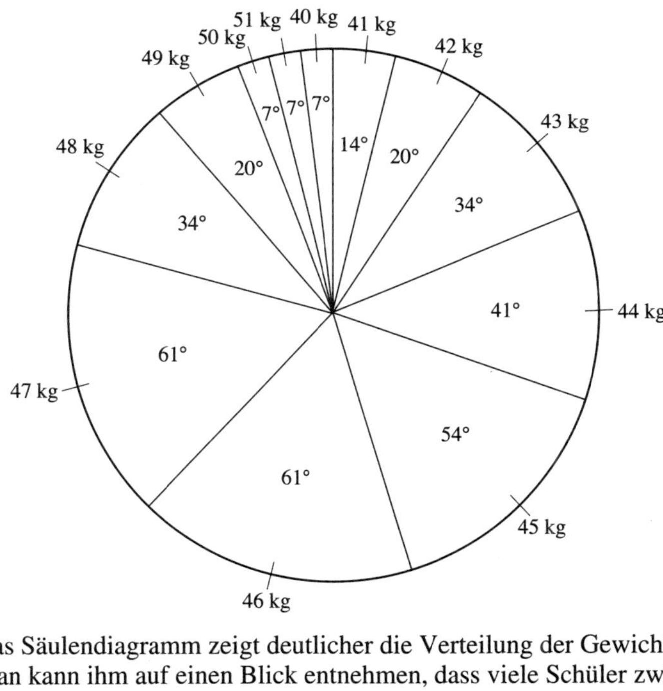

Das Säulendiagramm zeigt deutlicher die Verteilung der Gewichte: Man kann ihm auf einen Blick entnehmen, dass viele Schüler zwischen 45 kg und 48 kg wiegen.

246

9. a)

Klub:	relative Häufigkeit
Bayern München	32%
Borussia Dortmund	29%
1. FC Kaiserslautern	15%
FC Schalke 04	17%
FC Hansa Rostock	18%
Andere Vereine	14%
kein Fußballinteresse	25%

Die Summenprobe ergibt 150, da Mehrfachnennungen möglich waren.

b) Z. B.: Säulendiagramm: 1 cm für 10%
Bayern München: 3,2 cm
Borussia Dortmund: 2,9 cm
1. FC Kaiserslautern: 1,5 cm
FC Schalke 04: 1,7 cm
FC Hansa Rostock: 1,8 cm
Andere Vereine: 1,4 cm
kein Fußballinteresse: 2,5 cm

c) Ein Kreisdiagramm ist durch die Mehrfachnennungen nicht möglich.

10. Der Anteil der Einwohner von 40 bis 65 Jahren fehlt. Er beträgt
100% – 20% – 42% – 15% = 23%.

11. a)

Orte	Astadt	Behausen	Cedorf	Dedorf
relative Häufigkeit	25%	33%	22%	20%

Kreisdiagramm:
Astadt: 90°; Behausen: 119°; Cedorf: 79°; Dedorf: 72°

b) Astadt: 188 Schüler(innen); Behausen: 248 Schüler(innen);
Cedorf: 166 Schüler(innen); Dedorf: 151 Schüler(innen)

12. -

247

13. a) Bäume möglichst aller Schadstufen sollten vorhanden sein.

b) Schadensgruppe 1: $\frac{32}{80} = 0,4 = 40\%$

Schadensgruppe 2: $\frac{24}{80} = 0,3 = 30\%$

Schadensgruppe 3: $\frac{20}{80} = 0,25 = 25\%$

Schadensgruppe 4: $\frac{4}{80} = 0,05 = 5\%$

c) Zum Beispiel 1 mm für 1%

247

14. a) Säulendiagramm: Z. B. 1 mm für 1 Fahrzeug

b) Kreisdiagramm: Geschwindigkeit bis 40: 10°
Geschwindigkeit über 40 bis 50: 184°
Geschwindigkeit über 50 bis 60: 132°
Geschwindigkeit über 60 bis 70: 26°
Geschwindigkeit über 70: 8°

c) *Zum Beispiel:*
Die Höchstgeschwindigkeit in geschlossenen Ortschaften wird von den meisten Autofahrer(inne)n beachtet. Über 50% fahren nicht schneller als 50 km/h. Gut $\frac{1}{3}$ fährt zwar etwas schneller, aber noch weniger als 60 km/h. Fast 10% aller Fahrzeuge sind allerdings schneller als 60 km/h, gut 2% sogar über 70 km/h.

15. -

7.2 Zufallsversuche

249

2. a) Ungefähr 50-mal **b)** Ungefähr 17-mal

3. (1) *Reißnagelwurf:* Vor dem Wurf ist nicht vorhersehbar, ob die Spitze nach oben oder zur Seite zeigen wird.
S = {Lage „Kopf"; Lage „Seite"}
Erfahrungsgemäß tritt Lage „Seite" häufiger auf als Lage „Kopf", die Chance für Lage „Seite" ist größer als für die „Kopf".

(2) *Ziehen einer Spielkarte:* Vor dem Ziehen ist nicht vorhersehbar, welche Karte gezogen wird. Beim Skatspiel die Ergebnismenge aus allen Karten.

(3) *Geschlecht eines Neugeborenen:* Vor der Geburt (zu einem frühen Zeitpunkt der Schwangerschaft, ... vor der Zeugung des Kindes) ist nicht vorhersehbar, ob das Kind ein Mädchen oder ein Junge ist.
S = {M; J}
Erfahrungsgemäß kommen ungefähr gleich viele Mädchen zur Welt wie Jungen, d. h. die Chance für eine Mädchengeburt ist ungefähr genauso groß wie für eine Jungengeburt.

4. a) (1) nicht zufällig
(2) zufällig
(3) nicht zufällig
(4) nicht zufällig
(5) zufällig
(6) nicht zufällig

b) (1) beides
(2) beides
(3) Geschick (evtl. beides)
(4) Zufall

5. (1) S = {Rücken; Rand}; S (Rücken) ≈ 0,6; S (Rand) ≈ 0,4
(2) S = {Bierdeckel liegt auf der bedruckten Seite; Bierdeckel liegt auf der unbedruckten Seite};
Beide Ergebnisse haben die gleiche Chance.

249

5. (3) S = {Knopf liegt mit der einen Seite nach oben, Knopf liegt mit der anderen Seite nach oben}
Ist der Knopf symmetrisch, so gilt: Beide Ergebnisse haben die gleiche Chance.
(4) Hat das Glücksrad n gleiche Felder, so gilt:
S = {Glücksrad hält bei Feld 1, ..., Glücksrad hält bei Feld n}
Alle Ergebnisse haben die gleiche Chance.

6. a) Ungefähr 250-mal [ungefähr 500-mal]
b) Ungefähr 100-mal [ungefähr 167-mal]

7. a) S = {3, 4, 5, 6, 7, 8, 9, 10, 11, 12, 13, 14, 15}
b) S = {2, 3, 4, 5, 6, 7, 8, 10, 12, 14, 15, 16, 18, 20, 21, 24, 28, 30, 32, 35, 40, 42, 48, 56}

8. S = {(1 | W), (2 | W), (3 | W), (4 | W), (5 | W), (6 | W), (1 | Z), (2 | Z), (3 | Z), (4 | Z), (5 | Z), (6 | Z)}

9. Ja; z. B. Werfen eines Würfels, der auf allen Seitenflächen die Augenzahl 1 besitzt.

7.3 Laplace-Versuche

250

2. a) 50-mal [250-mal] (absolute Häufigkeit)
$\frac{1}{2}$ $\left[\frac{1}{2}\right]$ (relative Häufigkeit)
b) 10-mal [50-mal] (absolute Häufigkeit)
relative Häufigkeit $= \frac{1}{6}$
c) ca. 20-mal [ca. 41-mal]
relative Häufigkeit $= \frac{1}{49}$

251

3. (1) Münze: S = {„Kopf"; „Zahl"}; relative Häufigkeit: Kopf $\frac{1}{2}$, Zahl $\frac{1}{2}$
(2) Kronkorken: S = { „glatte Seite oben"; „nasse Seite oben"}
kein Laplace-Versuch; relative Häufigkeit ungewiss
(3) Tetraeder: S = {jeweils eine der 4 Seiten liegt oben}
relative Häufigkeit jeweils $\frac{1}{4}$
(4) Streichholzschachtel: S = {jeweils eine der 6 Seiten liegt oben}
kein Laplace-Versuch.

4. $P = \frac{1}{49}$

5. a) P (Herz König) = $\frac{1}{32}$ b) P (Karo Neun) = $\frac{1}{32}$

251

6. Kein Laplace-Versuch, das Geschick der Spieler spielt eine wesentliche Rolle.

7. a) $P = \frac{1}{4}$
   b) Jede Augenzahl kann man 22-mal erwarten.
   c) -

8. P (Doppelsechs) $= \frac{1}{28}$

9. Tetraeder da P (1) $= \frac{1}{4}$ [Würfel ist P (1) $= \frac{1}{6}$]

7.4 Näherungsweises Bestimmen von Wahrscheinlichkeiten

254

1. 1: 960-mal; 2, 3, 5, 6: je 120-mal; 4: 560-mal
   [1: 600-mal; 2, 3, 5, 6: je 75-mal; 4: 350-mal;
   1: 12-mal; 2, 3, 5, 6: je ≈ 1,5-mal; 4: 7-mal]

2. P (1) ≈ 0,48, also die größte Wahrscheinlichkeit.

255

3. a) Man würde auf Seite setzen; dies erscheint häufiger.
   b) Reißnagel auf dem Kopf erscheint 200-mal, Reißnagel auf der Seite erscheint 300-mal. P (Kopf) ≈ 0,4; P (Seite) ≈ 0,6.
   c) -
   d) -

4. a) Die Seitenwahl mit dem Kronenkorken ist nicht fair, da er häufiger auf dem Rücken liegen bleibt.
   b)

Anzahl der Würfe	50	100	200
relative Häufigkeit von Rücken	0,62	0,57	0,59
relative Häufigkeit von Rand	0,38	0,43	0,41

   P (liegt auf dem Rücken) ≈ 0,59
   Demnach ist es also etwas wahrscheinlicher, dass der Kronenkorken auf dem Rücken landet.
   c) Da unterschiedliche Kronkorken beim Öffnen der Flasche unterschiedlich gebogen worden sind, unterscheiden sich ihre Wahrscheinlichkeiten für Rücken und Rand. Daher ist dieses Verfahren nicht möglich.

255 **5. a)** und **b)**

Ein Versuch mit 1 000 Würfen ergab untenstehendes Ergebnis. Dabei waren die Seiten mit den 6 bzw. 8 Nippeln die „Sechs“. Die gegenüberliegende Seite die „Eins“. Die beiden größeren Seitenflächen waren die „Zwei“ bzw. die „Vier“. Die beiden kleineren Seitenflächen waren die „Drei“ bzw. die „Fünf“.

	1	2	3	4	5	6
absolute Häufigkeit beim Sechser-Lego	499	90	9	89	11	302
absolute Häufigkeit beim Achter-Lego	488	88	2	102	3	317

Beim Sechser-Lego wurden mit etwa 50% die „Eins“, mit etwa 30% die „Sechs“, mit etwa 9% die „Zwei“ und die „Vier“ und mit etwa 1% die „Drei“ und die „Fünf“ gewürfelt.
Beim Achter-Lego wurden mit etwa 49% die „Eins“, mit etwa 32% die „Sechs“, mit etwa 10% die „Vier“, mit etwa 9% die „Zwei“, mit 0,3% die „Fünf“ und mit 0,2% die „Drei“ gewürfelt. Aus Symmetriegründen müssten die „Zwei“ und die „Vier“ bzw. die „Drei“ und die „Fünf“ etwa gleich oft erscheinen.

256 **6. a)**

Augenzahl	3	1	2	3	2	2	4	2	2	2
1	0	0,50	0,33	0,25	0,20	0,17	0,14	0,13	0,11	0,10
2	0	0	0,33	0,25	0,40	0,50	0,43	0,50	0,56	0,60
3	1	0,50	0,33	0,50	0,40	0,33	0,29	0,25	0,22	0,20
4	0	0	0	0	0	0	0,14	0,13	0,11	0,10

Augenzahl	2	3	3	3	3	3	2	3	4	3
1	0,09	0,08	0,08	0,07	0,07	0,06	0,06	0,06	0,05	0,05
2	0,64	0,58	0,54	0,50	0,47	0,44	0,47	0,44	0,42	0,40
3	0,18	0,25	0,31	0,36	0,40	0,44	0,41	0,44	0,42	0,45
4	0,09	0,08	0,08	0,07	0,07	0,06	0,06	0,06	0,11	0,10

Augenzahl	2	2	2	2	3	4	4	1	2	2
1	0,05	0,05	0,04	0,04	0,04	0,04	0,04	0,07	0,07	0,07
2	0,43	0,45	0,48	0,50	0,48	0,46	0,44	0,43	0,45	0,47
3	0,43	0,41	0,39	0,38	0,40	0,38	0,37	0,36	0,34	0,33
4	0,10	0,09	0,09	0,08	0,08	0,12	0,15	0,14	0,14	0,13

256

6. a) Fortsetzung

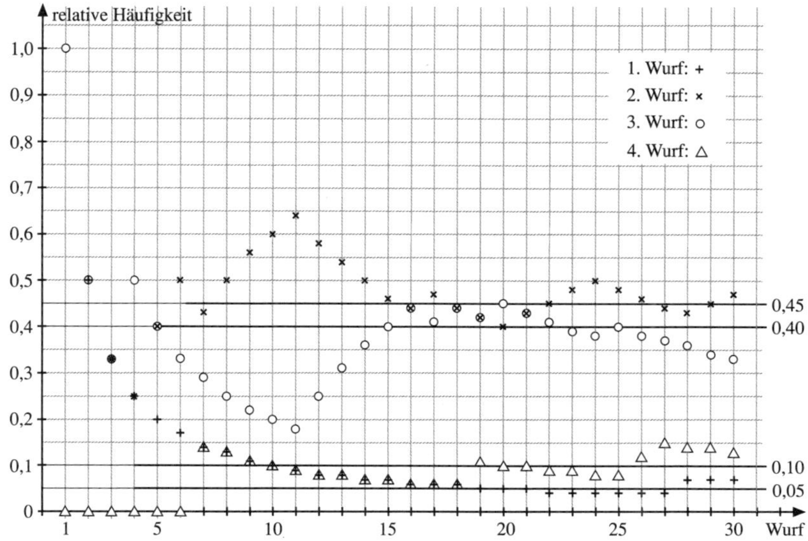

b) P (1) ≈ 0,05; P (2) ≈ 0,45; P (3) ≈ 0,40; P (4) ≈ 0,10

7. -

8. a) Die Wahrscheinlichkeit, dass ein zufällig ausgewähltes Fahrrad mindestens einen Mangel hat ist 0,6.

b) Von 460 Fahrrädern haben etwa 0,6 · 460 = 276 Mängel.

c) $\frac{50}{68} = 0{,}735294... \approx 0{,}7$

9. a) 300 Chips **b)** 3 Chips pro Serie

10. a) Bei etwa 26 Autos.

b) Montags liegt die Wahrscheinlichkeit eines Verarbeitungsfehlers bei etwa 1,37% (an anderen Wochentagen bei etwa 0,69%). Das entspricht bei einer täglichen Produktion von 535 Autos etwa 7 Autos.

11. a) Osman traf 8 von 10 Freiwürfen (als Beispiel)

b) 25 - 26 Treffer

c) 80%

7.5 Ereignisse und ihre Wahrscheinlichkeiten

258

2. **a)** Gewinn Laura: S= {11, 22, 33, 44, 55, 66, 77, 88, 99}
Gewinn Sarah: G = {7, 14, 21, 28, 35}

$P(S) = \frac{9}{100} = 0{,}09$

$P(G) = \frac{5}{40} = 0{,}125$

Bei Sarahs Glücksrad sind die Gewinnchancen also höher.

b) Ist n die Gesamtanzahl der möglichen Ergebnisse des Laplace-Versuches, so hat jedes Ergebnis die Wahrscheinlichkeit $\frac{1}{n}$.

Gehören zu dem Ereignis E, das betrachtet wird, g Ergebnisse, so gilt nach der Summenregel:

$P(E) = \underbrace{\frac{1}{n} + \ldots + \frac{1}{n}}_{g \text{ Summanden}} = \frac{g}{n}$

3. (1) P (ungerade Zahl) = 0,48 + 0,06 + 0,06 = 0,6
(2) P (Augenzahl ist durch 2 oder 3 teilbar)
= 0,06 + 0,06 + 0,28 + 0,06 = 0,46
(3) P (durch 2 und durch 3 teilbare Zahl) = (6) = 0,06
(4) P (Augenzahl ist höchstens 4) = 0,48 + 0,06 + 0,06 + 0,28 = 0,88
oder P (Augenzahl ist höchstens 4) = 1 – P (Augenzahl ist größer als 4)
= 1 – (0,06 + 0,06) = 1 – 0,12 = 0,88
(5) P (Augenzahl ist nicht 3) = 1 – P (Augenzahl ist 3) = 1 – 0,06 = 0,94
(6) P (Augenzahl ist mindestens 3) = 0,06 + 0,28 + 0,06 + 0,06 = 0,46
oder P (Augenzahl ist mindestens 3) = 1 – P (Augenzahl ist kleiner als 3)
= 1 – (0,48 + 0,06) = 1 – 0,56 = 0,44

4. (1) Das 2- bis 4-jährige Funktionieren bedeutet einen Defekt im 1., 2. oder nach dem 4. Betriebsjahr.
$P = P(1) + P(2) + P(5) + P(\geq 6)$
$= 0{,}02 + 0{,}05 + 0{,}31 + 0{,}13$
$= 0{,}51$
(2) Funktionieren bis zu 5 Jahren bedeutet einen Defekt im 6. Betriebsjahr oder später.
$P = P(\geq 6) = 0{,}13$
(3) Funktionieren von 1 bis zu 3 Jahren bedeutet einen Defekt im 1. oder ab dem 4. Betriebsjahr.
$P = P(1) + P(4) + P(5) + P(\geq 6)$
$= 0{,}02 + 0{,}37 + 0{,}31 + 0{,}13$
$= 0{,}83$
(4) P (Funktionieren länger als 4 Jahre)
= 1 – P (Funktionieren kürzer als 4 Jahre)
= 1 – [P (2) + P (2) + P (3) + P (4)]
= 1 – [0,02 + 0,05 + 0,12 + 0,37]
= 0,44

258

5. **a)** $P \approx 0{,}13 \approx 13\%$

b) $\frac{23}{178} \cdot 800$, also etwa 103 bis 104 Autos werden Mängel aufweisen.

6. (1) P (Erscheinen einer Primzahl beim Werfen eines Oktaeders) $= \frac{4}{8} = 0{,}5$

(2) P (Erscheinen einer geraden Zahl beim Werfen eines gewöhnlichen Würfels) $= \frac{3}{6} = 0{,}5$

Die Wahrscheinlichkeit für einen Gewinn ist bei beiden Zufallsversuchen gleich groß.

259

7. **a)** mögliche Ergebnisse = {0, 1, 2, ..., 98, 99}

(1) Gewinn-Ergebnisse = {0, 8, 16, 24, 32, 40, 48, 56, 64, 72, 80, 88, 96}

$P = \frac{13}{100} = 0{,}13$

(2) Gewinn-Ergebnisse = {8, 18, 28, 38, 48, 58, 68, 78, 88, 98}

$P = \frac{10}{100} = 0{,}1$

(3) Gewinn-Ergebnisse = {8, 18, 28, 38, 48, 58, 68, 78, 80, 81, 82, 83, 84, 85, 86, 87, 88, 89, 98}

$P = \frac{19}{100} = 0{,}19$

(4) Gewinn-Ergebnisse = {8, 17, 26, 35, 44, 53, 62, 71, 80}

$P = \frac{9}{100} = 0{,}09$

b) mögliche Ergebnisse = {1, 2, 3, ..., 39, 40}

(1) Gewinn-Ergebnisse = {8, 16, 24, 32, 40}

$P = \frac{5}{40} = 0{,}125$

(2) Gewinn-Ergebnisse = {8, 18, 28, 38}

$P = \frac{4}{40} = 0{,}1$

(3) Gewinn-Ergebnisse = {8, 18, 28, 38}

$P = \frac{4}{40} = 0{,}1$

(4) Gewinn-Ergebnisse = {8, 17, 26, 35}

$P = \frac{4}{40} = 0{,}1$

8. **a)** Die Wahrscheinlichkeit, dass eine Primzahl erscheint, ist $P = \frac{4}{10} = 0{,}4$.

Die Wahrscheinlichkeit, dass keine Primzahl erscheint, ist $P = \frac{6}{10} = 0{,}6$.

Das Spiel ist nicht fair.

b) Etwa 20-mal erscheint eine Primzahl, etwa 30-mal keine Primzahl.

9. Anzahl der möglichen Ergebnisse: 15

a) P (weiße Kugel) $= \frac{5}{15} = \frac{1}{3} \approx 0{,}33$

b) P (rote Kugel) $= \frac{4}{15} \approx 0{,}27$

c) P (schwarze Kugel) $= \frac{6}{15} = \frac{2}{5} = 0{,}40$

d) P (keine weiße Kugel) = 1 – P (weiße Kugel) $= 1 - \frac{1}{3} = \frac{2}{3} \approx 0{,}67$

259 **10. a)** Durch häufiges Würfeln kann man feststellen, ob jede Zahl etwa gleich oft vorkommt.

b) (1) $E = \{3, 6\}$ $P(E) = \frac{2}{6} \approx 0{,}33$

(2) $E = \{2, 3, 5\}$ $P(E) = \frac{3}{6} \approx 0{,}5$

(3) $E = \{1, 2, 3, 4, 5\}$; $\overline{E} = \{6\}$; $P(E) = 1 - P(\overline{E}) = 1 - \frac{1}{6} = \frac{5}{6} \approx 0{,}83$

(4) $E = \{1\}$; $P(E) = \frac{1}{6} \approx 0{,}17$

11. $\frac{14}{30} = \frac{7}{15} = 0{,}\overline{46}$

12. Anzahl der möglichen Ergebnisse: 37

(1) $P = \frac{18}{37} \approx 0{,}49$ (4) $P = \frac{18}{37} \approx 0{,}49$ (7) $P = \frac{18}{37} \approx 0{,}49$

(2) $P = \frac{18}{37} \approx 0{,}49$ (5) $P = \frac{18}{37} \approx 0{,}49$

(3) $P = \frac{1}{37} \approx 0{,}03$ (6) $P = \frac{18}{37} \approx 0{,}49$

260 **13.** A: $\frac{25}{100} = 0{,}25 = 25\%$ D: $\frac{10}{100} = 0{,}10 = 10\%$

B: $\frac{16}{100} = 0{,}16 = 16\%$ E: $\frac{67}{100} = 0{,}67 = 67\%$

C: $\frac{20}{100} = 0{,}20 = 20\%$ F: $\frac{32}{100} = 0{,}32 = 32\%$

14. (1) $\frac{3}{6} = 0{,}5$ (3) $\frac{4}{6} = 0{,}8$ (5) $\frac{4}{6} = 0{,}\overline{6}$ (7) $\frac{4}{6} = 0{,}\overline{6}$

(2) $\frac{3}{6} = 0{,}5$ (4) $\frac{1}{6} = 0{,}1\overline{6}$ (6) $\frac{5}{6} = 0{,}8\overline{3}$

15. a)

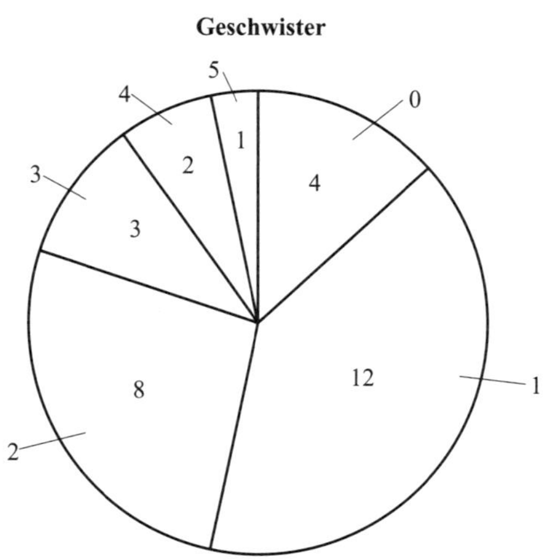

b) 0,8 Wahrscheinlichkeit weniger als 3 Geschwister
0,1 Wahrscheinlichkeit mehr als 3 Geschwister

260

16. a)

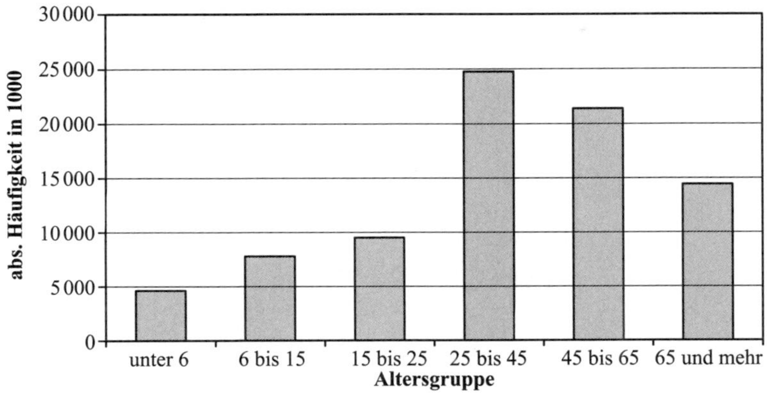

b) P (unter 6) = 0,06
P (6 - 15) = 0,09
P (15 - 25) = 0,12
P (25 - 45) = 0,30
P (45 - 65) = 0,26
P (65 und mehr) = 0,17

c) (1) P (unter 15) = 0,15
(2) P (25 bis 65) = 0,56
(3) Nicht bestimmbar, da die Schulpflicht nicht altersabhängig ist.

17. a) Anzahl der möglichen Ergebnisse: 100
Anzahl der Gewinn-Ergebnisse: 10

b) P (Gewinn) = $\frac{10}{100}$ = 0,1

Bei 500 Spielen wird es etwa 50 Gewinne geben. Es werden also 500 · 0,50 € = 250 € eingenommen und 50 · 1 € = 50 € für Gewinne ausgegeben. Der Überschuss beträgt also 200 €.

7.6 Gegenereignis – Unmögliches und sicheres Ereignis

262

1. a) (1) 0,6
(2) 0,4

b) (1) 1
(2) 0,48

c) (1) 0,94
(2) 0

2. a) (1) 0,09
(2) Zufällig ausgewählter Lkw weist keine Mängel auf: P = 0,91

b) 19 Lkw

3. a) 0,7

b) $\frac{13}{20}$

4. (1) Z. B. Ergebnis: 16

(2) Z. B. Ergebnis: mindestens 1

5. (1) Ja, die Kugel kann dort liegen bleiben.
(2) Nein, für jedes Spiel ist rot und schwarz gleich wahrscheinlich.
(3) Nein, es kann auch 0 oder schwarz kommen.
(4) Nein, wie (2).

Im Blickpunkt: Regenwahrscheinlichkeit

263

1. **a)** Es regnet mit einer Wahrscheinlichkeit von 30%.
   b) Es wird morgen Vormittag in Athen nicht regnen.

2. **a)** Die vorhergesagte Regenwahrscheinlichkeit wurde mit dem tatsächlich auftretenden Wert verglichen (in 5%-Schritten).
   b) Die vorhergesagte Regenwahrscheinlichkeit lag nahe am tatsächlich aufgetretenen Wert.

3. Nein; beim Würfeln bleibt die Wahrscheinlichkeit für „sechs“ auch nach dem Würfeln einer Sechs gleich.

7.7 Wahrscheinlichkeiten bei mehrstufigen Zufallsversuchen

7.7.1 Mehrstufige Zufallsversuche und Baumdiagramme

265

2.

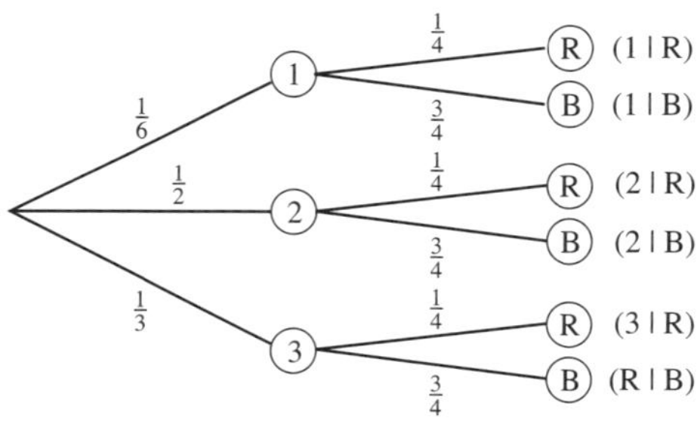

3. a)

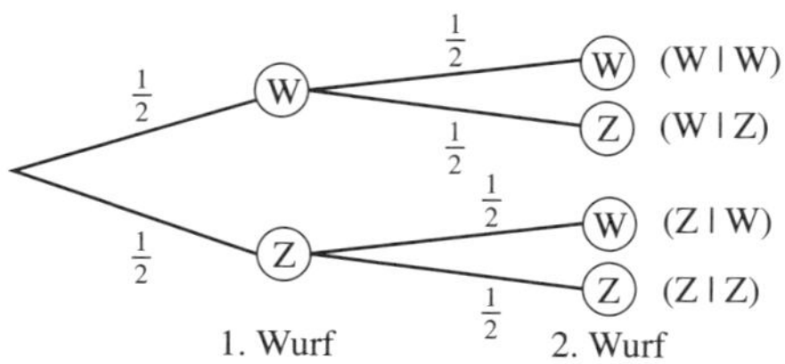

b)

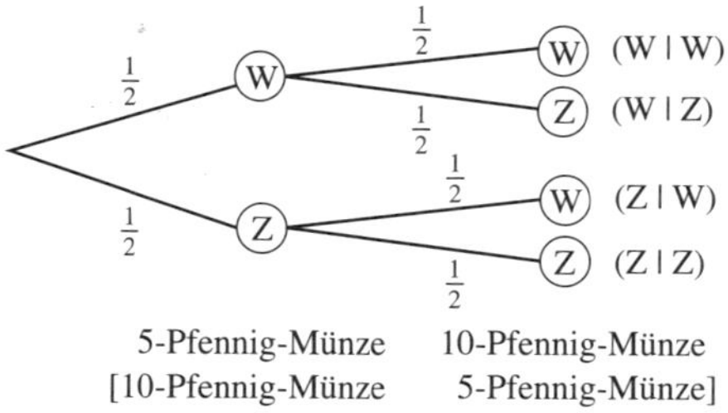

265 **3.** **c)** Die Baumdiagramme sehen immer gleich aus; die Beschriftung ist unterschiedlich.

(1) Auch wenn die Münzen gleichartig sind, kann man eine Münze (willkürlich) als die 1., die andere als die 2. bezeichnen und wie in Teilaufgabe b) beschriften.

(2) Hier ist die Reihenfolge vorgegeben, wenn auch nicht die Zuordnung, was 1. oder 2. Münze ist.

266 **4.**

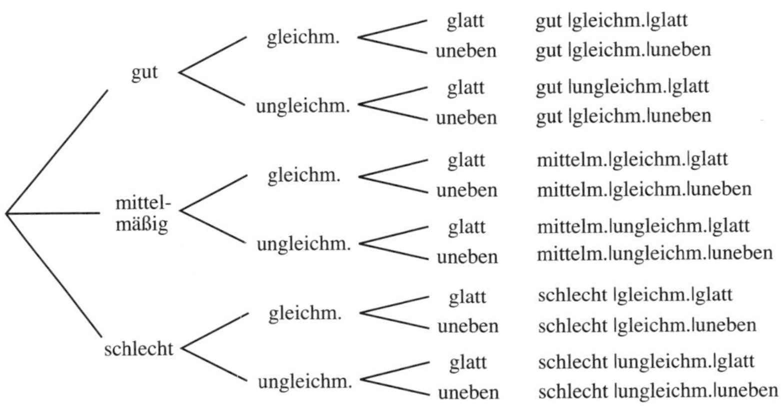

5. Ergebnis (R | R) ist nicht möglich.

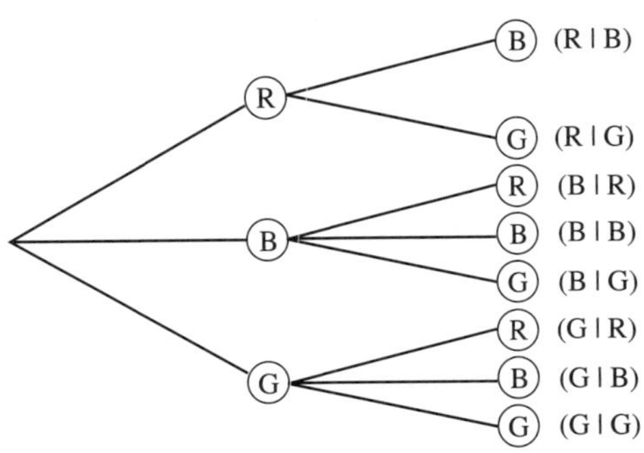

6. **a)**

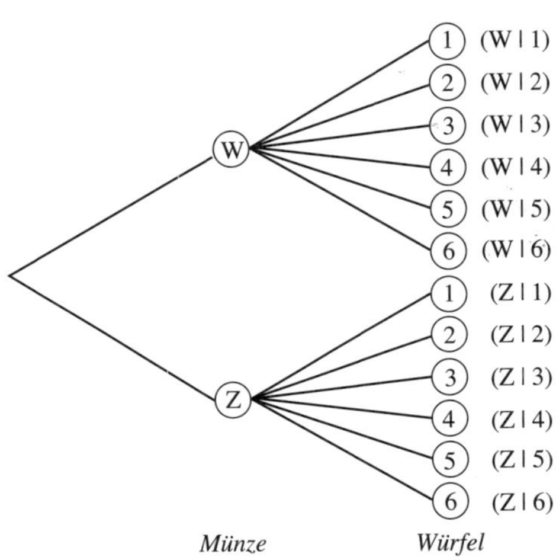

266

6. b) Zuerst Münze, dann Würfel: Baumdiagramm siehe Teilaufgabe a).
Zuerst Wappen, dann Münze:

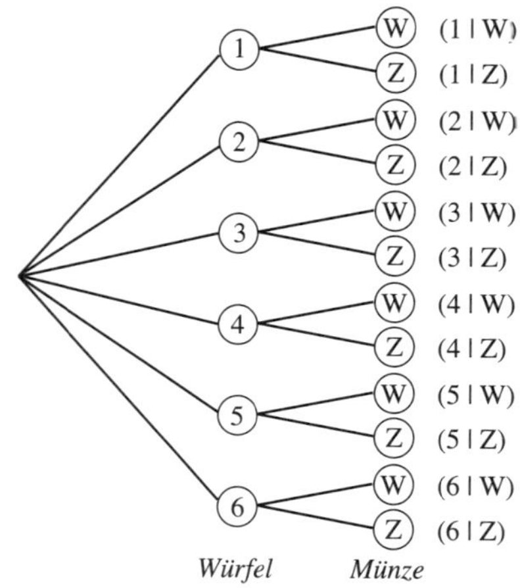

7.

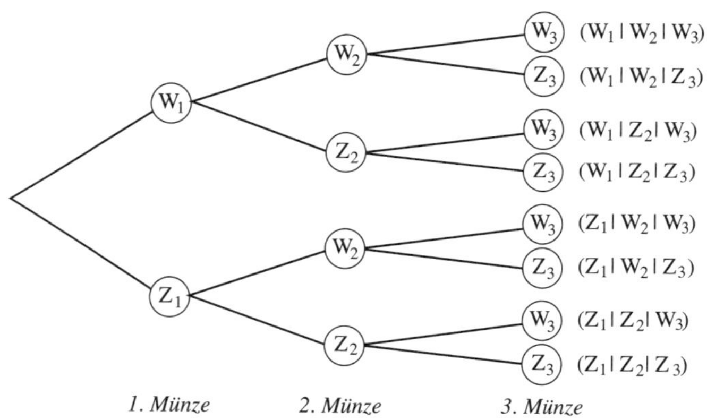

8. a) Glücksrad A wird zweimal gedreht.

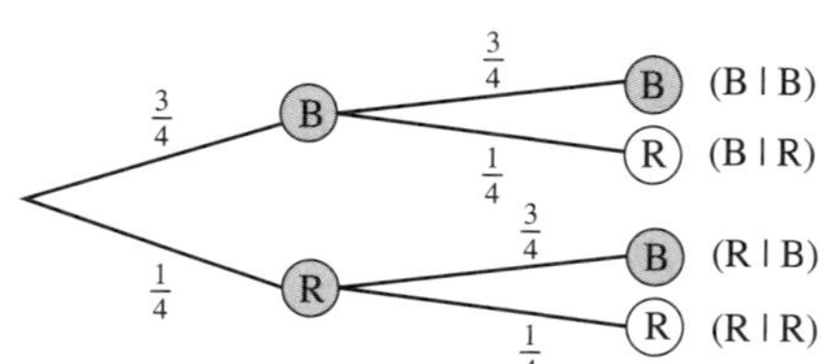

Glücksrad B wird zweimal gedreht.

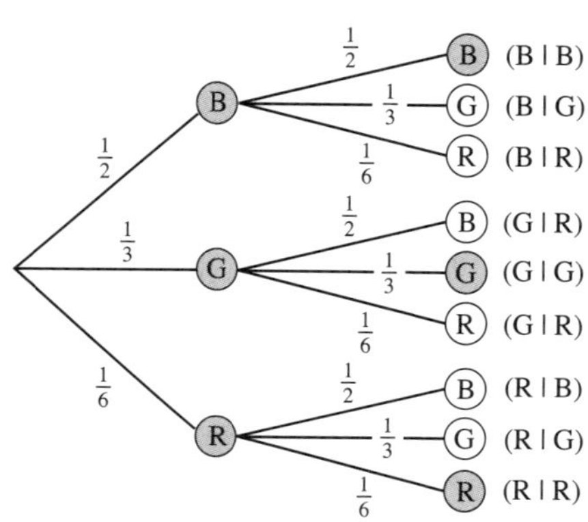

266 **8. a)** Zuerst wird Glücksrad A, dann Glücksrad B gedreht.

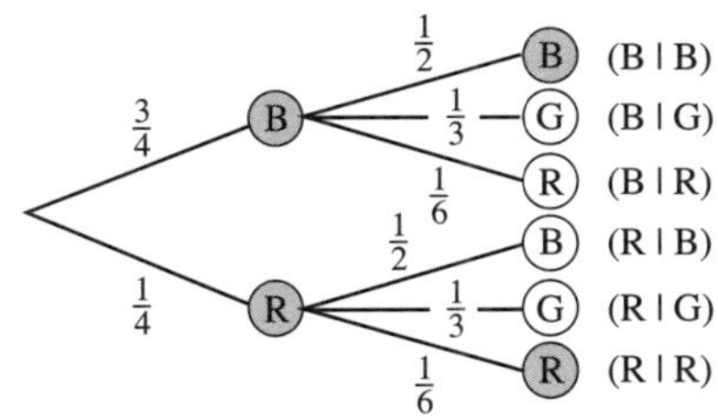

Zuerst wird Glücksrad B, dann Glücksrad A gedreht.

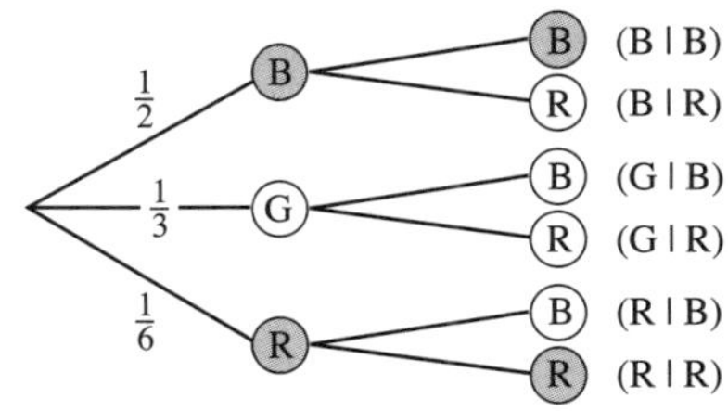

b) Beim 1. Glücksrad sind $\frac{3}{5}$ rot und $\frac{2}{5}$ blau gefärbt, beim 2. Glücksrad $\frac{1}{4}$ rot, $\frac{11}{20}$ grün und $\frac{1}{5}$ weiß.

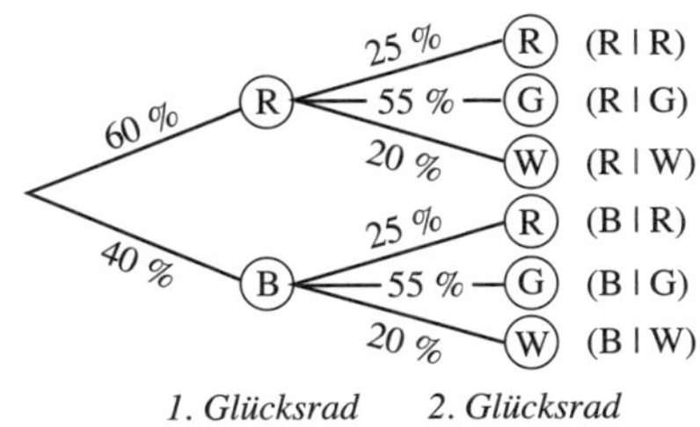

7.7.2 Pfadregeln

268 **2.** P(*Der Zeiger bleibt mindestens einmal auf dem roten Feld stehen*)
= P(*Der Zeiger bleibt keinmal auf dem roten Feld stehen*)
= P(*Der Zeiger bleibt dreimal auf dem grünen Feld stehen*)
$=\left(\frac{3}{4}\right)^3=\frac{27}{64}$

3. (1) $P(E)=\frac{42}{100}\cdot\frac{13}{100}=\frac{546}{10\,000}=5{,}46\%$

(2) $P(E)=\frac{38}{100}\cdot\frac{62}{100}=\frac{2\,356}{10\,000}=23{,}56\%$

(3) $P(E)=\frac{42}{100}\cdot\frac{58}{100}+\frac{13}{100}\cdot\frac{87}{100}+\frac{7}{100}\cdot\frac{93}{100}+\frac{38}{100}\cdot\frac{62}{100}=\frac{6\,574}{10\,000}=65{,}74\%$

269 **4.** Glücksrad (1): P(*zweimal dieselbe Farbe*) $=\frac{1}{4}\cdot\frac{1}{4}+\frac{1}{4}\cdot\frac{1}{4}+\frac{1}{2}\cdot\frac{1}{2}=\frac{3}{8}$.

Glücksrad (2): P(*zweimal dieselbe Farbe*) $=\frac{1}{3}\cdot\frac{1}{3}+\frac{1}{3}\cdot\frac{1}{3}+\frac{1}{3}\cdot\frac{1}{3}=\frac{1}{3}$.

Glücksrad (3): P(*zweimal dieselbe Farbe*) $=\frac{1}{3}\cdot\frac{1}{3}+\frac{5}{12}\cdot\frac{5}{12}+\frac{1}{4}\cdot\frac{1}{4}=\frac{25}{72}$.

Glücksrad (4): P(*zweimal dieselbe Farbe*) $=\frac{1}{6}\cdot\frac{1}{6}+\frac{1}{6}\cdot\frac{1}{6}+\frac{2}{3}\cdot\frac{2}{3}=\frac{1}{2}$.

Es ist am günstigsten, bei Glücksrad (4) auf das Ereignis *Zweimal dieselbe Zahl* zu setzen.

269

5.

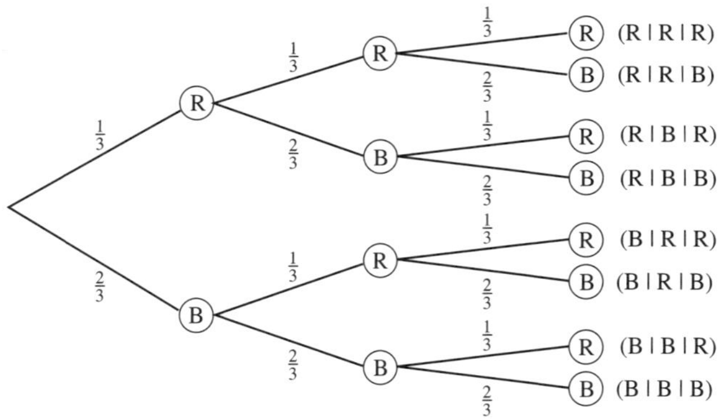

(1) $P(E) = P(R \mid R \mid R) = \frac{1}{3} \cdot \frac{1}{3} \cdot \frac{1}{3} = \frac{1}{27}$

(2) $P(E) = P(R \mid R \mid R) + P(B \mid B \mid B) = \frac{1}{3} \cdot \frac{1}{3} \cdot \frac{1}{3} + \frac{2}{3} \cdot \frac{2}{3} \cdot \frac{2}{3} = \frac{1}{27} + \frac{8}{27} = \frac{9}{27} = \frac{1}{3}$

(3) $P(E) = P(R \mid R \mid R) + P(R \mid R \mid B) + P(R \mid B \mid R) + P(B \mid R \mid R)$

$= \frac{1}{27} + 3 \cdot \frac{2}{27} = \frac{7}{27}$

6. (1) $\frac{1}{8}$ (3) $\frac{1}{2}$ (5) $\frac{1}{2}$ (7) $\frac{1}{4}$ (9) $\frac{1}{2}$

(2) $\frac{1}{8}$ (4) $\frac{7}{8}$ (6) 0 (8) $\frac{7}{8}$ (10) $\frac{1}{2}$

7. a)

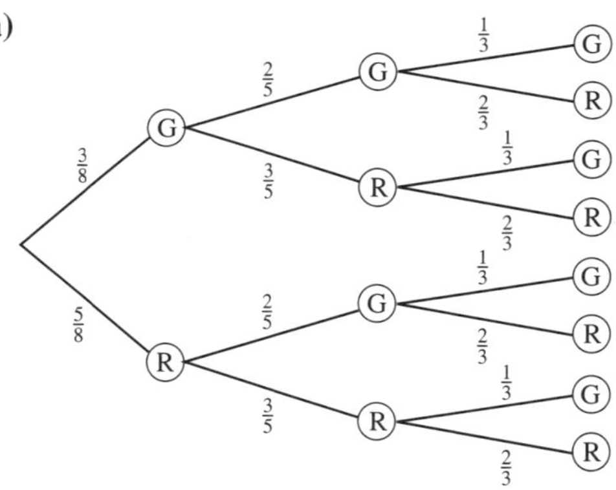

b) $\frac{5}{8} \cdot \frac{3}{5} \cdot \frac{2}{3} = \frac{1}{4}$

c) $\frac{3}{8} \cdot \frac{2}{5} \cdot \frac{1}{3} = \frac{1}{20}$

d) $1 - \frac{1}{4} = \frac{3}{4}$

e) $\frac{3}{8} \cdot \frac{2}{5} \cdot \frac{2}{3} + \frac{3}{8} \cdot \frac{3}{5} \cdot \frac{1}{5} + \frac{5}{8} \cdot \frac{2}{5} \cdot \frac{1}{3} = \frac{31}{120}$

270

8. a) $\frac{1}{2}$ **b)** $\frac{4}{9}$ **c)** $\frac{27}{64}$

270 **9. a)**

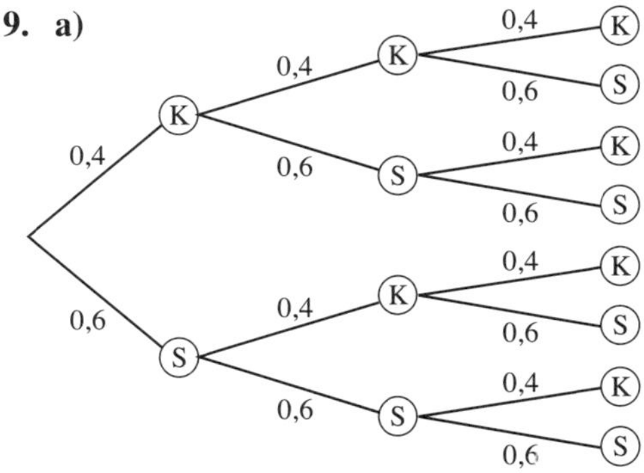

b) $0{,}4 \cdot 0{,}4 \cdot 0{,}6 = 0{,}096$

c) $0{,}4^3 + 3 \cdot 0{,}4^2 \cdot 0{,}6 = 0{,}352$

d) $0{,}4^3 + 0{,}6^3 = 0{,}283$

10. $0{,}3 \cdot 0{,}5 \cdot 0{,}7 = 0{,}105$

11. a) Da Seyma beginnt, gewinnt sie entweder sofort oder bekommt noch einmal die Chance, falls Katharina keine 1 würfelt. Da Katharina höchstens einmal die Chance zum Würfeln bekommt, liegt die Vermutung nahe, dass Seyma die besseren Gewinnchancen hat.

Und tatsächlich die Gewinnchance von Seyma ist mit $\frac{61}{216}$ gut doppelt so hoch wie die von Katharina mit $\frac{30}{216}$.

b) $\frac{1}{6} + \frac{1}{6} \cdot \left(\frac{5}{6}\right)^2 = \frac{61}{216} \approx 28{,}2\%$

c) $\left(\frac{5}{3}\right)^3 = \frac{125}{216} \approx 0{,}579 \approx 57{,}9\%$

Es müssen ungefähr 58 von 100 Spielen wiederholt werden.

12. a) Die Pfadlänge des zugehörigen Baumdiagramms beträgt 6, da nacheinander 6 Kugeln gezogen werden. Im betreffenden Baumdiagramm ist nach der Wahrscheinlichkeit des Pfades (R | R | R | R | R | R) gefragt. (R bedeutet das Ziehen einer der richtigen Kugeln.) Bei der ersten Ziehung sind 6 von 49 Kugeln richtig. Die Wahrscheinlichkeit eine richtige Kugel zu ziehen, beträgt demnach $\frac{6}{49}$. Bei der zweiten Ziehung gibt es nur noch 5 richtige Kugeln von den verbleibenden 48 Kugeln, wenn bei der 1. Ziehung eine richtige Kugel gezogen wurde usw.

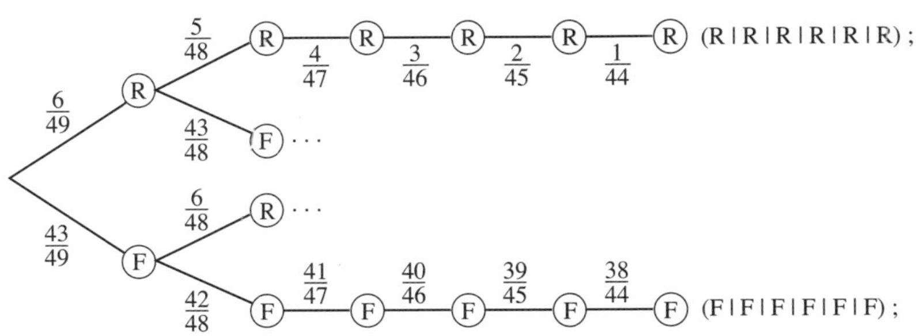

$P(R | R | R | R | R | R) = \frac{6}{49} \cdot \frac{5}{48} \cdot \frac{4}{47} \cdot \frac{3}{46} \cdot \frac{2}{45} \cdot \frac{1}{44}$

$P(F | F | F | F | F | F) = \frac{43}{49} \cdot \frac{42}{48} \cdot \frac{41}{47} \cdot \frac{40}{46} \cdot \frac{39}{45} \cdot \frac{38}{44}$

270 **12. b)** Siehe Teilaufgabe a). Jetzt wird die Wahrscheinlichkeit des Pfades (F | F | F | F | F | F) gesucht. (F bedeutet das Ziehen einer der falschen Kugeln.) In der ersten Ziehung gibt es 43 von 49 falschen Kugeln. In der zweiten Ziehung sind nur noch 42 von 48 Kugeln falsch, usw.

c) $\frac{100\,000\,000}{13\,983\,812} \approx 7 \quad \left[100\,000\,000 \cdot \frac{43}{49} \cdot \frac{42}{48} \cdot \frac{41}{47} \cdot \frac{40}{46} \cdot \frac{39}{45} \cdot \frac{38}{44} \approx 43\,596\,498\right]$